재미있는 식품위생학

FOOD HYGIENE

재미있는 식품위생학

오세욱 · 김건희 · 방우석
윤요한 · 최창순 · 이선영

수학사

머리말 PREFACE

식품은 사람이 생명을 유지하기 위하여 지속적으로 섭취하는 물질로 보통 식물이나 동물에서 유래하며 당, 지방, 단백질, 비타민과 미네랄 등의 필수 영영소를 지니고 있다. 식품의 일차적 기능은 삶을 유지하기 위한 영양소 공급이지만, 좋은 맛과 향으로 우아한 식생활을 제공하여 삶을 보다 풍요롭고 윤택하게 하는 이차적 기능의 중요성이 점점 강조되고 있다. 따라서 그 어느 때보다도 식품의 건전성과 안전성이 중요한 필요조건으로 자리매김하였다고 할 수 있다.

「식품위생법」은 식품으로 인하여 생기는 위생상의 위해를 방지하고, 식품영양의 질적 향상을 도모하며, 식품에 관한 올바른 정보를 제공하여, 국민보건 증진에 이바지함을 목적으로 1962년에 처음으로 제정되었다. 이후 비약적인 경제적 발전과 더불어 먹거리가 풍부해 짐에 따라 식품안전이 중요한 화두로 대두되었으며, 그 결과 1996년 식품의약품안전청이 설립되었고 2013년에는 식품의약품안전처로 승격되었다. 이와 같이 식품안전은 국가 정책의 중요한 부분이기 때문에 국가의 역할도 점점 확대되고 있다. 따라서 국가 식품안전 정책을 기반으로 모든 식품이 생산, 유통, 소비되어야 하며 또한 각 단계의 환경과 여건에 적합한 특화된 식품안전을 구현하는 것이 가장 이상적인 식품안전 관리라고 할 수 있다.

소비자는 건강한 삶을 영위하기 위하여 인체에 해가 없는 안전한 식품을 요구할 권리가 있다. 안전한 식품 공급은 식품사고에 대한 사후관리를 통해서는 이루어질 수 없으며 오로지 사전 예방적인 식품안전관리로서만 가능하다.

이 책에서는 식중독세균, 화학물질 등 식품안전을 저해하는 다양한 식품위해요소에 대한 전반적인 설명과 식품위해요소에 대한 평가기술, HACCP을 포함한 식품위해요소 관리기술에 대하여 서술하였다. 식품위생 및 식품안전에 대한 올바른 정보를 제공함으로써 효과적인 식품안전관리가 가능하도록 기술하였다.

또한 식품위생학은 영양사, 조리사, 위생사, 식품산업기사, 7급 보건직 등 국가가 인정하는 자격증 시험에 포함된 필수과목이다. 따라서 식품위생 각 분야의 전문가들로 구성된 집필진이 식품위생과 식품안전에 대하여 공부하는 식품학과 전공 학생 및 이와 관련된 실무자에게 실질적인 도움이 되도록 집필함은 물론, 일반인도 이 책을 통해 식품위생에 관한 체계적인 지식을 습득하여 전문성을 높일 수 있도록 노력하였다.

『재미있는 식품위생학』이 2012년 발간된 이후 3년 반 만에 다시 개정판을 내어 놓게 되었다. 이는 국가 식품안전관리 조직 변화를 반영하고 식품안전관리의 시의성과 적절성을 고려하며, 또한 부족한 부분을 보완하고자 하는 소망이 이루어진 결과이다. 이 책의 개정판 출판을 위해 수고해 주신 수학사 이영호 사장님과 직원 여러분께 감사를 드린다.

저자 일동

차례 CONTENTS

CHAPTER 02

식품과 미생물

CHAPTER 03

세균성 식중독

CHAPTER 04

식중독 바이러스

CHAPTER 05

화학적 유해물질

CHAPTER 06

식물성 자연독

CHAPTER 07

기생충

CHAPTER 08

식품첨가물과 이물

CHAPTER 09

위해 평가와 예측미생물학

CHAPTER 10

HACCP

CHAPTER 11

위생관리

CHAPTER 01

위생 개요

1. 식품위생의 정의, 목적 및 범위
2. 식품의 위해 요인
3. 식품위생행정
4. 식중독 예방

1. 식품위생의 정의, 목적 및 범위

1) 식품위생의 정의

사람은 식품에서 영양분을 공급받아 삶을 영위하기 때문에 식품은 우리에게 반드시 필요한 물질이다. 그러나 때때로 식중독균이나 화학물질에 오염된 식품을 섭취하여 식중독에 걸릴 수 있으며 이로 인해 인체에 해를 입기도 한다. 따라서 우리의 건강을 유지하고 증진시키기 위해서는 인체에 유해한 식품을 먹지 말아야 한다. 이와 같이 유해한 식품을 배제하는 등 안전한 식품을 보장하기 위해 행해지는 수단과 방법을 식품위생이라 한다. 스위스 제네바에서 열린 세계보건기구(WHO)의 환경위생전문위원회에서 다음과 같이 식품위생을 정의하였다.

> "Food hygiene" means all measures necessary for ensuring the safety, wholesomeness and soundness of food at all stages from its growth, production or manufacture until its final consumption.

즉, "식품위생이란 식품의 사육·생산·제조에서 최종적으로 사람에게 섭취될 때까지의 모든 단계에 있어서 안전성, 건전성을 확보하기 위한 수단 및 방법을 의미한다."라고 정의하였다. 식품으로 인한 건강 장애는 식품 자체의 위생도 물론 중요하지만 식품 섭취와 관련있는 기구, 용기, 첨가물, 포장 등도 고려되어야 진정한 의미의 식품안전 확보가 가능하다. 이러한 측면에서 우리나라의 식품위생에 대한 정의는 "식품위생이라 함은 식품, 식품첨가물, 기구 및 용기와 포장을 대상으로 하는 음식물에 대한 모든 위생을 말한다."라고 규정되어 있어(「식품위생법」 제1장 총칙 제2조(정의) 제11호) WHO에 비해 좀 더 넓은 개념을 가진다.

영국에서는 식품위생을 'food hygiene'이라 하며, 미국에서는 'food sanitation'이라 표기하는데 이는 미국의 식품위생 정의가 기구 및 용기와 포장을 포함하는 의미로 우리나라의 정의와 유사하다고 할 수 있다.

결론적으로 식품위생이란 식품으로 인하여 일어날 수 있는 모든 건강 장애 요인을 제거하고, 사람의 건강을 유지 및 증진시키고 또한 장수할 수 있게 하는 수단과 기술이라고 할 수 있다. 즉, 건강한 삶을 위해 안전한 식품 확보가 목적이라면 이를 보장하기 위한 수단 및 방법을 식품위생이라고 한다.

2) 식품위생의 목적

식품위생의 목적은 유독물이나 이물의 혼입, 또는 변질이나 오염에 의해 변질된 식품이 인체에 해를 끼칠 수 있는 원인을 찾아내어 제거하고, 또한 식품 취급에 필요한 기구, 용기 및 포장에 대하여 품질을 보장하여 인체의 건강을 해할 우려가 없는 안전한 식생활을 할 수 있도록 하는 것이다. 「식품위생법」에는 "식품으로 인하여 생기는 위생상의 위해(危害)를 방지하고 식품영양의 질적 향상을 도모하며 식품에 관한 올바른 정보를 제공하여 국민보건의 증진에 이바지함을 목적으로 한다."라고 정의되어 있다.

3) 식품위생의 범위

식품위생은 크게 분류해 보면 식중독이라는 명칭과 감염병 등과 같은 병으로 나눌 수 있다. 즉, 그림 1-1과 같이 구분할 수 있다.

감염병이란 간단히 요약하면 질병 중 감염이 가능한 질병을 말한다. 특정 병원체나 병원체의 독성물질로 인하여 발생하는 질병으로 감염된 사람으로부터 감수성이 있는 숙주(사람)에게 감염되는 질환을 의미한다. 감염병 병원체의 종류로는 세균, 바이러스, 기생충, 곰팡이, 원생동물 등이 있으며, 임상 특성으로는 호흡기계 질환, 위장관 질환, 간 질환, 급성 열성 질환 등이 있다. 전파방법은 사람 간 접촉, 식품이나 식수, 곤충 매개, 동물에서 사람으로 전파, 성적 접촉 등에 의한다.

이에 반하여 식중독이란 식품 섭취로 인하여 인체에 유해한 미생물 또는 유독 물질에 의하여 발생하였거나 발생한 것으로 판단되는 감염성 또는 독소형 질환(「식품위생법」 제2조제10호)을 말한다. 세계보건기구(WHO)는 "식품 또는 물의 섭취에 의해 발생되었거나 발생된

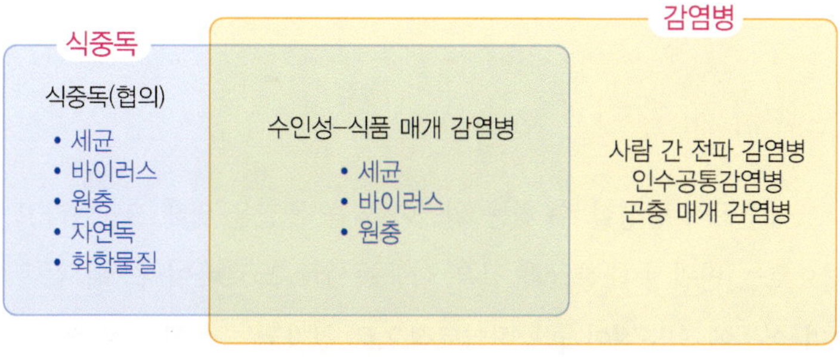

그림 1-1 식중독과 감염병의 범위

것으로 생각되는 감염성 또는 독소형 질환"으로 규정하고 있다. 일반적으로 전염성이 없는 경우가 대부분이나 노로바이러스와 같이 사람과 사람 간의 전염성이 있는 경우도 있다. 식품과 관련된 장티푸스, 콜레라, 결핵 등의 감염병이나 회충, 간디스토마 등의 기생충증, 식품의 변질, 부패, 이물질 등은 식중독에 포함시키지 않고 있다. 식중독은 증상의 발현 시기에 따라 급성중독과 만성중독으로 나누기도 하지만 급성인 것이 대부분이다. 우리나라는 질병관리본부에서 수인성 감염병과 식품 매개 질환에 대하여 전반적으로 관리하고 있으며, 식중독의 경우에는 식품의약품안전처에서 식품 위주로 관리하고 있다.

감염병 발생은 병원체, 숙주, 환경 요인으로 구성되어 있으며, 숙주 요인이 약해지거나 병원체가 강해지거나, 환경 요인이 인간에게 해롭게 혹은 병원체에 이롭게 작용하면 발생하게 된다.

식중독은 세균성 식중독, 자연독 식중독, 화학적 식중독으로 분류할 수 있으며 감염병은 경구감염병, 인수공통감염병으로 분류할 수 있다(그림 1-2).

그림 1-2 식품위생의 범위와 명칭

2. 식품의 위해 요인

식품 섭취로 식중독이 발생할 수 있는 원인이 되는 물질을 위해 요인이라고 한다. 대표적인 위해 요인으로는 병원성 대장균과 같은 식중독세균, 노로바이러스와 같은 식중독 바이러스가 있으며 식품에 의도적이거나 비의도적으로 첨가되는 화학물질, 조리·가공 과정 중 생성되는 화학물질 등이다. 경구감염병, 인수공통감염병, 기생충증 등에 의해서도 인체에

표 1-1 식품 위해 요인

대분류	중분류	소분류	원인균 및 물질
식중독	세균성	감염형	살모넬라, 장염비브리오, 병원성 대장균, 캄필로박터, 여시니아, 리스테리아 모토사이토제네스, 클로스트리듐 퍼프린젠스, 바실러스 세레우스
		독소형	황색포도상구균, 클로스트리듐 보툴리늄
	바이러스성	공기, 접촉, 물 등의 경로로 전염	노로바이러스, 로타바이러스, 아스트로바이러스, 장관아데노바이러스, 감염 A 바이러스, 간염 E 바이러스
	자연독	동물성 자연독	복어독, 시가테라독
		식물성 자연독	감자독, 버섯독
		곰팡이 독소	황변미독, 맥각독, 아플라톡신
	화학적	고의, 오용 사용	식품첨가물
		우발적으로 잔류, 혼입	잔류농약, 유해성 금속화합물
		제조, 가공, 저장 중에 생성	지질의 산화생성물, 나이트로소아민
		조리기구, 포장에서 유래	녹청(구리), 납, 비소
경구감염병			콜레라, 세균성 이질, 장티푸스
인수공통감염병			결핵, 탄저, 브루셀라증, 야토병
기생충증			회충, 구충, 요충, 무구조충, 간디스토마, 폐흡충

해를 입을 수 있다(표 1-1).

식중독은 원인에 따라 세균, 자연독, 화학물질에 의한 것으로 분류할 수 있다. 세균에 의한 식중독은 식중독 발생 메커니즘에 따라 감염형, 독소형, 중간형(생체 내 독소형)으로 분류할 수 있으며 자연독에 의한 식중독은 독소가 유래된 물질에 따라 동물성, 식물성 및 곰팡이독으로 분류할 수 있다. 식품의 위해 인자는 식품 생산에서 최종 소비에 이르기까지 전 과정을 통하여 오염되거나 생성될 수 있다.

식품 위해 요인은 표 1-2와 같이 식품으로 인한 건강 장애의 생성 요인에 따라 내인성, 외인성, 유기성으로 나눌 수 있다. 내인성은 각종 버섯독, 식물에 함유된 다양한 시안배당체, 발암물질, 알칼로이드 등 식물성 자연독과 복어독, 마비성 조개독, 베네루핀, 시가테라독 등 동물성 자연독과 같이 유해·유독 성분을 함유하거나 식이성 알레르겐, 항비타민 물질, 항효소성 물질, 항갑상선 물질 등과 같은 생리적 작용을 하는 식품 고유의 유해 물질과 같이 식품 자체에 독성 물질을 가지고 있는 것이다. 외인성은 외부에서 유래하거나 오염된 세균성 식중독균, 경구감염병균, 곰팡이독, 기생충 등과 같은 생물학적인 것과 허용되지 않은 식품첨가물을 사용하는 것 같이 의도적으로 사용된 유해 물질이나 잔류농약, 환경오염 물질, 방사능 물질, 용기 및 포장재 용출 물질 등과 같이 비의도적 유해 물질 및 가공과정이

표 1-2 식품으로 인한 건강 장애 유발 위해 요인의 생성 요인별 분류

생성 요인	병원 물질의 종류	병원 물질의 예	비고
내인성	식물성 자연독	버섯독(아마니틴), 일반식물(솔라닌, 시안배당체)	식품의 고유 성분
	동물성 자연독	어패류독(테트라톡신), 조개독(삭시톡신)	
	식이성 allergen	histamine	
	변이원성 물질	cycasin(소철), ptaquiloside(고사리)	
	기타 생리작용 성분	항비타민성 물질, 항효소성 물질, 항갑상선 물질	
외인성	식중독균	감염형 식중독균, 독소형 식중독균	식품에 부착하거나 기생
	경구감염병	이질균, 콜레라균, 장티푸스균, 간염바이러스	
	곰팡이독	아플라톡신, 파튜린, 오크라톡신	
	기생충	회충, 십이지장충, 무구조충, 간디스토마	
	의도적 식품첨가물	불법 첨가물(붕산, auramine, dulcin)	인위적으로 첨가
	비의도적 식품첨가물	잔류농약(DDT, BHC, parathion) 공장 배출물 방사성 물질 기구, 용기, 포장재 용출물	
유기성	물리성	조사 유지, 가열 유지(산화 유지), 벤조피렌	
	화학성	조리과정의 가열분해물(Trp-P-1, IQ), 식물 성분 반응으로 생성되는 *N*-나이트로소 화합물	
	생물성	*N*-나이트로사민 생체 내 생성	

자료 : 김덕웅 외, 21C 식품위생학, 수학사, 2012

나 조리과정에서 과오로 오염된 독성 물질 등과 같은 인위적인 것이 있다. 유기성은 식품의 조리과정 및 가공과정에서 자연적으로 생성되는 유해물질로 고기를 구울 때 생성되는 벤조피렌이 이에 해당한다.

3. 식품위생행정

1) 식품위생법령

식품위생법령에는 「식품위생법」을 근거로 대통령령인 「식품위생법 시행령」, 보건복지부령인 「식품위생법 시행규칙」, 보건복지부장관이나 식품의약품안전처장의 훈령, 예규, 고시 등이 있다.

(1) 식품위생법

「식품위생법」은 식품으로 인한 위생상의 위해를 방지하고 식품영양의 질적 향상을 도모하며 식품에 관한 올바른 정보를 제공함으로써 국민보건의 증진에 이바지함을 목적으로 한다. 「식품위생법」은 영업을 하고자 할 경우 공공복리, 질서유지, 안전보장을 위해 국민의 자유 권리를 제한하는 헌법 제37조에 따라 식품위생상의 위해방지 등을 위한 일정 요건과 의무를 요구한다. 「식품위생법」은 1962년 1월 20일 법률 제1007호로 제정, 공포되었으며 2015년 3월 27일 법률 제13277호로 일부 개정되어 현재 총 13장 102조 및 부칙으로 구성되어 있다.

(2) 식품위생법 시행령

「식품위생법 시행령」은 「식품위생법」에서 위임된 사항과 그 시행에 관하여 필요한 사항을 규정함을 목적으로 하며, 「식품위생법」에서 위임받은 사항과 「식품위생법」을 시행하는 데 필요한 구체적인 사항을 규정한다. 「식품위생법 시행령」의 개정은 입법예고 후 공청회, 관계 부처 협의, 관계 장관 회의, 국무회의를 거쳐 대통령령으로 공포하게 된다. 1962년 6월 12일에 전문 24조로 된 「식품위생법 시행령」을 제정 공포하였으며, 이후 「식품위생법」의 개정에 따라 수차에 걸쳐 관련 규정을 개정, 보완하였다. 최근에는 2015년 3월 30일(대통령령 제26180호)에 일부 개정되었다. 전문 67조와 부칙으로 구성되어 있다.

(3) 식품위생법 시행규칙

「식품위생법 시행규칙」은 「식품위생법」 및 동법 시행령에서 위임된 사항과 그 시행에 관하여 필요한 사항을 규정함을 목적으로 한다. 「식품위생법 시행규칙」의 개정은 입법예고 후 공청회, 관계 부처 협의를 거쳐 총리령으로 공포한다. 「식품위생법 시행규칙」은 1962년 10월 10일 보건복지부령 제91호로 제정, 공포되어 「식품위생법」과 「식품위생법 시행령」 개정에 따라 개정되었으며 최근에는 2015년 10월 21일(총리령 제1199호) 일부 개정되었다. 현재 전문 101조와 부칙으로 되어 있다.

(4) 고시

「식품위생법」, 「식품위생법 시행령」, 「식품위생법 시행규칙」에서 위임받은 사항과 구체적인 집행에 관한 사항을 규정하고, 고시의 개정은 입법예고, 공포 등의 절차를 거치며 필요에 따라 공청회 또는 식품위생심의위원회 심의를 거칠 수 있다.

(5) 기준과 규격

식품 또는 식품첨가물의 제조·가공·사용·조리 및 보존의 방법에 관한 규정을 기준이라고 하며, 그 식품 또는 식품첨가물의 성분에 관한 규정을 규격이라고 한다. 기준과 규격은 식품 및 첨가물, 기구 및 용기·포장을 대상으로 하며 식품의약품안전처장은 국민보건상 필요하다고 인정하는 기준과 규격이 고시되지 아니한 식품 또는 식품첨가물에 대하여는 그 제조·가공업자로 하여금 제조·가공·사용·조리 및 보존의 방법에 관한 기준과 그 성분에 관한 규격을 제출하게 하여 제18조의 규정에 의하여 지정된 식품위생검사기관의 검토를 거쳐 당해 식품 또는 식품첨가물의 기준과 규격을 한시적으로 인정할 수 있다.

(6) 식품위생법 주요 내용

① 용어의 정의

- '식품'이란 모든 음식물(의약으로 섭취하는 것은 제외한다)을 말한다.
- '식품첨가물'이란 식품을 제조·가공 또는 보존하는 과정에서 식품에 넣거나 섞는 물질 또는 식품을 적시는 등에 사용되는 물질을 말한다. 이 경우 기구(器具)·용기·포장을 살균·소독하는 데에 사용되어 간접적으로 식품으로 옮아갈 수 있는 물질을 포함한다.
- '화학적 합성품'이란 화학적 수단으로 원소(元素) 또는 화합물에 분해 반응 외의 화학반응을 일으켜서 얻은 물질을 말한다.
- '기구'란 다음 각 목의 어느 하나에 해당하는 것으로서 식품 또는 식품첨가물에 직접 닿는 기계·기구나 그 밖의 물건(농업과 수산업에서 식품을 채취하는 데에 쓰는 기계·기구나 그 밖의 물건은 제외한다)을 말한다.
- '용기·포장'이란 식품 또는 식품첨가물을 넣거나 싸는 것으로서 식품 또는 식품첨가물을 주고받을 때 함께 건네는 물품을 말한다.
- '위해'란 식품, 식품첨가물, 기구 또는 용기·포장에 존재하는 위험요소로서 인체의 건강을 해치거나 해칠 우려가 있는 것을 말한다.
- '표시'란 식품, 식품첨가물, 기구 또는 용기·포장에 적는 문자, 숫자 또는 도형을 말한다.
- '영양표시'란 식품에 들어 있는 영양소의 양(量) 등 영양에 관한 정보를 표시하는 것을 말한다.
- '영업'이란 식품 또는 식품첨가물을 채취·제조·수입·가공·조리·저장·소분·운반 또는 판매하거나 기구 또는 용기·포장을 제조·수입·운반·판매하는 업(농업과 수산업에

속하는 식품 채취업은 제외한다)을 말한다.

- '영업자'란 제37조 제1항에 따라 영업허가를 받은 자나 같은 조 제4항에 따라 영업신고를 한 자 또는 같은 조 제5항에 따라 영업등록을 한 자를 말한다.
- '식품위생'이란 식품, 식품첨가물, 기구 또는 용기·포장을 대상으로 하는 음식에 관한 위생을 말한다.
- '집단급식소'란 영리를 목적으로 하지 아니하면서 특정 다수인에게 계속하여 음식물을 공급하는 다음 각 목의 어느 하나에 해당하는 곳의 급식시설로서 대통령령으로 정하는 시설을 말한다. 기숙사, 학교, 병원 및 그 밖의 후생기관 등이다.
- '식품이력추적관리'란 식품을 제조·가공단계부터 판매단계까지 각 단계별로 정보를 기록·관리하여 그 식품의 안전성 등에 문제가 발생할 경우 그 식품을 추적하여 원인을 규명하고 필요한 조치를 할 수 있도록 관리하는 것을 말한다.
- '식중독'이란 식품 섭취로 인하여 인체에 유해한 미생물 또는 유독 물질에 의하여 발생하였거나 발생한 것으로 판단되는 감염성 질환 또는 독소형 질환을 말한다.
- '집단급식소에서의 식단'이란 급식대상 집단의 영양섭취기준에 따라 음식명, 식재료, 영양성분, 조리방법, 조리인력 등을 고려하여 작성한 급식계획서를 말한다.

② 위해식품 등의 판매 등 금지

다음의 어느 하나에 해당하는 식품 등을 판매하거나 판매할 목적으로 채취·제조·수입·가공·사용·조리·저장·소분·운반 또는 진열하여서는 아니 된다.

- 썩거나 상하거나 설익어서 인체의 건강을 해칠 우려가 있는 것
- 유독·유해 물질이 들어 있거나 묻어 있는 것 또는 그러할 염려가 있는 것. 다만, 식품의약품안전처장이 인체의 건강을 해칠 우려가 없다고 인정하는 것은 제외
- 병(病)을 일으키는 미생물에 오염되었거나 그러할 염려가 있어 인체의 건강을 해칠 우려가 있는 것
- 불결하거나 다른 물질이 섞이거나 첨가(添加)된 것 또는 그 밖의 사유로 인체의 건강을 해칠 우려가 있는 것
- 안전성 평가 대상인 농·축·수산물 등 가운데 안전성 평가를 받지 아니하였거나 안전성 평가에서 식용(食用)으로 부적합하다고 인정된 것
- 수입이 금지된 것 또는 수입신고를 하지 아니하고 수입한 것
- 영업자가 아닌 자가 제조·가공·소분한 것

③ 표시기준

식품의약품안전처장은 국민보건을 위하여 필요하면 다음 각 호의 어느 하나에 해당하는 표시에 관한 기준을 정하여 고시할 수 있다. 표시에 관한 기준이 정하여진 식품 등은 그 기준에 맞는 표시가 없으면 판매하거나 판매할 목적으로 수입·진열·운반하거나 영업에 사용하여서는 아니 된다.

- 판매를 목적으로 하는 식품 또는 식품첨가물의 표시
- 기준과 규격이 정하여진 기구 및 용기·포장의 표시

④ 식품위생감시원

관계 공무원의 직무와 그 밖에 식품위생에 관한 지도 등을 하기 위하여 식품의약품안전처(대통령령으로 정하는 그 소속 기관을 포함한다), 특별시·광역시·도·특별자치도(이하 "시·도"라 한다) 또는 시·군·구(자치구를 말한다. 이하 같다)에 식품위생감시원을 둔다. 식품위생감시원의 자격·임명·직무 범위, 그 밖에 필요한 사항은 대통령령으로 정한다.

⑤ 소비자식품위생감시원

식품의약품안전처장, 시·도지사 또는 시장·군수·구청장은 식품위생관리를 위하여 「소비자기본법」 제29조에 따라 등록한 소비자단체의 임직원 중 해당 단체의 장이 추천한 자나 식품위생에 관한 지식이 있는 자를 소비자식품위생감시원으로 위촉할 수 있다. 식품접객업을 하는 자에 대한 위생관리 상태 점검, 유통 중인 식품 등이 표시기준에 맞지 아니하거나 허위표시 또는 과대광고 금지 규정을 위반한 경우 관할 행정관청에 신고하거나 그에 관한 자료 제공의 역할을 할 수 있다.

⑥ 시민식품감사인

대통령령으로 정하는 영업자는 식품위생에 관한 전문 지식이 있는 자 중에서 식품의약품안전처장 또는 시·도지사가 지정하는 자를 해당 영업소의 식품 등의 위생관리 상태를 점검하는 시민식품감사인으로 위촉할 수 있다. 영업자의 영업소에 대한 위생관리 상태를 분기마다 한 번 이상 점검하고, 점검 결과 위생상태가 좋지 않을 경우 개선 등 필요한 조치를 권고할 수 있다.

⑦ 식품안전관리인증기준

식품의약품안전처장은 식품의 원료관리 및 제조·가공·조리·소분·유통의 모든 과정에서 위해한 물질이 식품에 섞이거나 식품이 오염되는 것을 방지하기 위하여 각 과정의 위해요소를 확인·평가하여 중점적으로 관리하는 기준(이하 "식품안전관리인증기준"이라 한다)을 식품별로 정하여 고시할 수 있다. 총리령으로 정하는 식품을 제조·가공·조리·소분·유통하는 영업자는 식품의약품안전처장이 식품별로 고시한 식품안전관리인증기준을 지켜야 한다.

⑧ 조리사

대통령령으로 정하는 식품접객영업자와 집단급식소 운영자는 조리사를 두어야 한다. 다만, 식품접객영업자 또는 집단급식소 운영자 자신이 조리사로서 직접 음식물을 조리하는 경우에는 조리사를 두지 아니하여도 된다. 조리사는 집단급식소에서의 식단에 따른 조리업무[식재료의 전(前)처리에서부터 조리, 배식 등의 전 과정을 말한다], 구매식품의 검수 지원, 급식설비 및 기구의 위생·안전 실무 및 그 밖에 조리 실무에 관한 사항을 수행한다.

⑨ 영양사

대통령령으로 정하는 집단급식소 운영자는 영양사를 두어야 한다. 다만, 집단급식소 운영자 자신이 영양사로서 직접 영양 지도를 하는 경우에는 영양사를 두지 아니하여도 된다. 집단급식소에 근무하는 영양사는 다음 각 호의 직무를 수행한다.

- 집단급식소에서의 식단 작성, 검식(檢食) 및 배식 관리
- 구매식품의 검수(檢受) 및 관리
- 급식시설의 위생적 관리
- 집단급식소의 운영일지 작성
- 종업원에 대한 영양 지도 및 식품위생교육

⑩ 조리사, 영양사 교육

식품의약품안전처장은 식품위생 수준 및 자질의 향상을 위하여 필요한 경우 조리사와 영양사에게 교육을 받을 것을 명할 수 있다. 다만, 집단급식소에 종사하는 조리사와 영양사는 2년마다 교육을 받아야 한다.

⑪ 식품위생심의위원회의 설치 등

식품의약품안전처장의 자문에 응하여 다음 각 호의 사항을 조사·심의하기 위하여 보건복지부에 식품위생심의위원회를 둔다.

- 식중독 방지에 관한 사항
- 농약·중금속 등 유독·유해 물질 잔류 허용 기준에 관한 사항
- 식품 등의 기준과 규격에 관한 사항
- 그 밖에 식품위생에 관한 중요 사항

⑫ 식중독에 관한 조사 보고

식중독 환자나 식중독이 의심되는 자를 진단하였거나 그 사체를 검안(檢案)한 의사 또는 한의사나, 집단급식소에서 제공한 식품 등으로 인하여 식중독 환자나 식중독으로 의심되는 증세를 보이는 자를 발견한 집단급식소의 설치·운영자는 지체 없이 관할 보건소장 또는 보건지소장에게 보고하여야 한다. 이 경우 의사나 한의사는 대통령령으로 정하는 바에 따라 식중독 환자나 식중독이 의심되는 자의 혈액 또는 배설물을 보관하는 데에 필요한 조치를 하여야 한다.

⑬ 집단급식소

집단급식소를 설치·운영하려는 자는 총리령으로 정하는 바에 따라 특별자치도지사·시장·군수·구청장에게 신고하여야 하며 집단급식소 시설의 유지·관리 등 급식을 위생적으로 관리하기 위하여 다음 사항을 지켜야 한다.

- 식중독 환자가 발생하지 아니하도록 위생관리를 철저히 할 것
- 조리·제공한 식품의 매회 1인분 분량을 총리령으로 정하는 바에 따라 144시간 이상 보관할 것
- 영양사를 두고 있는 경우 그 업무를 방해하지 아니할 것
- 영양사를 두고 있는 경우 영양사가 집단급식소의 위생관리를 위하여 요청하는 사항에 대하여는 정당한 사유가 없으면 따를 것
- 그 밖에 식품 등의 위생적 관리를 위하여 필요하다고 보건복지부령으로 정하는 사항을 지킬 것

2) 식품위생 행정기구

(1) 식품의약품안전처

1996년 4월 보건복지부 소속 '식품의약품안전본부' 신설로 출발하였으며, 1998년 2월 식품의약품안전청으로 개청하였다. 2010년 충청북도 오송보건의료행정타운으로 이전하였으

며 2013년 3월 식품의약품안전처로 격상되었다.

총리실 산하의 중앙행정기관으로 7국 1관 44과로 구성되어 있으며 소속기관으로 식품의약품안전평가원, 6개 지방청, 13개 검사소가 있다.

부서별 주요 업무로는 기획조정관은 정책 수립 및 조정, 예산 편성, 조직 및 법제, 민원상담 등을 담당한다. 소비자위해예방국은 식품, 의약품 등의 위해 예방, 위해정보 분석 및 소통과 소비자 권익 증진을 위한 정책 개발, 소통 활성화 등을 담당한다. 식품안전정책국은 식품, 건강기능식품, 식품첨가물, 기구 또는 용기·포장의 위생·안전관리 정책 수립 및 제도 개선 총괄조정, 「식품안전기본법」, 「식품위생법」의 개정 및 운영에 관한 사항 등을 담당한다. 식품영양안전국은 식품영양 안전 및 건강기능식품에 관한 정책 개발 및 종합계획의 수립·관리, 영양표시 정책 총괄 등을 담당한다. 농축수산물안전국에서는 농축수산물 위생·

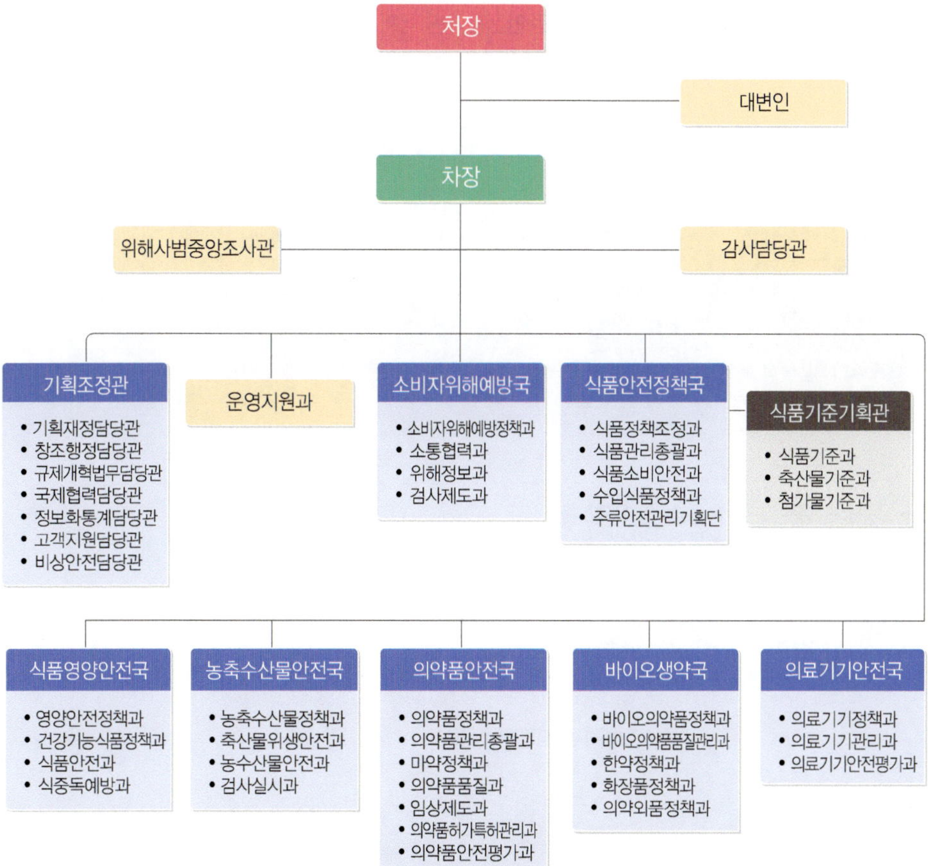

그림 1-3 식품의약품안전처 직제

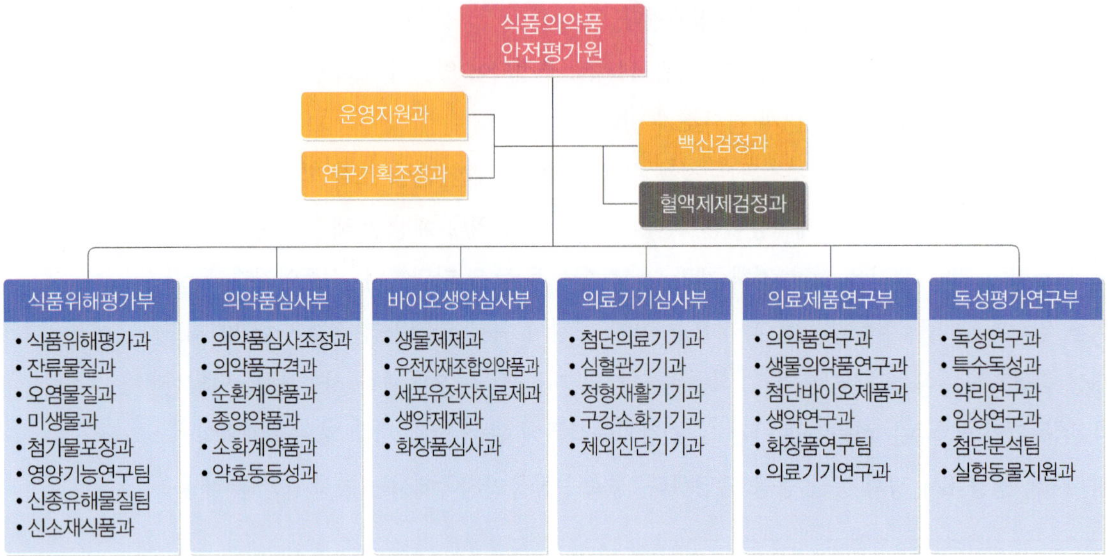

그림 1-4 식품의약품안전평가원 직제

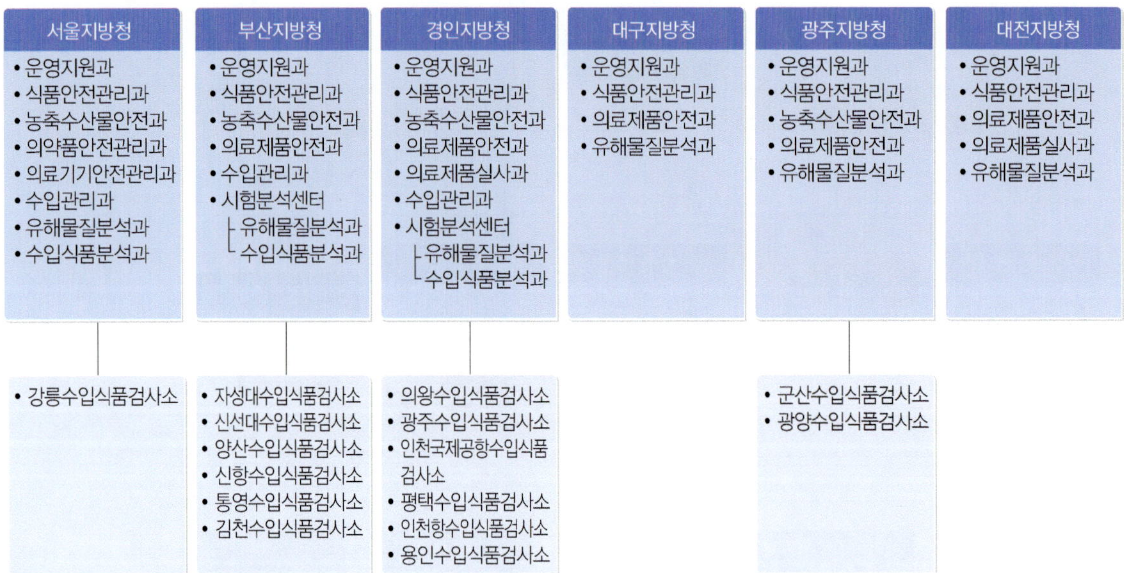

그림 1-5 지방청 직제

할 수 있는 위해요소를 분석하여 중요관리점을 찾아내고 이를 관리하여 안전한 식품을 제조할 수 있도록 하기 위한 예방관리제도이다.

국제식품규격위원회 위생분과위원회에서도 1993년 HACCP을 식품위생의 일반 원칙으로 채택하고 각 나라에 권고하였으며 국제규격단체인 ISO에서도 식품의 ISO 9000계열 인증을 HACCP의 기본원칙으로 규정하고 있다.

우리나라에서는 1995년 「식품위생법」 제32조 제2항(현재 제48조)에 위해요소중점관리기준(현재 식품안전관리인증기준)을 신설, 적용하고 있다. 「식품위생법」에 의하면 식품의약품안전처장은 식품의 원료관리, 제조·가공·조리 및 유통의 모든 과정에서 위해한 물질이 식품에 혼입되거나 식품이 오염되는 것을 방지하기 위하여 각 과정을 중점적으로 관리하는 기준을 식품별로 정하여 고시할 수 있도록 하고 있다.

HACCP 적용업소로 지정을 받고자 하는 업체는 HACCP 적용업소지정신청서에 영업허가(신고)증 사본, 대상식품의 최근 1년간 생산실적에 관한 서류, 적용 대상식품별 중점관리기준과 신청하기 전 1개월 이상 중점관리기준을 적용한 운영실적 자료 등을 첨부하여 식품의약품안전처에 신청하면 실태조사 후 지정받을 수 있다.

HACCP 준수대상 영업자(시행규칙 제43조의 2)는 어육가공품 중 어묵류, 냉동수산식품 중 어류·연체류·조미가공품, 냉동식품 중 피자류, 만두류·면류, 빙과류, 비가열음료, 레토르트 식품, 김치류 중 배추김치 등에 해당한다. HACCP 적용업소로 지정받은 업소는 HACCP의 준수 여부 등에 관하여 연 1회 이상 조사·평가하며, HACCP 적용업소에 대하여 3년 동안 관계공무원으로 하여금 출입·검사를 하지 않게 할 수 있다.

(3) 제조물책임법

「제조물책임법」(Product Liability Act, PL법)은 2000년 1월 공포되어 2002년 7월 1일부터 시행되고 있다. PL법은 제품의 결함과 소비자가 입은 손해와의 인과관계만 증명할 수 있다면 기업의 책임 유무에 관계없이 기업을 제소할 수 있다. 기존 법에서 소비자가 손해를 입은 경우 소비자는 기업의 과실뿐 아니라 손해와의 인과관계를 입증해야 했던 것에 비해 소비자 보호 측면은 강화된 반면 기업은 엄격한 위생관리를 필요로 하게 되었다.

식품 이외의 제조물의 경우 '보통의 소비자가 합리적으로 기대하는 기준'이 제조물에 대한 안전기준이 되지만, 식품은 소비자가 합리적인 방법으로 섭취하여도 섭취한 사람의 체질과 건강 상태의 영향을 받을 수 있다. 즉, 식품 알레르기가 있는 사람의 경우 이에 관한 표시를 통해 알레르기를 예방하도록 해야 한다. 따라서 기업은 소비자의 입장에서 제품을 계획하고 제조해야 하며 제품의 보관, 사용, 제품수명 등에 관한 정보를 활용하여 소비자가 손해를 입지 않도록 충분한 예방대책을 강구해야 할 것이다.

PL법에 저촉되는 결함의 종류에는 제조상의 결함, 설계상의 결함, 표시 경고상의 결함이 있다. 제조상의 결함은 제조, 가공상 매뉴얼이나 기준 준수 여부에 관계없이 원래 의도와 다르게 제조, 가공되어 안전한 식품이 만들어지지 못한 경우를 말한다. 설계상의 결함은 제조업자가 합리적인 대체방법을 채용하지 못하여 당해 식품이 안전하지 못하거나 사용설명서가 제대로 갖추어져 있지 않아 안전성이 결여된 것을 말한다. 표시 경고상의 결함이란 식품을 올바로 사용할 수 있는 설명서나 지시서, 또는 위험성에 대한 경고 등을 표시하지 않아 당해 식품에 의해 발생할 수 있는 피해나 위험이 발생한 경우이다. 이 외에도 '기타 통상적으로 기대할 수 있는 안전성이 결여되어 있는 것을 말한다.'라고 정의하여 포괄적인 결함 가능성을 고려하고 있다.

4. 식중독 예방

1) 식중독 예방관리 체계

(1) 신속 동시 보고 및 대응체계

식중독 의심환자가 발생하였을 때 발생시설 운영자, 이용자, 의사나 한의사는 보건소에 발생신고를 하며 보건소에서는 보고관리 시스템에 입력 보고함으로써 시·군·구, 시·도, 식품의약품안전처 등 유관기관에 발생사실이 동시에 전파된다. 보건소·위생과 역학조사팀이 구성되어 현장에 출동하여 환자를 대상으로 증상, 섭취 음식물, 장소, 가검물 채취, 설문조사 등을 실시하며 영업장·시설의 식재료, 칼·도마, 음용수, 종사자 가검물 등을 수거하여 검사 의뢰하는 역학조사를 실시한다. 검사 및 역학조사 결과에 따라 발생 원인과 경로를 판정한 후 처분·회수·폐기 등 오염원 제거 조치를 실시한다. 특히, 식중독 의심환자가 50명 이상 발생하거나, 학교에서 의심환자가 발생하면 지방청 원인식품조사반이 현장에 급파되어 원인식품 추적조사를 통한 식중독 확산을 차단한다.

(2) 학교 식중독 조기경보 시스템

동시 다발적인 대규모 학교 식중독 사고를 예방하기 위하여 교육과학기술부, 지역 교육청, 각급 학교 등과 연계하여 2008년 3월부터 운영하고 있다. 학교 식중독 조기경보 시스

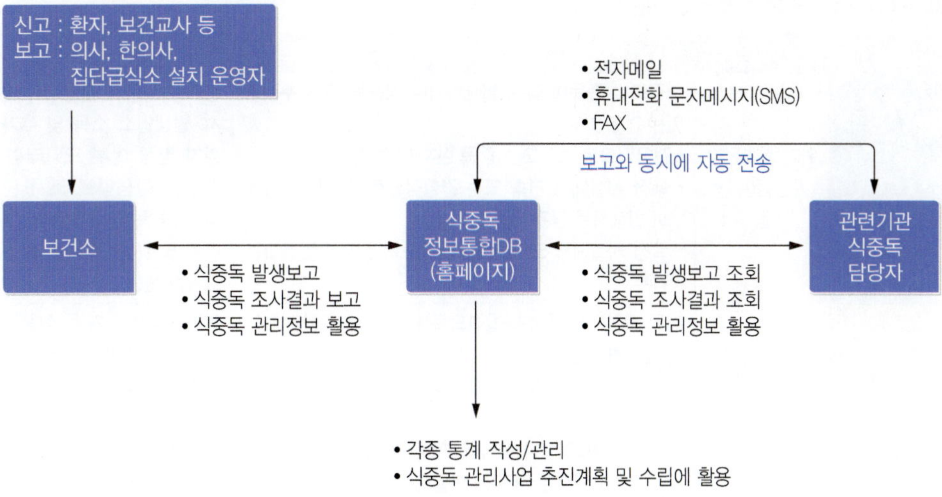

그림 1-7 식중독 신속 동시 보고 시스템

자료 : 식품의약품안전처(식중독 예방 대국민 홍보사이트)

템은 학교에서 식중독 의심환자 발생 시 해당 학교와 거래하는 업체 및 이 업체와 연관된 다른 학교를 확인하여 경보발령 등 사고 확산 방지를 위한 예방관리 시스템이다. 학교에서 식중독 의심환자 발생 시 다른 학교로의 전파 규모나 가능성을 사전에 예측하여, 확산 우려 시 연관학교 급식담당자에게 사고 발생 시 예방요령 등 주의 경보 메시지를 전파한다.

2) 식중독 사고 위기 대응

우리나라에서는 여러 지역이나 시설에서 동시 다발적으로 발생할 수 있는 대규모 식중독 사고를 신속하게 차단하기 위하여 2007년부터 상황별, 유형별 대응수준을 초기 관심, 주의 단계로 상향 조정하여 확산 차단에 노력하고 있다. 관심, 주의 단계에서 신속한 조치로 확산을 방지하는 것이 가장 중요하다. 경계는 국가 위기 상황을 의미하며 심각은 국가 비상태세 돌입 시에 발령된다. 표 1-3에는 식품위기경보 체계 판단기준 및 국가적 대처 방안을 기술하였다. 국가적 대처는 주로 식품의약품안전처가 주체가 되어 이루어진다.

표 1-3 식품위기경보 체계 판단기준 및 국가적 대처 방안

구분		판단기준	국가적 대처
관심 (Blue)	위기로 발전할 가능성이 높음	소규모 식중독이 다수 발생하거나 식중독 확산 우려가 있는 경우 • 전국적으로 소규모 식중독 환자 다수 발생 • 특정 시설에서 연속 또는 간헐적으로 소규모 식중독이 발생하는 경우 • 특정 시설에서 50인 이상의 식중독 환자가 발생하는 경우	신속한 식중독 원인조사 실시, 발생업소 소독 및 추가 환자 발생 여부 모니터링, 감염원·감염경로 조사 분석, 식중독 발생 확산 여부 검토 및 대응, 식약청 원인조사반 출동
주의 (Yellow)	위기로 발전할 가능성이 확실	여러 시설에서 동시 다발적으로 환자 발생 우려가 높거나 발생하는 경우 • 인근 시설로 식중독이 확산되거나 확산될 우려가 높은 경우 • 동일 식재료업체나 위탁급식업체가 납품/운영하는 여러 급식소에서 환자가 동시 발생	위기대책본부 가동, 식중독 "주의" 경보 발령, 급식 위생관리 강화, 의심 식재료 사용 자제 요청, 추적조사, 조사 진행사항 및 예방수칙 등 언론보도
경계 (Orange)	위기가 확산	전국에서 동시에 원인불명의 식중독 확산 • 특정 지역의 여러 시설에서 집단식중독이 무작위로 확산 • 전국에서 동시 다발적으로 원인불명의 식중독 발생 • 특정 시설에서 전체 급식 인원의 50% 이상 환자 발생	대국민 식중독 "경계" 경보 발령, 의심 식재료 잠정 사용 중단 조치, 관계기관 대응조치 강화 및 대국민 홍보 강화
심각 (Red)	심각한 위기로 확산	식품 테러, 천재지변 등으로 대규모 환자 또는 사망자 발생 • 오염된 식재료로 식중독이 전국으로 확산되거나 확산될 우려가 있는 경우 • 독극물 등 식품 테러로 인한 식재료 오염으로 대규모 환자나 사망자가 발생할 우려가 있는 경우 - 천재지변이나 재난·안전 사고 등으로 대규모 식중독 환자 및 사망자가 발생하거나 확산되는 경우	대국민 식중독 "심각" 경보 발령, 의심 식재료 회수·폐기, 관계기관 위기대응, 긴급 구호물자 공급, 대국민 홍보

자료 : 식품의약품안전처(식중독 예방 대국민 홍보사이트)

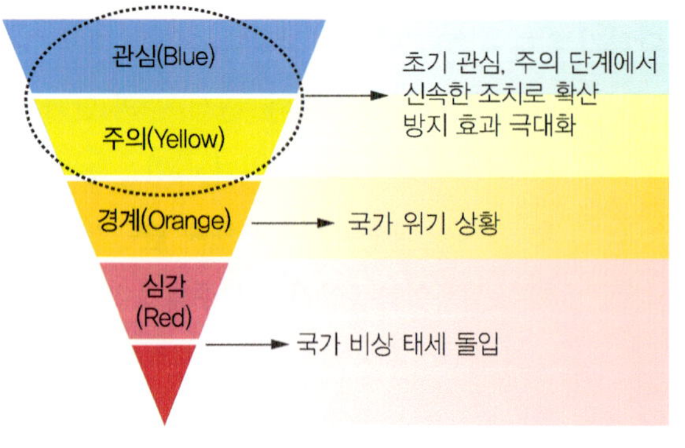

그림 1-8 위기대응 체계 운영

자료 : 식품의약품안전처(식중독 예방 대국민 홍보사이트)

3) 식중독 예방 요령

WHO에서 제시한 안전한 식품 섭취를 위한 5가지 방법은 다음과 같다. 청결 및 교차 오염 방지를 통하여 식중독균 등 위해 물질의 오염을 방지하여야 하며 완전한 익히기와 올바른 보관을 통하여 식중독균을 사멸시키거나 성장을 억제하는 것이 가장 중요하다.

(1) 청결 유지

- 식품을 다루기 전과 조리하는 중간에 손을 자주 씻으세요.
- 화장실에 다녀온 후 반드시 손을 씻으세요.
- 식품 조리에 사용하는 모든 기구 및 표면을 깨끗이 세척하고 소독하세요.
- 조리장소와 식품을 곤충, 해충 및 기타 동물로부터 보호하세요.

왜 그럴까요?

대부분의 미생물은 질병을 유발하지는 않지만 일부 유해한 미생물은 토양, 물, 동물 및 사람에게서 발견될 수 있습니다. 이와 같은 유해한 미생물은 손, 행주, 조리기구, 특히 도마를 통해 옮겨질 수 있으며, 경미한 접촉으로도 쉽게 식품에 옮겨져 식중독을 일으킬 가능성이 있습니다.

(2) 익히지 않은 음식과 익힌 음식의 분리

- 익히지 않은 육류, 가금류 및 해산물을 다른 식품과 분리하세요.
- 칼이나 도마 등의 조리기구는 가열한 식품과 비가열 식품용으로 구분하여 따로 사용하세요.
- 익히지 않은 음식과 익힌 음식 간의 접촉을 피하기 위하여 식품은 별도의 용기에 담아 보관하세요.

왜 그럴까요?

가열하지 않은 식품, 특히 육류, 가금류, 해산물 및 그 육즙에는 유해한 미생물이 있을 수 있어 식품 조리 및 보관 중 다른 식품으로 옮겨질 수 있습니다(교차 오염).

(3) 완전히 익히기

- 식품, 특히 육류, 가금류, 달걀 및 해산물은 완전히 익히세요.
- 수프 및 스튜와 같은 식품은 반드시 70℃까지 가열하세요. 육류나 가금류의 경우에는 육즙이 분홍색을 띠지 않고 맑게 될 때까지 가열하세요. 온도계를 사용하는 것이 좋습니다.
- 조리되었던 식품은 완전하게 재가열하세요.

왜 그럴까요?

적절하게 가열하면 유해한 미생물은 대부분 죽습니다. 연구에 의하면 식품을 70℃까지 가열하면 안전하게 식품을 섭취할 수 있다고 합니다. 다진 고기, 구이용 고기말이, 뼈가 붙어 있는 고기 및 통째로 조리된 가금류는 특히 주의가 필요합니다.

(4) 안전한 온도에서 보관하기

- 조리한 식품은 실온에 2시간 이상 방치하지 마세요.
- 조리한 식품 및 부패하기 쉬운 식품은 즉시 냉장고에 보관하세요(5℃ 이하).
- 조리한 식품은 먹기 전에 뜨거운 상태(60℃ 이상)로 유지하세요.
- 냉장고 안이라도 식품을 장기간 보관하지 마세요.
- 냉동식품은 실온에서 해동하지 마세요.

왜 그럴까요?

실온에서는 식품 중 미생물이 매우 빨리 증식할 수 있습니다. 보관온도를 5℃ 이하나 60℃ 이상으로 유지할 경우 미생물의 증식은 둔화되거나 중지됩니다. 그러나 일부 유해한 미생물은 5℃ 이하에서도 여전히 증식합니다.

(5) 안전한 물과 원재료 사용하기

- 안전한 물을 사용하세요.
- 신선하고 질 좋은 식품을 선택하세요.
- 살균 우유와 같은 안전하게 가공된 식품을 선택하세요.

- 특히 과일이나 채소는 가열조리 없이 그대로 먹을 경우, 잘 씻으세요.
- 유통기한이 지난 식품은 사용하지 마세요.

왜 그럴까요?

물과 얼음 등을 포함한 식품원재료는 유해한 미생물 및 화학물질에 오염될 수 있습니다. 이로 인해 손상된 식품이나 곰팡이 핀 식품에는 유독한 화학물질이 생성될 수 있습니다. 식품원재료 선택 시 주의를 기울이거나, 세척 및 껍질 벗기기 등과 같은 간단한 처리로 식품으로 인한 위해를 줄일 수 있습니다.

CHAPTER 02

식품과 미생물

1. 서론
2. 미생물의 종류와 특성
3. 식품의 오염지표균
4. 미생물의 생육에 영향을 주는 인자

1. 서론

미생물(microorganism)은 인간의 육안으로는 관찰이 어려운 작은 생물이다. 영어로는 작다는 뜻의 'micro'와 생물이라는 뜻의 'organism'을 포함하여 'microorganism'으로 부르며, 1675년 네덜란드 레벤후크(A. van Leeuwenhoek)가 현미경을 발명하면서부터 본격적으로 관찰되기 시작하였다. 미생물은 일반적으로 세균(bacteria), 진균류 또는 균류(fungi), 바이러스(virus), 원생동물(protozoa), 조류(algae) 등을 포함하고 있다.

미생물은 세포의 종류에 따라 원핵, 진핵, 비세포성으로 구분할 수 있으며 각각의 특징은 다음과 같다.

- 원핵세포(원핵 미생물) : 원핵세포는 핵막이 없으므로 핵의 구조가 없고, 진핵세포에 비해 비교적 단순한 구조를 지닌 원시 형태의 세포이다. 세포의 유전 물질이 핵막에 둘러싸여 있지 않고, 세포질의 중심부분(핵 영역)에 위치하고 있다. 세균이나 원핵조류는 원핵세포의 구조를 가지고 있다.
- 진핵세포(진핵 미생물) : 진핵세포는 뚜렷한 핵막과 세포기관을 갖고 있어 세포질과 핵이 구분되어 있으며, 원핵세포에 비해 복잡한 구조를 가진 진화된 세포이다. 모든 동식물과 조류(원핵조류 제외), 균류, 원생동물 등의 고등미생물은 진핵세포의 구조를 가지고 있다.

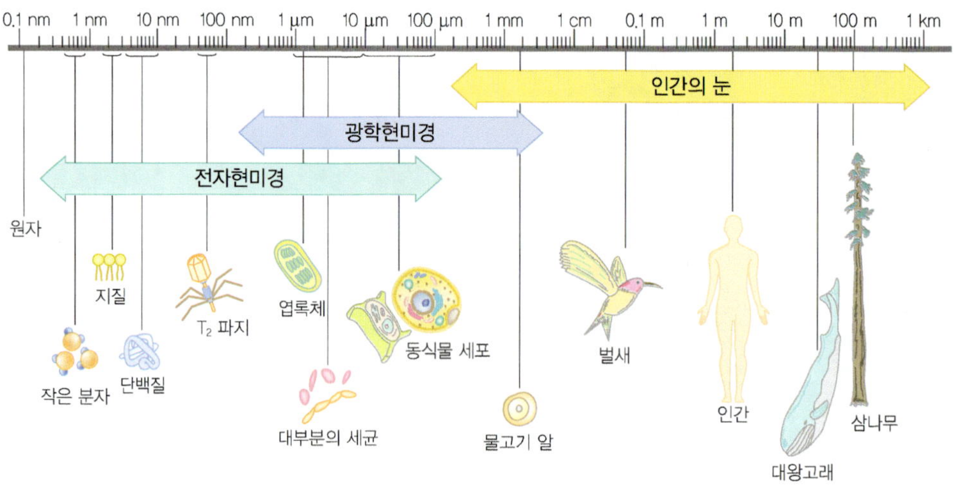

그림 2-1 생물의 크기

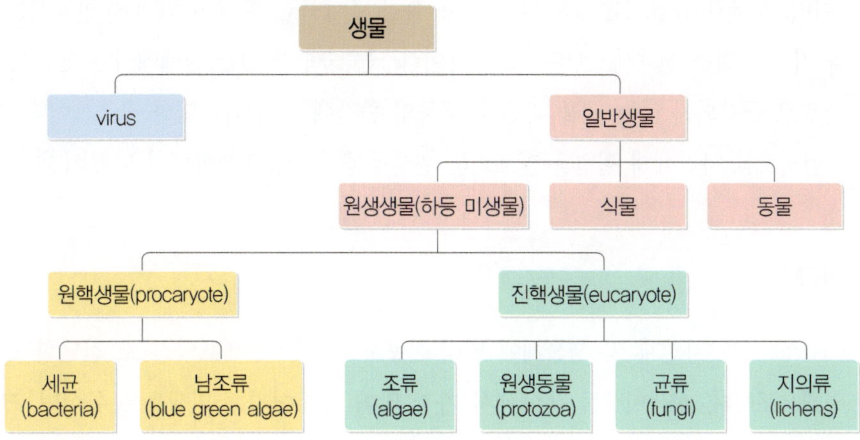

그림 2-2 생물의 분류

- 바이러스(비세포성 미생물) : 바이러스는 다른 생물체와는 달리 세포의 구조를 가지고 있지 않다. 다만 DNA나 RNA 등 유전물질이 단백질 껍질로 싸여 있는 매우 단순한 형태를 가진다.

미생물은 인간에게 미치는 영향에 따라서 인간에게 긍정적인 작용을 함으로써 유익한 효과를 주는 '유용미생물(beneficial microoragnism)'과 인간에게 있어서 부정적인 작용을 하는 '유해미생물(harmful microorganism)'로 분리할 수 있다. 유용미생물로는 식품의 발효에 이용되는 발효미생물과 인간의 건강에 유익한 도움을 주는 프로바이오틱(probiotic) 균주가 포함된다. 유해미생물은 식품의 부패를 일으키는 부패미생물(spoilage microorganism)과 식중독의 주요 원인인 병원성 세균(pathogen) 및 바이러스 등이 있다. 본 식품위생학에서는 주로 유해미생물을 다루며, 특히 인간의 질병의 원인으로 작용하는 여러 병원성 세균, 바이러스, 곰팡이 독소를 생산하는 곰팡이 등이 주로 다뤄질 것이다.

2. 미생물의 종류와 특성

여러 미생물 중에서 식품에서 다루어지는 미생물은 주로 세균, (진)균류(효모, 곰팡이), 바이러스 등이다. 앞에서 설명하였듯이 세균은 핵막이 없어서 핵과 세포질의 구분이 없는 원핵세포이며, 효모와 곰팡이를 포함하는 균류 혹은 진균류는 핵막이 있어 유전물질을 포함한 핵을 가지고 있는 진핵세포이다. 또한 바이러스는 숙주가 있는 상태에서만 생육이 가능하여 세포로 구분되지 않는 생물 혹은 무생물의 중간에 위치한 간단한 구조체이다. 이 외에도 간헐적으로 사람에게 질병을 일으키는 원생동물이 식품위생학에서 다루어진다.

1) 세균

세균(bacteria)은 자연계 및 생물체에 널리 분포하고 있는 단세포의 다소 간단한 구조를 가진 원핵세포이다. 식품미생물 분야에서 가장 많이 다루어지는 미생물 종류이며, 크기는 0.2~10 μm 범위이며 일반적으로 0.5~3 μm이다. 세균의 세포는 세포막과 세포벽, 그리고 세포질 내에 핵물질과 리보솜 등을 가진 비교적 단순한 구조를 가지고 있다(그림 2-3). 세균의 모양과 배열 형태에 따라서 구균(coccus), 간균(bacillus or rod), 나선균(spirillum or spiral)으로 분류할 수 있으며, 그람염색법(gram staining)에 의해 그람음성균과 그람양성균으로 분류된다. 식품과 관련된 주요 세균의 그람 특성과 형태에 따른 분류는 표 2-1과 같다.

세균은 토양, 물, 공기 등 환경과 식품에 널리 분포하며, 식품과 환경 등에 오염된 세균은 이분법(binary fission)을 통하여 빠른 속도로 그 수가 증가하여 생육함으로써 식품의 부패와 식중독 사고의 주요한 요인으로 작용하고 있다. 몇몇 세균은 세균을 저해할 수 있는 열, pH, 건조, 항생제 등에 내성을 지니고, 이러한 스트레스에 노출되었을 때 이에 대한 적응세포를 생성함으로써 환경적 스트레스에 강한 저항성을 나타내기도 한다. *Bacillus* 속이나 *Clostridium* 속과 같은 세균은 외부의 열악한 환경 조건에서 포자(spore)를 형성할 수 있

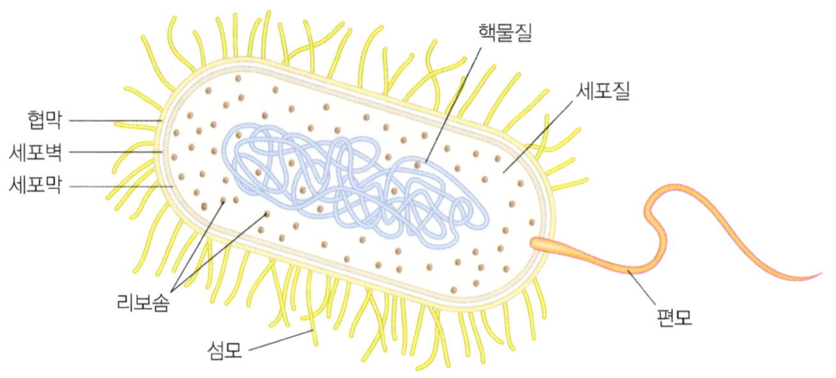

그림 2-3 세균의 구조

표 2-1 식품 관련 세균의 그람 분류와 형태

세포 형태(모양)		그람양성균	그람음성균
구균 (coccus)	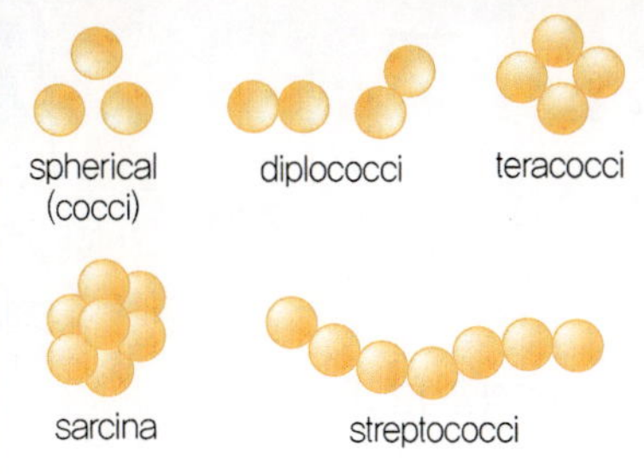	*Leuconostoc* *Micrococcus* *Sarcina* *Stapylococcus* *Streptococcus*	
간균 (bacillus or rod)	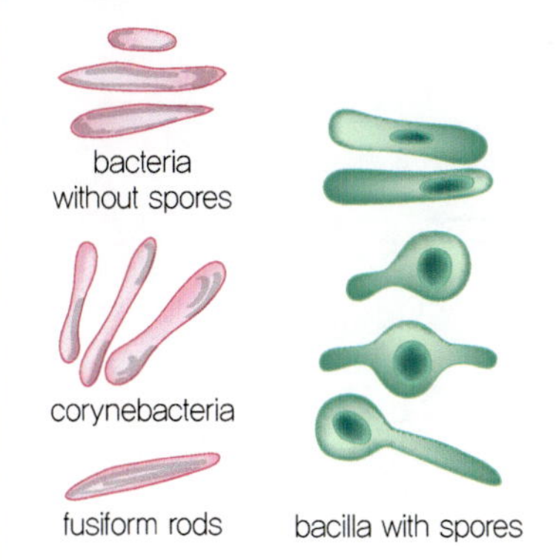	*Bacillus* *Clostridium* *Lactobacillus* *Listeria* *Mycobacterium*	*Acetobacter* *Bacteriodes* *Erwinia* *Escherichia* *Propionibacterium* *Proteus* *Pseudomonas* *Salmonella* *Serratia* *Shigella* *Yersinia*
나선균 (spirillum or spiral)	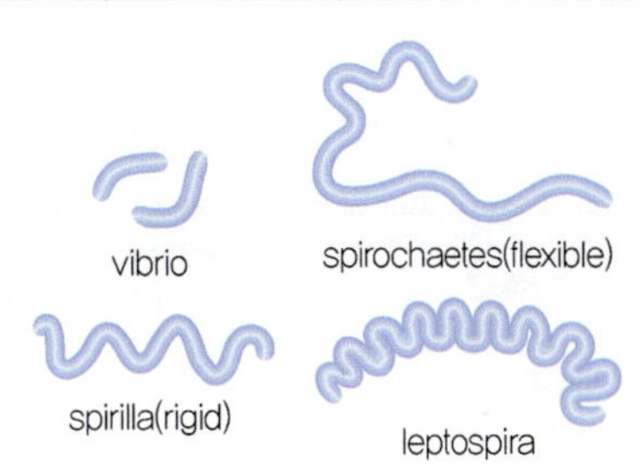		*Campylobacter* *Vibrio*

고, 세균의 포자는 여러 가지 스트레스에 가장 저항성이 높은 세균의 형태로써 세균을 저해하고자 하는 여러 가지 제어법(열처리, 건조, 화학약품, 방사선 등)에 높은 저항성을 나타내 세균의 살균에 큰 어려움을 증가시킨다.

2) 효모

효모(yeast)는 진핵세포 구조인 진균류(fungi)의 일종으로 세균처럼 단세포 생물로써 다세포인 곰팡이와 구별될 수 있다. 크기는 약 5~10 μm 정도로 세균보다 약간 크며, 구형이나

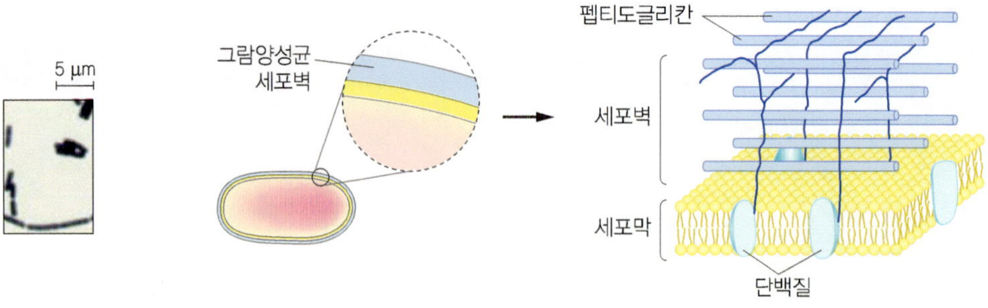

(a) 그람양성균

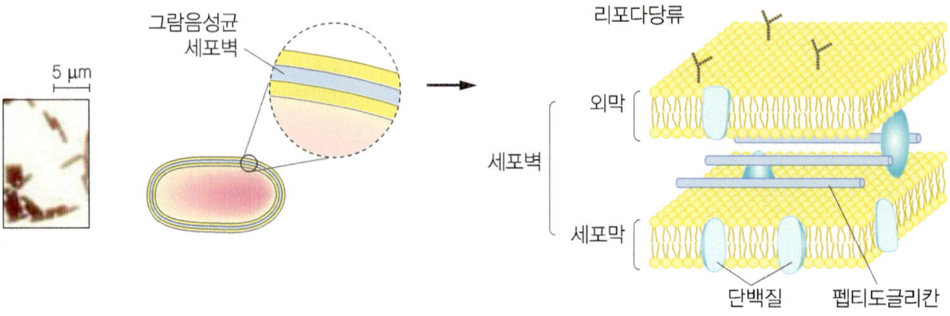

(b) 그람음성균

그림 2-4 그람양성균과 그람음성균의 세포벽 형태

자료 : http://enfo.agt.bme.hu/drupal/en/node/9461,
http://www.bio.miami.edu/~cmallery/150/proceuc/proceuc.htm

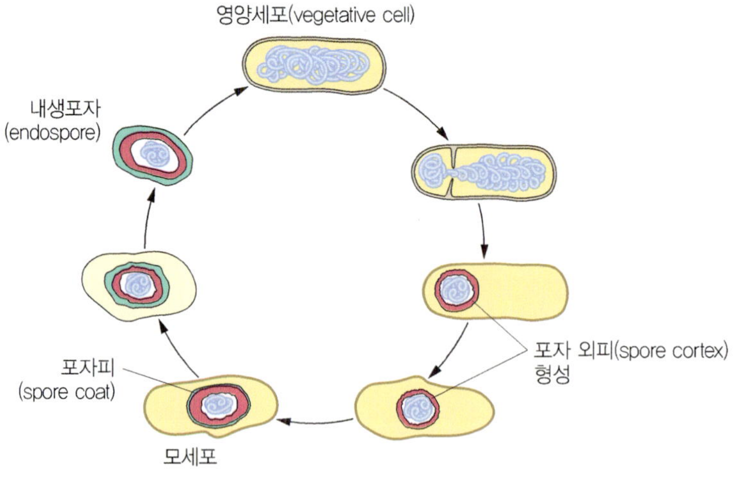

그림 2-5 세균의 포자 형성과정

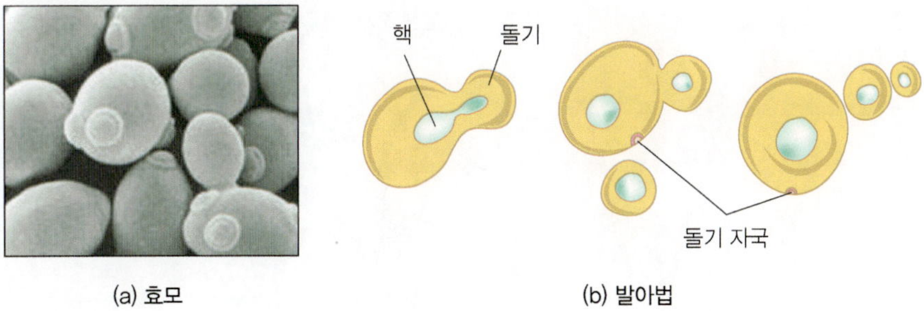

그림 2-6 효모와 발아법

타원형, 간균의 형태를 지니고 있다. 세균과는 달리 발아법(출아법, budding)으로 증식하며 식물체, 토양, 담수 및 해수, 배설물 등 자연계에 다수 분포하고 있다. 효모는 알코올 발효능이 강한 종이 많아서 주로 알코올 제조 및 제빵 등에 이용되며, 또한 이들의 균체는 식용, 사료용 단백질과 조미료, 비타민 등의 생산에도 다양하게 활용되고 있다. 효모는 세균에 비해 낮은 수분활성도와 pH에서도 생육이 가능하여 산성식품이나 발효식품 등의 숙성과 부패에도 관여하기도 하나, 세균이나 곰팡이에 비해 식중독에 대한 위험도가 가장 낮은 편이다.

3) 곰팡이

곰팡이(mold, mould)는 효모와 함께 진핵세포인 진균류(fungi)에 포함되며, 효모와는 달리 균사나 포자에 의해서 증식하는 다세포의 사상균류이다. 곰팡이는 형태가 세균이나 효모보다 커서 사람의 육안으로 관찰이 가능하며 가느다란 실 같은 형태의 균사(hypae)가 모여 균사체(mycelium)를 구성하고 있다. 또한 균사체의 끝부분에는 외생포자(exospore)로 구성된 자실체 구조를 가지며 이들 균사체와 자실체를 함께 균총이라고 부른다. 곰팡이는 건조한 조건에서도(＜a_w 0.6) 증식이 가능하며 넓은 범위의 pH에서도 생육이 가능하여 건조식품이나 고염식품, 당절임식품, 산성식품 등에서 생육하여 식품의 부패를 일으킬 수 있다. 또한 곰팡이는 곰팡이독소(mycotoxin)를 생산하여 식중독을 일으킬 수도 있으므로 이에 대한 주의가 필요하다. 반면 몇몇 곰팡이는 장류(된장, 간장)와 치즈 등의 발효식품이나 항생제 등의 약품 및 효소 등을 생산하는 데 활용되고 있다.

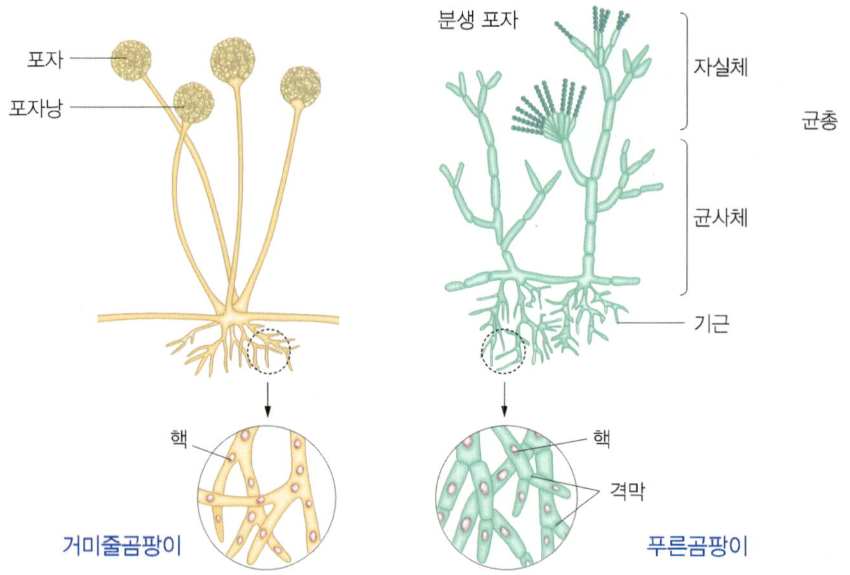

그림 2-7 곰팡이의 일반적인 형태

4) 바이러스

바이러스(virus)는 크기가 0.02~0.30 ㎛ 정도로 매우 작아서 광학현미경으로는 관찰할 수 없고, 전자현미경으로만 관찰할 수 있는 기생 미생물이다. 바이러스는 자체적으로는 증식할 수 없기 때문에 살아있는 생물로 간주되지 않으나 동식물이나 세균 등의 숙주세포가 있을 때에는 증식이 가능하다. 바이러스는 DNA나 RNA 중 하나의 핵산을 가지며, 이를 보호하는 단백질로 구성된 매우 작은 구성체이다. 기생하는 숙주에 따라서 숙주 특이성이 매우 강하며 특별히 세균을 숙주로 하여 증식하는 바이러스를 박테리오파지(bacteriophage)라고 부른다. 바이러스는 식품에서 증식하지 않으므로 식품의 품질에는 영향을 미치지 않

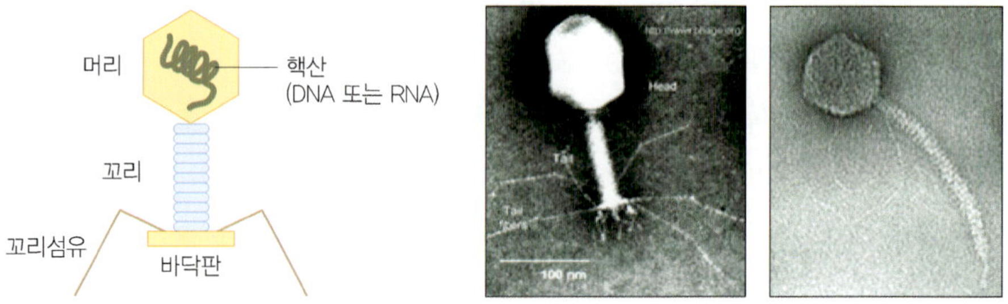

그림 2-8 박테리오파지의 구조와 형태

으나 식품이나 물, 환경 등에 오염된 바이러스가 인간에게 전이되었을 때 식중독을 발생시킬 수 있다. 실제로 최근에 지하수 및 해수 등의 오염으로 인한 노로바이러스 등의 바이러스 식중독이 증가하고 있는 실정이다. 몇몇 박테리오파지는 식품의 발효산업에 이용되는 세균을 용혈시킴으로써 문제를 일으키기도 하나, 최근에는 박테리오파지를 활용한 식품에서 병원성 세균의 제어법 등의 연구도 활발하게 이루어지고 있다.

3. 식품의 오염지표균

식품에 오염된 세균은 빠른 시간에 증식하여 부패를 일으킬 수 있고, 또한 병원성 세균의 경우 식중독의 원인으로 작용할 수 있다. 따라서 식품에 오염된 세균의 정도와 안전성 여부를 평가하기 위하여 특정 병원성 세균 이외에 다음과 같은 지표세균(균)(indicator microorganism)을 일반적으로 검사하고 있다.

1) 총균 수(일반세균 수)

식품 중의 총균 수는 식품에 오염된 미생물의 총량으로써 식품에 오염된 미생물의 오염 정도를 나타내어 식품의 건전성(soundness), 안전성(safety) 등을 종합적으로 평가할 수 있는 유익한 지표이다. 일반적으로 plate count agar(PCA)와 같은 비선택배지(일반 목적배지)를 이용하여 측정하며, 식품의 총균 수에 따라서 식품의 부패 정도와 유통기한, 안전성과 관련된 병원성 미생물의 오염 가능성 등을 예측할 수 있다.

2) 대장균군

대장균군(coliform)은 '35~37℃에서 배양 시 유당(젖당, lactose)을 분해(발효)하여 산과 가스를 생성하는 그람음성 무아포성 간균'으로 *Escherichia coli*(대장균)과 *Citrobacter*, *Enterobacter*, *Klebsiella* 속 등이 여기에 속한다. 대장균군은 사람이나 동물의 장내와 배설물에서 다수 발견되는 균으로, 식품에서 이 균의 발견은 식품이 직접적 혹은 간접적으로 분변에 의해 오염되었음을 의미하므로 식품의 비위생 지표가 될 수 있으며, 또한 질병을 일으킬 수 있는 병원성 균의 오염 가능성을 나타내므로 식품안전성의 지표균주로 사용되고 있다.

3) 대장균

대장균군은 분변 유래가 아닌 물, 토양과 같은 환경이나 채소 등에서도 발견됨으로써 식품의 대장균군의 오염이 사람이나 동물의 분변 오염을 통해서 이루어진다고 단정하기 어렵다. 따라서 최근에는 대장균군 중에서 사람이나 동물의 장내에 주로 서식하여 분변에서 쉽게 발견되는 대장균(*E. coli*, fecal coli)을 위생의 지표로 이용하고 있다. 이러한 대장균은 환경에서 발견되는 대장균보다 고온에서 증식할 수 있는 특성이 있어 EMB 혹은 EC 배지를 이용하여 44℃에서 배양하여 검출할 수 있다. 식품에서 대장균에 의한 오염은 해당 식품이 분변에 의해 오염되었을 가능성이 높다는 것을 보여주며, 질병을 일으킬 수 있는 병원성 균의 오염 가능성 또한 높음을 시사한다.

4) 장구균

장구균(*Enterococcus*)은 사람이나 동물의 장관에 서식하는 그람양성 세균으로 인수의 분변에 존재하는 균이다. 따라서 장구균은 대장균이나 대장균군과 유사하게 식품의 분변 오염 지표균으로 사용될 수 있으며 대장균군과는 달리 환경에서의 검출률이 낮기 때문에 식품의 분변 오염 지표성이 높은 지표균주라 할 수 있다. 이 균은 포도당을 분해하여 젖산을 생성하는 젖산균의 한 그룹으로 장구균(*Enterococcus*속)에서 *Enterococcus faecalis*와 *Enterococcus faceium*이 가장 흔하게 발견되고 있다. 장구균은 건조, 고온, 냉동 등의 식품의 가공과정에서도 생존율이 높아 냉동식품, 건조식품, 가열식품 등의 검사에서 유용하게 사용될 수 있다. 하지만 오염지표균으로 대장균군과 장구균 중 어느 것을 선택할 것

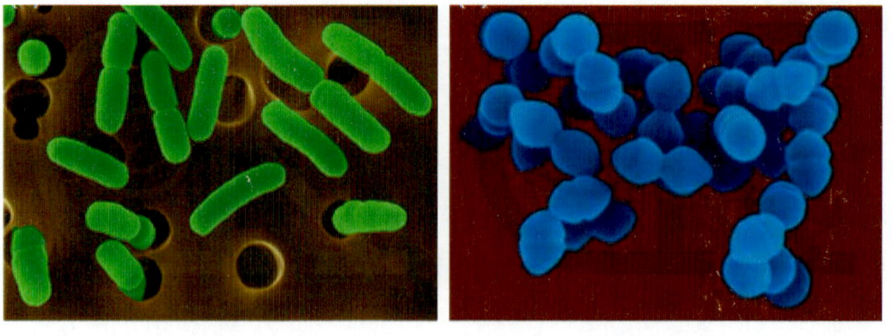

(a) (b)

그림 2-9 Faecal coliform(a)과 *Enterococcus faceium*(b)

인가에 대하여는 아직까지 일관적인 견해가 없으며, 따라서 보다 정확한 분변 오염 및 위생 실태의 조사를 위해서는 두 가지를 모두 검사하는 것이 바람직하다고 할 수 있다.

4. 미생물의 생육에 영향을 주는 인자

1) 내인성 인자

내인성 인자는 미생물의 생육에 영향을 줄 수 있는 식품의 고유한 특성을 일컫는다. 이러한 내인성 인자로는 수분활성도(a_w), pH, 산화-환원전위(Eh), 영양 성분, 자연 항미생물 성분, 보존제 등의 화학물질 함유 여부, 공존하는 다른 미생물의 존재 등이 포함된다.

(1) 수분활성도

수분활성도(water activity, a_w)는 어떤 형태로 결합하고 있지 않은 자유수로써 미생물이 사용할 수 있는 물의 비율을 의미한다. 수분활성도는 임의의 온도에서 그 식품이 갖는 수증기압(P_s)에 대한 그 온도에서 순수한 물이 갖는 최대 수증기압(P_o)의 비로 나타내며, 이를 구하는 공식은 다음과 같다.

$$\text{수분활성도}(a_w) = \frac{\text{식품의 수증기압}(P_s)}{\text{순수한 물의 수증기압}(P_o)}$$

수분활성도는 0~1 사이에 존재하며, 순수한 물의 경우는 수분활성도가 1로 물의 전체 양을 미생물이 사용할 수 있다. 하지만 식품에 포함되어 있는 물은 얼음과 같은 결정형태나 전기적 화학결합에 의하여 소금, 설탕 등의 극성 성분과 결합하므로 미생물이 사용할 수 없는 상태로 존재할 수가 있다. 따라서 이러한 경우 수분활성도의 값이 낮아지며, 미생물이 사용할 수 있는 자유수의 양이 감소하는 것을 나타낸다. 따라서 식품에서 미생물의 생육에서는 수분함량(water content)보다 수분활성도가 더 중요한 의미를 갖는다고 할 수 있다. 대부분의 세균은 수분활성도가 0.9, 효모가 0.8, 곰팡이는 0.6 이상에서 생육이 가능한 것으로 알려져 있다.

(2) pH

pH는 미생물 생육에 영향을 주는 중요한 인자의 하나로 식품 pH에 따라서 생육할 수 있

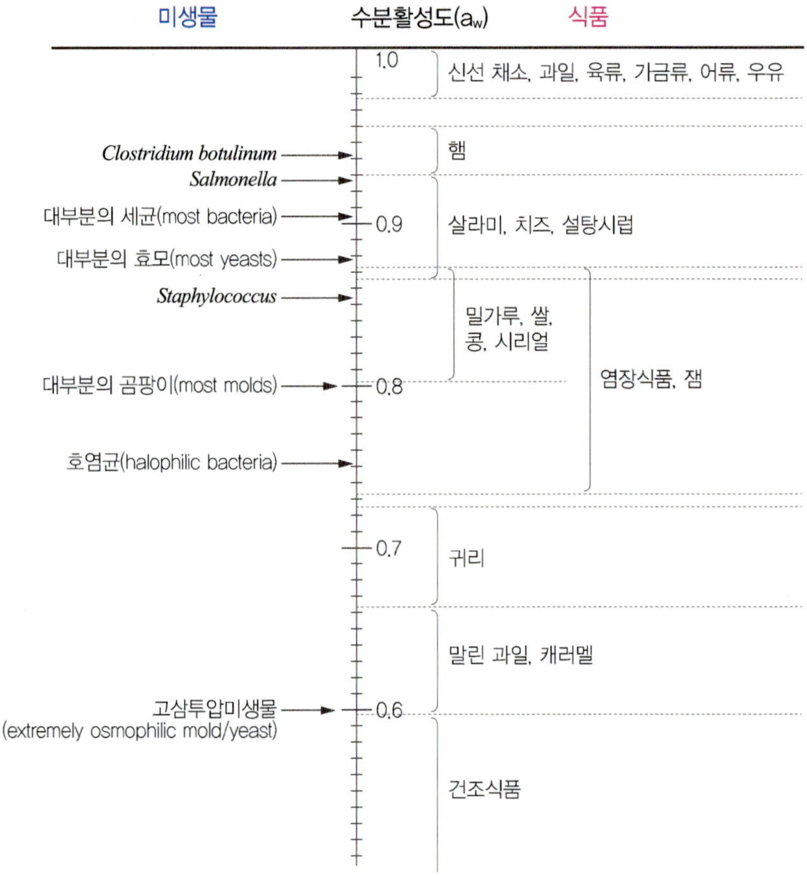

그림 2-10 미생물에 따른 최소 생육 수분활성도

자료 : www.fst.ohio-state.edu/olympiad/Laboratories/Olymp/Lab%201_WaterActivity.htm

는 미생물의 종류와 생육 정도가 크게 달라질 수 있다. 또한 매우 낮거나 높은 pH는 미생물이 사멸할 수 있는 원인으로 식품의 저장법으로 이용될 수 있다. 일반적으로 세균은 pH 4.0~4.5가 생육할 수 있는 최소 pH이며, pH 6.5~7.2에서 가장 잘 생육하는 것으로 알려져 있다. 일반적으로 효모나 곰팡이가 세균보다 낮은 pH에서 잘 생육하는 것으로 나타나, 효모는 pH 4.0~8.5, 곰팡이는 2.0~9.0에서 생육이 가능하며, 최적 pH는 각각 4.01~4.5, 3.0~3.5이다(권훈정 외, 식품위생학, 교문사; 구난숙 외, 식품위생학, 파워북). 따라서 우유나 육류 등의 중성 pH 식품에서는 세균에 의한 부패가 쉽게 발생하며, 사과, 딸기 등의 과일, 과일 주스 등의 산성 pH 식품에서는 효모나 곰팡이에 의한 부패가 쉽게 발생한다.

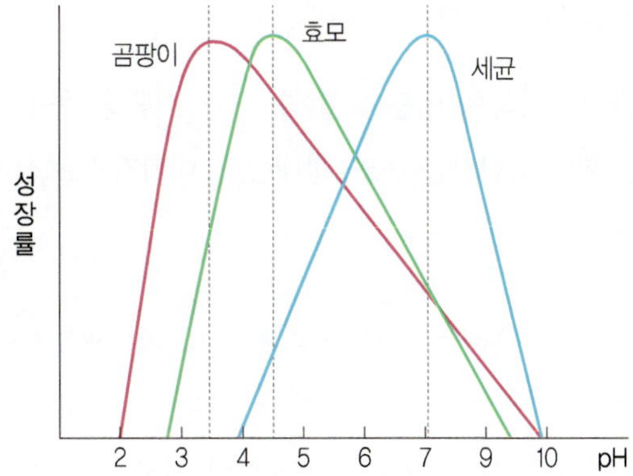

그림 2-11 미생물의 pH에 따른 성장률

자료 : 권훈정 외, 식품위생학, 교문사

(3) 산화환원전위

산화환원전위(oxidation-reduction potential, redox potential, Eh)란 어떤 물질이 전자(electron)를 잃고 산화되거나 또는 전자를 받고 환원되려는 경향의 강도를 나타낸다. 산화화원전위는 산화환원 가역 평형 상태에 있는 수용액에 백금과 같은 부반응성 전극을 주입시켜 가역반전지를 구성, 발생되는 전위를 측정한다. 산화된 상태(전자를 얻으려는 경향)의 물질은 양(+)의 값을 가지며, 환원된 상태(전자를 잃으려는 경향)의 물질은 음(-)의 값을 갖는다. 이러한 산화환원전위는 식품 내 산소량이나 pH 등에 영향을 받을 수 있으며, 미생물의 생육에도 영향을 줄 수 있다. 일반적으로 산화된 상태인 양(+)의 산화환원전위에서는 호기성 균이 잘 생육하며, 환원된 상태인 음(-)의 산화환원전위에서는 혐기성 균이 잘 생육할 수 있다.

(4) 자연적 혹은 인위적 항균물질

식품은 자연적으로 미생물의 생육을 억제하거나 사멸시킬 수 있는 항균물질을 포함하는 경우가 있다. 이렇게 식품에 존재하는 항균물질을 자연유래 항균물질이라 부르며, 이러한 항균물질로는 달걀에 있는 라이소자임(lysozyme), 녹차, 허브 등의 식물에 있는 폴리페놀(polyphenol), 겨자 등에 있는 티오사이아네이트(thiocyanate) 등이 있다. 이러한 자연적으로 존재하는 항균물질은 특정 미생물의 생육을 지연 혹은 억제할 수 있다. 또한 자연적으로 존재하는 항균물질 이외에 식품을 준비, 가공하는 과정에서 첨가하는 인위적인 항균성 화합물질은 식품에서의 미생물 생육에 영향을 줄 수 있다. 이러한 화학물질로는 살균소독제, 보존제, 항생제 등을 들 수 있다.

2) 외인성 인자

외인성 인자는 미생물의 생육에 영향을 줄 수 있는 식품을 유통·보관하는 외부환경의 조건을 말한다. 이러한 외인성 인자는 온도, 상대습도, 대기기체 조성 등을 포함한다.

(1) 온도

미생물은 종류에 따라서 생육이 가능한 온도 범위 및 최적생육온도에 차이가 있으며 제한된 온도의 범위에서만 생육이 가능하다. 따라서 식품을 저장하는 온도에 따라서 미생물의 생육에 차이가 나타나고, 이러한 원리를 이용하여 냉동이나 냉장 등의 저온을 이용하여 식품을 저장함으로써 식품의 저장성과 안전성을 높일 수 있다. 식중독을 일으키는 대부분의 병원성 세균은 중온균으로 냉장 온도에서는 생육할 수 없으나 리스테리아(*Listeria monocytogenes*) 등과 같은 균은 저온균으로 냉장온도에서도 생육할 수 있으므로 이에 대한 관리가 필요하다.

표 2-2 생육온도에 따른 미생물의 분류

분류	생육온도(℃)			비고
	최저	최적	최고	
호냉균(psychrophile)	≤ 0	10~15	≤ 20	최적온도가 저온임
저온균(psychrotroph)	0	15~30	≥ 25	최적온도가 중온이나 저온에서도 생육 가능
중온균(mesophile)	10~15	30~40	≤ 45	대부분의 부패 및 병원성 미생물
고온균(thermophile)	45	50~85	≥ 100	생육의 범위가 매우 넓음

(2) 상대습도

식품을 저장하는 환경의 상대습도 또한 미생물의 생육에 영향을 줄 수 있다. 하지만 식품이 이미 충분히 높은 수분활성도를 가지고 있다면 상대습도의 영향을 거의 받지 않는다. 하지만 건조식품 등 식품이 매우 낮은 수분활성도를 가지고 있고, 외부 환경이 그에 비해 높은 상대습도를 가지고 있다면 식품은 환경으로부터 수분을 흡수하여 식품의 수분활성도를 높이고 식품에서 미생물 생육에 영향을 줄 수 있다. 따라서 건조식품의 경우, 외부의 높은 습도와 접촉하지 않도록 잘 밀봉하여 보관하는 것이 중요하다.

(3) 대기기체 조성

포장식품의 경우 포장지 내 환경의 대기기체 조성은 식품에서의 미생물 생육에 영향을 준다. 일반적으로 공기 중에는 산소가 20% 정도가 함유되어 있으나, 포장기술을 이용하여 산소의 양을 줄이는 진공 포장을 하거나, 이산화탄소나 질소가스를 치환하여 포장하는 기체조절포장(modified atmosphere packaging, MAP)법을 활용하게 된다. 이렇게 저장 환경의 산소의 양을 감소시키는 경우 대부분 미생물의 생육을 지연시켜 저장성을 증가시킬 수 있다. 또한 포장지 내에 다량의 탄산가스를 사용한 경우에는 탄산가스가 식품에 녹아 식품의 pH를 감소시켜 미생물의 생육을 저해할 수 있다.

BACTERIAL FOOD POISONING

CHAPTER 03

세균성 식중독

1. 발병 형태별 분류

식중독을 일으키는 세균성 식중독은 세계적으로 그 발생 빈도가 가장 높으며, 매년 증가하고 있는 추세에 있다. 우리나라의 주요 세균성 식중독 원인균은 병원성 대장균, 살모넬라, 장염비브리오, 황색포도상구균이다. 그러나 최근 들어서 캄필로박터 세균에 의한 식중독이 뚜렷한 증가를 보이고 있다. 세균에 의한 식중독 사례가 증가하고 있는 특징을 보면 집단급식을 하는 식생활 패턴의 변화와 노인 인구의 증가로 인한 면역력 저하 인구의 증가에 있으며, 또한 교역의 발달로 세계 곳곳으로 식품이 전달되어, 오염된 식중독 세균의 전파와 그 속도가 빨라졌기 때문이다. 그리고 지구의 기후변화도 어떠한 형태로든 식중독이 발병하는 요인에 기여한다. 한편 식중독 발병 보고를 함에 있어 과거에는 서류에 의한 보고가 대부분이었던 데 비해, 현재는 인터넷을 이용하여 누구나 손쉽게 보고를 할 수 있어서 식중독 발병 건수의 증가도 식중독 발병 사례 증가의 원인이 되고 있다.

1. 발병 형태별 분류

식중독 세균(foodborne pathogenic bacteria)은 감염형, 독소형 및 생체 내 독소형(중간형)으로 분류한다.

감염형 식중독은 식품에 증식한 원인균이 식품과 같이 경구 섭취된 후 장내에서 급성위장염 등과 같은 증상을 일으킨다. 살모넬라(*Salmonella*), 장염비브리오(*Vibrio parahaemolyticus*), 캄필로박터(*Campylobacter*), 병원성 대장균 등이 대표적인 감염형 식중독균이다. 독소형 식중독은 식품에 오염된 세균이 증식하면서 생산한 독소를 식품과 같이 섭취하여 독소가 장관에 흡수되어 식중독을 일으킨다. 이때 독소형 식중독균은 살균되어 식품에 생존하지 않더라도 식품 속에 독소가 생산되어 있다면 세균의 유무에 관계없이 발병한다. 주요 독소형 식중독균 중 황색포도상구균(*Staphylococcus aureus*)은 장독소(enterotoxin)를 생산하고 보툴리누스(*Clostridium botulinum*)균은 신경독소(neurotoxin)를 생성하여 이들 독소에 의한 중독증상을 나타낸다. 따라서 감염형과 독소형 식중독에 있어 감염형은 꼭 식품과 함께 증식된 세균을 함께 섭취해야 발병하며, 독소형은 식품 속 세균의 섭취와는 관련이 없다. 이미 식품 속에 독소형 식중독 세균이 독소를 생성하여 이를 섭취했을 때 식중독 증상이 나타난다. 중간형(생체 내 중독형) 식중독은 역시 식품과 함께 섭취된 다량의 세균이 장관 내에서 증식하거나 아포를 형성할 때 독소를 생산(장관 내 독소 또는 생체 내 독소)하여 그 독소에 의해 설사 등의 증상을 보이는 것으로서, 독소원성 대장균

표 3-1 식중독 세균의 분류와 특징

분류	특징	대표적인 균의 종류와 잠복기
감염형	섭취된 후에도 체내에서 세균이 증식하여야 하므로 잠복기가 길다. 가열조리가 유효하다. 위장염 증상과 함께 발열이 따르는 경우가 많다.	*Vibrio parahaemolyticus*(8~20시간) *Salmonella* spp.(12~36시간) *Campylobacter*(3~5일)
독소형	잠복기가 짧다. 균체외 독소를 생성한다. 독소가 내열성인 경우에는 가열조리 효과가 없다. 발열이 별로 따르지 않는다.	*Staphylococcus aureus*(0.5~6시간) *Clostridium botulinum*(12~36시간) *Bacillus cereus*[구토형] (0.5~5시간)
중간형 (생체 내 독소형)	잠복기가 길다. 가열조리가 유효하다.	*Clostridium perfringens*(8~20시간) *Bacillus cereus*[설사형] (8~16시간) 독소형 대장균(12~72시간)

자료 : 김덕웅 외, 21C 식품위생학, 수학사, 2012

(ETEC), 클로스트리듐 퍼프린젠스(*Cl. perfringens*), 바실러스 세레우스(*Bacillus cereus*) 등이 주요 균들이다. 발병 메커니즘에 따른 세균성 식중독의 주요 특징은 다음의 표 3-1과 같다.

식품 속에 식중독을 일으키는 세균이 있다고 하여 식중독을 일으키는 것은 아니다. 세균성 식중독은 발병을 일으킬 수 있을 정도의 세균 수와 독소 양이 식품 내에 존재할 때 발생하게 된다. 특히 감염형 식중독은 감염병에 비하여 병을 일으키는 정도가 약하므로 다량의 세균을 섭취하여야 발병한다. 하지만 발병균량 역시 대상 식품을 누가 섭취했는가에 따라 같은 양이라도 발병의 차이가 있을 수 있다. 그 외 식중독 세균의 생리적인 상태나 증식

표 3-2 식중독을 유발하는 균량(발병균량)

유형	원인균	특징	발병균량(Log CFU/g)
감염형	*Campylobacter jejuni*	살아 있는 균의 경구 섭취	2~6
	E. coli O157:H7		1~2
	Enteropathogenic *E. coli*		6~9
	Listeria monocytogenes		<1
	Salmonella		5~7
	Vibrio parahaemolyticus		4~7
독소형	*Staphylococcus aureus*	세균이 생산한 독소 섭취	6~7
	Bacillus cereus [구토형]		6~7
중간형 (생체 내 독소형)	*Clostridium perfringens*	장관에서 증식한 세균이 독소 생산	6~7
	Bacillus cereus [설사형]		6~7

조건에 따라 식중독 증세에 영향을 줄 수 있다. 일반적으로 알려져 있는 발병을 유발하는 식중독 균량은 표 3-2와 같다.

1) 감염형 식중독

(1) 리스테리아균 식중독

리스테리아 모노사이토제네스(*Listeria monocytogenes*)는 그람양성의 통성혐기성 무아포 간균으로 편모는 주모성이고 최적온도는 30~37℃이다. 냉장온도 4℃에서도 발육이 가능한 저온균이지만 0~45℃의 넓은 범위에서 증식이 가능하고 발육 pH 범위는 5.6~9.6이다. 식염에 저항성이 있어 6%의 식염에서도 생존이 가능하다. 온도 65℃ 이상의 가열로 사멸시킬 수 있어 열에 비교적 약한 편이다.

*Listeria*가 체내로 침입하여 감염되면 가벼운 권태감, 발열 등의 증상을 일으키며 잠복기는 12시간에서 2~3개월로 폭이 넓다. 감수성이 높은 임산부와 면역력이 약한 신생아 및 노인 등에게는 패혈증, 수막염, 뇌수막염 등의 발생률이 높다. 그 외 당뇨병, 알코올 중독자, 간질환자, 만성신장병 및 철 과잉증과 관련된 사람들에게도 나타나며 후천성 면역결핍증 환자도 역시 감수성이 높다. 리스테리아증(Listeriosis)은 소, 양, 돼지 등 동물이나 조류에 감염되어 뇌염과 유산, 패혈증을 일으키는 질병으로, 인간에게는 주로 임산부나 신생아에게 감염을 일으켜 수막염이나 패혈증을 유발한다. 치사율은 감염된 환자의 30% 정도이다. 최근에 미국에서 발생한 대규모 식중독 사건들에 의해 관심을 받게 되었고, 식생활 패턴의 변화로 즉석 편이식품이나 전자레인지를 이용한 즉석조리식품의 소비가 늘어나면서 리스테리아 관련 식중독의 위험성이 커지고 있다.

*Listeria*는 자연계에 널리 분포하고 있으며, 특히 가축이 보균하고 있는 점에서 동물유래 식품의 오염이 높고, 우유, 치즈, 식육을 통한 집단 발생이 일어나고 있다.

*L. monocytogenes*는 고염, 저온 상태 등 식품의 제조 가공 및 유통 환경에서 잘 적응하여 성장하기 때문에 각종 식품에 있어서 균의 오염 자체를 차단하는 것은 매우 어렵다. 따라서 이 균이 식품에 오염되는 것을 막기 위해서는 식품의 특성에 맞게 개개의 대책을 세우는 것이 바람직하다. WHO에서는 *L. monocytogenes*의 오염을 방지하기 위하여 식품을 크게 4개 그룹으로 나누어 각각의 대책을 세울 것을 권고하고 있다.

이를 살펴보면, ① 생육, 생채소 등의 생식품과 ② 혼합 생식품, 발효소시지, 생유로 제조한 치즈 등의 가공 생식품은 원료의 수확, 제조 시의 환경이나 보균동물로부터의 오염을 최대한 방지하며 ③ 살균 후 손으로 만질 수 있는 가공 식육제품은 2차 오염을 방지하고 ④ 살균우유, 유제품 등 용기에 들어 있는 살균식품의 경우는 큰 문제는 없으나 모든 경우에 냉동 및 냉장 식품의 저장 시 저온관리를 철저히 하도록 하는 것 등이다. 식육과 생선을 다른 식품과 분리 보관하여 2차 감염을 막고 조리 시에는 충분히 가열하여야 한다.

(2) 병원성 대장균(Pathogenic *Escherichia coli*) 식중독

대장균(*Escherichia coli*)은 사람이나 동물의 장관 내에 존재하는 세균으로 병원성이 없는 것으로 알려졌다. 1945년 브레이(Bray)가 영국에서 설사를 일으킨 영유아로부터 분리한 균이 병원성을 가지는 특수한 대장균임을 확인한 것을 계기로 이러한 대장균을 병원성 대장균이라 하여 일반 대장균과 분류하게 되었다. 1971년 색(Sack) 등은 장독소(enterotoxin)를 생산하는 대장균을 분리하여 독소원성 대장균이라고 하였고, 이후에 장관세포 내에 침입하여 설사증을 유발하는 대장균도 발견되었다. 이와 같이 발병양식에 따라 장관출혈성 대장균(enterohemorrhagic *E. coli*, EHEC), 장관독소원성 대장균(enterotoxigenic *E. coli*, ETEC), 장관조직침입성 대장균(enteroinvasive *E. coli*, EIEC), 장관병원성 대장균(enteropathogenic *E. coli*, EPEC)의 4종 외에 최근 주목을 받고 있는 장응집성 대장균(enteroaggregative *E. coli*, EAEC)이 있다.

하지만 최근 병원성 대장균은 혈청학적으로 일반 대장균과 구별할 수 있으며 약 30여 종이 병원성 대장균으로 보고되고 있다. 병원성 대장균은 일반 대장균과 마찬가지로 장내세균과에 속하는 통성혐기성 간균으로 그람음성이고 내생포자가 없다. 주모성 편모가 있어서 운동성이지만 편모가 없어서 비운동성인 것도 있다. 최저발육온도는 8~10℃이며, 최적발육온도는 37℃이고 45.4℃ 이상에서는 발육하지 않는다. 일반적으로 젖당 또는 과당을 분해하여 산과 가스(CO_2와 H_2)를 생성한다. 생화학적 시험에 있어 Indol시험과 methyl red 시험에서는 양성이며, VP(Voges Proskauer)시험과 citrate 이용시험은 음성이다.

① 장관출혈성 대장균(EHEC) : EHEC는 인체 내에서 베로독소(Verotoxin)를 생성하여 식중독을 일으키지만 오염된 식품에서 생성되는 베로독소는 식중독을 일으키지 않는 특징을 가지고 있다. 대표적인 혈청형으로는 쇠고기, 분쇄육 등에서 분리된 *E. coli* O157:H7이며, 이 외에 O26, O25, O111 등이 있다.

② 장관조직침입성 대장균(EIEC) : EIEC는 대장 점막의 상피세포에 침입하여 세포 괴사에

의해서 궤양이 형성되므로 혈액과 점액이 섞인 설사를 일으킨다. 발열과 복통을 수반하며 잠복기는 약 10~18시간이다. 장관조직침입성 대장균의 혈청형은 O28, O112, O124, O136, O143, O144, O152, O164 등이 있다.

③ 장관병원성 대장균(EPEC) : 주로 1세 이하의 신생아에서 구토, 복통, 설사, 발열 증상을 나타내는 대장 점막에 비침입성인 대장균으로, 잠복기는 9~24시간이며 보통 9~12시간이다. 혈청형은 O18, O20, O26, O44, O55, O86, O114, O119 등이 있다.

④ 장관독소원성 대장균(ETEC) : 소장 내에서 균이 정착하여 증식과정에서 생산된 장독소 작용에 의하여 설사 증세를 일으킨다. 이 균이 생산하는 독소는 60℃, 30분의 가열로 활성을 잃는 이열성 독소(heat-labile enterotoxin, LT)와 100℃, 30분의 가열에도 내성을 가지는 내열성 독소(heat-stable enterotoxin, ST)의 두 형태가 있으며 여행자 설사증(traveler's diarrhea)의 원인균으로 알려져 있다. 잠복기는 10~12시간이며, 장관독소원성 대장균의 혈청형은 O6, O8, O15, O20, O25, O27, O63, O78, O148, O159, O167 등이 있다.

일반적으로 위장염형(EPEC 및 ETEC)은 설사(수양성), 복통(발열, 구토 수반)을 일으킨다. 영유아는 잠복기가 짧고 증상이 심하며 성인에 있어서는 두통, 발열, 구토, 설사, 복통 등의 증상을 나타내고, 중증일 때에는 분변에 혈액, 농이 혼합된 이질형(EIEC)을 볼 수 있다. 잠복기는 일반적으로 10~30시간으로 평균 12시간 정도이다. 영유아나 초등학교 어린이에게 발병하거나 식중독으로 발병한 경우 모두 급성위장염을 일으킨다. 영유아의 설사와는 달리 성인의 식중독은 예후가 양호하여 수일 이내에 증상이 회복된다. EHEC의 중독증상은 심한 복통과 설사를 수반하며 발열은 없다. 감염의 약 2~7%가 혈전성 혈소판감소증이나 용혈성 요독증후군 같은 질병으로 심한 경우 신부전증으로 발전하기도 하며 사망률이 높은 편이다.

최근(2011년 5월) 신종 병원성 대장균으로 장출혈성 대장균(EHEC)과 장관응집성 대장균(EAEC)의 결합 형태인 장응집성 출혈대장균(enteroaggregative hemorrhagic *E. coli*, EAHEC : EAHEC O104:H4)이 인체에 감염된 식중독으로 인하여 3,840여 명이 중독되었고, 40여 명이 사망한 사례가 보고되었다. 이 병원성 대장균은 독일에서 새싹채소에 오염되어 유럽 등지로 확산되었다. 이 세균의 특징은 설사와 신부전 증상을 야기하는 시가독소(shiga toxin)를 가졌고, 장 내부의 세포 표면에 잘 부착한다. 이 때문에 장에 부착된 세균이 시가독소를 급속도로 퍼트리는 것으로 추정된다. 지금까지 어떤 식중독과 비교를 하여도 높은 비율로 감염되었으며, 많은 환자들이 용혈성 요독증후군(hemolytic-uremic syndrome)으로 진행되었다.

병원성 대장균의 감염경로는 자연환경, 가축, 사람 등 광범위하게 분포되어 있기 때문에 동물의 배설물, 보균자, 환자가 문제가 된다. 그렇기 때문에 이 균은 손쉽게 사람에서 사람으로 감염될 수 있는데, 위생 상태나 손을 씻는 방법이 부적절할 때 또는 감염된 환자의 분변으로부터 다른 사람에게 전달될 수 있다. 특히 인지력이 부족한 어린아이들 사이에서 전염될 수 있으며, 가족 구성원에게도 감염될 수 있다.

또 가축의 장관에서 서식할 수 있으므로 식육을 도살하는 동안 파열된 장의 내용물에서 식육으로 오염될 수 있으며, 고기를 분쇄하는 과정에서 균들이 쉽게 퍼질 수 있다. 원인식품은 햄, 치즈, 소시지, 커틀릿, 채소샐러드, 로스트비프, 분유, 파이, 도시락, 두부, 소간, 원유 등이다. 식중독 발생은 여름철에 약간 높지만 계절과 큰 관계가 없는 편이다.

병원성 대장균은 가축과 사람의 장관에 존재하기에 분변을 통하여 널리 퍼질 수 있다. 그렇기 때문에 이 균에 의한 식중독을 예방하기 위해서는 보균자 및 환자의 관리를 철저히 하고 분변의 비료화를 억제하여 분변에 의한 직접 또는 간접적인 식품 오염을 방지해야 한다. 더불어 가축의 분변 및 폐기물을 위생적으로 처리하고 식품에 사용하는 급수는 소독한 것을 사용해야 한다. 병원성 대장균은 비교적 열에 약하여 75℃에서 3분 정도의 가열로 사멸시킬 수 있다. 그러므로 식품과 음용수는 가열 살균 후 섭취하도록 하고 살균한 우유와 유제품을 섭취하고 원유는 섭취하지 않도록 한다.

(3) 살모넬라균 식중독

살모넬라균(*Salmonella*)은 장내세균(Enterobacteriaceae)에 속한다. 살모넬라균은 혈청학적으로 세포표층 항원(O항원)과 편모 항원(H항원)의 조합에 따라 2,000종 이상의 균형으로 분류되며, 대부분 병원성이 있다. 이 중의 일부는 사람에게만 병원성을 나타내는데 감염병의 원인균인 장티푸스균(*Sal.* Typhi)과 파라티푸스균(*Sal.* Paratyphi)은 일반 살모넬라 식중독균과는 달리 감염병균으로 구분하고 있다.

대표적인 식중독균으로는 *Sal.* Enteritidis(장염균), *Sal.* Typhimurium(쥐티프스균), *Sal.* Choleraesuis(돼지콜레라균)가 있다. 살모넬라는 통성혐기성, 그람음성, 무아포성 간균(0.5~0.8×3~4 ㎛)으로 주모성 편모를 가지며 포도당을 발효하고 cytochrome oxidase 음성이다. 그러나 유당을 분해하지 못하고 트립토판으로부터 인돌을 형성하지 못하며 황화수소(H_2S)를 생성한다.

살모넬라의 최적증식온도는 37℃이며 증식온도 범위는 10~43℃이다. 열에 약하여 60℃에서 20분간 가열로 사멸한다. 하지만 저온에서는 비교적 저항성을 가지고 있으며 건조에 강한 편이다.

중독증상으로는 보통 12~24시간, 길게는 6~48시간 범위의 잠복기를 거친 후 급성위장염을 증상으로 하는 구역질, 구토, 복통, 설사, 두통, 발열 등의 증상을 보인다. 특히 38~40℃의 급격한 발열과 동시에 오한과 전율이 나타나며, 설사는 이질 증상과 비슷한 수양성 설사로 1일 5~10회 정도이고 발열은 대개 2~5일이다. 발병률은 6~9월에 편중되어 있고 다른 식중독에 비하여 높은 75% 이상이지만, 치사율은 0.3~1%로 낮다.

살모넬라의 감염경로와 원인식품을 살펴보면, 우선 오염원은 포유동물이나 조류의 장내세균이므로 사람과 가축, 가금류, 동물, 하수와 하천 등에 광범위하게 분포하고 있다. 또 살모넬라가 직간접적으로 오염원이 되어 식중독의 원인이 된다. 감염경로는 가축, 개, 고양이 등이 살모넬라균에 이환되거나 보균한 가금류의 고기와 환자나 보균자, 가축의 대소변에서 오염된 음식물로 감염된다. 원인식품으로는 달걀, 가금류, 식육 및 그 가공품과 2차 오염된 식품(어육제품, 유제품, 샐러드)으로 주로 동물성 식품이 많지만, 특정 식품에 한정되어 있지는 않다. 식육의 경우 도살 후 처리과정에서 2차 오염되는 경우가 빈번하며 가장 많이 발생하는 *Sal.* Enteritidis나 *Sal.* Typhimurium은 감염된 위생곤충에 의하여 식품이 오염된 사례가 보고되었다.

살모넬라 오염률은 쇠고기와 돼지고기가 5~10%, 닭고기는 10~30%로 알려져 있다. 그러므로 살모넬라 식중독을 예방하기 위해서는 도축장의 위생검사와 축산물 위생검사를 철저히 해야 하며, 생식을 금해야 하고 조리실과 부엌의 쥐 및 파리 등을 구제해야 한다. 살모넬라균은 비교적 열에 약하므로 가열이 가능한 식품은 섭취 전에 가열 처리하는 것이 살모넬라 식중독 방지에 가장 좋은 방법이다. 그리고 조리 후에는 바로 섭취하고 남은 음식은 살모넬라균이 10℃ 이하에서 발육이 불가능하므로 저온 보존하는 것도 효과적인 예방법이다.

(4) 여시니아균 식중독

돼지장염균으로 알려진 여시니아균(*Yersinia enterocolitica*)은 그람음성의 통성혐기성 무아포 간균으로 협막이 없으며 30℃에서는 주모성 편모를 가지나 37℃에서는 편모를 잃는다. 발육최적온도는 25~30℃로 다른 장관계 병원균에 비하여 발육온도가 낮고 세대시간도 길다. 발육온도 범위는 4~44℃로서 4℃에서도 증식 가능한 저온균이다.

과거에는 식중독 발생에 대한 보고가 적었으나, 최근 들어 전 세계적으로 식중독 발생 건수가 증가하고 있다. 냉장온도와 진공포장 상태에서도 증식이 가능하므로 식품위생상 중요한 의미를 가진다. 육류에서는 진공 상태에서도 *Y. enterocolitica*의 성장이 저해되지 않는다. 다수의 동물과 하천 등 자연계에 널리 분포한다. 저지방우유(skim milk)에서 60℃에서 30분 가열로 사멸된다.

증상으로는 메스꺼움, 구토, 복통, 설사 및 고열(39℃ 이상) 등 급성위장염과 패혈증, 그리고 2차 면역질환으로 여시니아증을 일으킨다. 여시니아증은 충수염과 증세가 비슷하여 오인되는 사례도 있었다. 2살 이하의 유아의 경우에는 증세가 더 심각한 복통, 발열 등이 따르는 위장염을 일으키고 어린아이는 설사 등을 일으킨다. 연령이 낮을수록 감수성이 높으며 장간막, 림프절염, 충수염, 관절염 등을 일으킬 수 있다.

감염경로는 돼지, 개, 고양이 등의 분변이 문제가 되며, 이들 동물과의 접촉에 의한 직접 감염과 이 균에 오염된 식품과 보균동물의 배설물에 의한 2차 오염된 물 등이 주요 감염원으로 분포 영역이 넓다. *Y. enterocolitica*는 특히 돼지가 주 오염원이므로 도살과정에서 식육에서 식육으로 오염되며, 도살장에서 쥐 등의 동물에 의해 운반될 수도 있으며, 도살장에서 오염된 하수는 하천을 통하여 식수도 오염시킬 수 있다. 주된 원인식품으로는 오염된 우유, 식육 및 먹는 물이 있으며, 연중 발생한다. 저온 발육의 특성으로 식품 보존에 소홀히 할 수 있는 늦가을 또는 겨울철에 식중독 원인이 될 수 있다.

Y. enterocolitica 식중독의 예방을 위해서는 식육, 특히 돼지의 도살과정과 도살장의 위생관리가 중요하다. 그리고 도살장에 쥐 등의 위생동물이 출입하지 않도록 방서 대책을 세우고 도살장의 오수 처리에 주의하여야 한다. 이 균은 저온에서 증식할 수 있어, 현대사회에서 식품의 저온 저장과 저온 유통이 보편적으로 사용되는 과정에서 이 균의 증식과 오염이 야기될 수 있으므로 냉장고를 과신하지 말고 충분한 주의를 하여야 한다. 또한 열처리에 민감하여 65℃ 이상의 가열로 쉽게 사멸하므로 돼지고기를 비롯한 식품의 조리 시 75℃ 이상에서 3분 이상 충분히 열을 가하여 식중독을 예방하여야 한다.

(5) 장염 비브리오균 식중독

장염 비브리오(*Vibrio parahaemolyticus*)는 호염성균으로 3~5% 전후의 염도에서 잘 발육하며, 10% 이상의 염도에서는 성장이 정지되는 해수세균이다. 그람음성의 무포자 간균으로 하나의 편모로 운동성을 나타내는 통성혐기성 세균이다. 온도는 37℃가 최적온도이고 10℃ 이하에서 잘 발육되지 않고, pH 7.4~8.2가 최적이다. 적정 환경에서 일반세균보다 증식 속도가 빨라서 2~3시간이면 발병균량에 도달할 수 있다. 열에 매우 민감하여 60℃에서 수분의 가열로 사멸하며, 민물에도 저항성이 약한 편이다.

잠복기는 일반적으로 8~20시간으로 평균 12시간이고 전형적인 급성위장염을 일으키는데, 복통, 수양성 설사, 구토가 주 증상이다. 심한 경우에는 1일 10회 이상의 설사를 하며 점액이나 혈액이 섞여 나오기도 한다. 발열은 37~39℃로서 고열은 없다.

원인식품은 해산 어패류가 주요 원인식품이며, 2차 오염된 도시락, 채소 샐러드 등의 복합식품을 통해서 감염될 수도 있다. 5~11월 사이에 많이 발생하며, 특히 7~9월에 집중적으로 발생된다.

예방대책은 여름철 해수 중에서 번식하는 해수세균이므로 여름철과 이상기온으로 온도가 상승하는 봄, 가을에도 생어패류의 생식에 유의해야 한다. 어패류를 수확한 후에는 반드시 냉장 유통(cold chain system)으로 균의 증식을 억제해야 한다. 생어패류는 다른 식품과 분류하여 보관하여 2차 오염을 방지해야 한다.

(6) 캄필로박터균 식중독

캄필로박터균(*Campylobacter*)은 소, 염소, 돼지, 개, 고양이 등의 가축과 닭 등의 가금류 등이 보균하고 있다. 소나 염소의 전염성 유산과 가축의 태반염, 설사증의 원인균으로 알려진 것이지만, 최근 사람에 대한 병원성이 밝혀졌다. 주로 서구에 있어 문제가 되는 식중독균으로 잘 알려져 있지만, 최근 들어 캄필로박터에 의한 식중독 발병 사례가 다른 식중독균에 비해 발생 건수가 가장 많은 식중독이다. 주요 원인균은 *C. jejuni*와 *C. coli*이지만 주로 *C. jejuni*에 의해 식중독이 발생한다. 이들은 그람음성의 무포자 간균으로 한쪽 또는 양쪽 끝에 긴 편모가 있어서 특유의 screw상 운동을 한다. *Campylobacter*균의 독특한 특징은 발육에 적은 산소(3~5%)를 요구하는 미호기성 환경에서 발육하며, 최적발육온도는 42℃이고 25℃ 이하에서 발육이 어려운 고온성 균이다. 열에 민감하여 60℃에서 30분 가열에 쉽게 사멸하며 건조, 산성 환경과 염도에 민감하다. 그리고 염소용액으로도 쉽게 사멸시킬 수 있다.

잠복기는 통상 2~7일 정도로 다른 식중독보다 길다. 복통, 설사, 발열, 두통을 주 증상으로 하는 감염형 장염을 일으킨다. 설사는 1일 수회~수십 회이고, 수양성 설사가 1주 가까이 계속된다. 대개 점액이나 고름이 섞이며 혈액이 섞이는 수도 있다. 특히 어린이는 발증 후 2~4일의 설사변 중에 혈액이 섞이는 예가 많다. 발열은 보통 38~40℃이고, 복통은 배꼽 주위나 하복부에서 일어난다. 복통과 발열은 보통 3~4일 정도면 회복된다. 구토, 메스꺼움, 탈수증상 등을 수반하는 경우도 있다.

*C. jejuni*의 감염은 주로 오염된 식품 또는 식수에 존재하는 세균의 경구 섭취로부터 시작된다. 감염균량은 10^3 CFU/g 이하로 다른 감염형 식중독보다 미량에서 감염증을 일으킨다. 가축이나 가금의 도살 후 해체과정에서 생육(生肉)에 오염될 확률이 높다. 특히 가금류의 탈모된 도체 표면에서의 *C. jejuni* 오염률은 40% 이상인 것으로 알려져 있으며, 생육에서 생육으로 또는 생육에서 주변 환경으로 오염될 가능성이 높다. 사람에게 감염되는 경로는 주로 원인균에 오염된 식육, 생우유, 햄버거, 닭고기 등이며, 배설물에 의해 2차 오염된 물로 인한 집단 발생도 있다. 빈도는 높지 않아도 매개가 되는 식품으로 버섯, 날생선 또는 덜 익힌 생선, 조개 및 굴, 채소 등에서도 발견된다. 주로 늦은 봄에서 여름철 사이, 온대지역에서 따뜻한 계절에 많이 발생한다.

대부분의 오염이 가금류를 비롯한 식육의 제조 가공 현장에서 발생하므로 제조 가공 시 위생관리를 철저히 해야 하며, 식육으로부터의 2차 오염 방지에 노력해야 한다. 상수원이나 급수관리에 유의하며, 충분히 살균해야 한다. 우유는 반드시 살균한 후에 마셔야 하며, 식품은 60℃ 이상으로 가열하여 먹고 설익은 것은 먹지 않아야 한다.

2) 독소형 식중독

(1) 바실러스 세레우스균 식중독

바실러스 세레우스균(*Bacillus cereus*)은 자연계에 널리 분포되어 있는 그람양성의 호기성 또는 통성혐기성 간균으로 내열성 포자를 형성한다. 온도 121℃, 20분 가열로 살균이 가능하고, pH 5.7과 7%의 염도에서도 발육이 가능하고, 주모성 편모가 있다. *B. cereus* 균은 설사형과 구토형 식중독을 일으키는데, 설사형 식중독의 원인은 생체 내에서 균이 증식하는 과정에서 생산하는 장독소(enterotoxin)에 의한다. 이 enterotoxin은 분자량 45,000~50,000의 단순단백질로 pH, 트립신 또는 펩신 등의 소화효소에 의하여 쉽게 불활성화되며, 60℃에서 5분간의 열처리로 쉽게 독성이 불활성화되는 이열성 독소이다. 반면에 구토형 식중독의 원인균이 생산하는 독소인 구토독소(emetic toxin)는 현재 충분히 해명되어 있지 않지만 분자량 5,000 이하인 펩티드로 생각되고 있으며, 물리화학적 처리에도 매우 안정하여 pH 2 이하 또는 pH 11 이상, 온도 126℃, 90분의 가열에도 불활성화되지 않으며, 또한 소화효소에 의해서도 분해되지 않는 것으로 보고되어 있다.

식중독의 증상은 두 개의 서로 다른 대사산물에 의해 야기되는 설사형과 구토형이 있으며, 설사형은 고분자 단백질에 의해 발생하는 것이고, 구토형은 열에 안정한 저분자 펩티드에 의해 발생되는 것으로 알려져 있다. 잠복기는 설사형은 8~16시간으로 평균 12시간, 구토형은 1~6시간으로 평균 3시간이다. 설사형은 강한 복통과 수양성 설사가 특징으로 오심, 두통, 발열이 나타나며 구역질, 구토는 거의 없다. 구토형은 메스꺼움, 구토가 특징이고 복통, 두통, 발열이 나타나며 설사는 드물게 나타나는 증상이다. 현재 미국 FDA에서는 식중독을 일으켜 건강에 위해를 끼칠 수 있는 *B. cereus* 균수를 10^6 CFU/g 이상으로 보고 있다.

원인균과 포자가 토양, 오수, 식물 등 자연계에 널리 분포되어 있으므로 식품의 오염기회가 많다. 또 조리과정에서 식품의 실온 방치, 조리환경이나 조리기구에 의한 2차 오염도 있다. 설사형은 향신료를 사용한 식품이나 요리로서 육류, 소시지 및 채소수프, 바닐라소스, 푸딩 등이 있으며, 구토형은 주로 쌀밥, 볶음밥 등이 원인이다. *B. cereus*균은 포자를 형성하는 균이어서 불완전한 열처리에 의하여 포자가 살아남아 식품과 함께 섭취되면 생체 내에서 포자가 발아하면서 독소를 생산하여 식중독(생체 내 독소형)을 일으킬 수 있다. *B. cereus* 균에 의한 식중독은 계절에 관계없이 발생하지만 5~10월 중에 발생률이 높은 편이다.

식중독을 예방하기 위해서는 식품 중의 *Bacillus*균 또는 내생포자를 사멸시키거나 증식 및 발아를 억제하는 방법이 가장 효과적이다. *Bacillus*균은 일반적으로 행해지는 쌀밥의 취반 시에도 소량의 내생포자가 잔존하는 것으로 보고되어 있지만 대부분의 *B. cereus*는 2차 오염에 의해서 오염되므로 조리환경에서의 오염 방지가 중요하다. 오염되기 쉬운 식품은 조리 후 신속히 섭취하고 남은 음식은 10℃ 이하로 급속히 냉각 보존하는 것이 좋으며, 식품을 충분히 재가열 처리하는 것도 효과적인 예방법이 될 수 있다.

(2) 클로스트리듐 보툴리눔 식중독

클로스트리듐 보툴리눔(*Clostridium botulinum*)이 원인균으로 그람양성의 편성혐기성 간균이고 내생포자를 형성하며 주모성 편모가 있다. *Cl. botulinum*균이 생성하는 신경독소(neurotoxin)는 항원 특이성에 따라 A~G형의 7형으로 분류하며, 사람에게 식중독을 유발하는 것은 주로 A, B, E, F형이다. A, B, F형 균의 발육최적온도는 37~39℃이며, 발육최저온도는 10℃이다. E형 균의 발육최적온도는 28~32℃이며, 발육최적온도는 3.3℃로서 저온균이다. A형 균은 채소, 과일, 육류와 관련이 깊은 것으로 알려져 있고, B형 균은 육류, 사료, E형 균은 어패류, F형 균은 특히 육류와 관계가 깊다.

내생포자는 일반적으로 내열성이 있다. 특히 A, B 및 F균의 포자는 내열성이 강하여 100℃ 6시간 이상을 가열해야 파괴되고, E형의 포자는 다소 내열성이 약하여 100℃ 5분, 80℃ 10분의 가열로 파괴된다. 독소는 단순단백질(분자량의 약 15만의 유독성 1분자와 분자량이 다른 무독성 1분자의 복합체)로서 내생포자와는 달리 열에 약해서 80℃, 15분 또는 100℃, 2~3분간 가열로 불활성화되는 이열성 독소이다. 경구적으로 섭취된 *Cl. botulinum*의 독소는 소장 상부에서 흡수되어 림프관에서 혈액으로 들어가 말초신경의 콜린(choline) 작동성의 신경접합부에서 아세틸콜린(acetylcholine)의 유리를 저해하여 신경을 마비시키는 것으로 알려져 있다.

*Cl. botulinum*이 혐기성 조건에서 증식할 때 생산되는 독소에 의하여 식중독을 발생시킬 수 있으며, 클로스트리듐 보툴리눔 식중독은 치사율이 높은 대표적인 독소형 식중독균이다. 사람에 대한 경구치사량이 수 μg으로 추정하고 있다. 잠복기는 일반적으로 18~72시간이나, 빠르면 2~4시간에도 신경증상이 나타나는 경우가 있고 늦게는 2~3일 후에 발증하는 경우도 있다. 식중독의 증상은 신경계 마비가 주된 증상으로 복시, 시력 저하, 동공산대, 안검하수, 언어장애, 실성, 연하곤란, 호흡곤란 등이 있으며, 신경증상 전에 구역, 구토, 복통, 설사 등의 위장장애 증상이 나타나는 경우도 있다. 그러나 발열 증상은 거의 없다. 또 탈력감, 권태감, 현기증 등을 느끼게 되는 경우가 많으며, 사망은 주로 호흡부전에 의한다.

내생포자 상태로 흙이나 바다, 하천, 연못의 바닥 또는 동물의 장관 등에 분포되어 있던 균이 농작물, 어패류, 육류 등의 식품에 쉽게 오염되며, 이들 식품이 혐기 상태가 되면 쉽게 발아, 증식하여 식중독을 유발한다. 남미, 유럽, 미국에서는 A형 및 B형 균주에 의한 식중독의 발생이 많고, 북위 40° 이북의 일본, 캐나다, 러시아, 스칸디나비아 반도 등에서는 E형 균에 의한 발생이 많다.

원인식품은 식생활 습관의 차이에 따라서 나라마다 다르다. 미국에서는 채소나 과일의 병 또는 통조림 식품류가 많고, 일본의 경우는 각종 어류의 소금 절임 식품이 원인이 되는 경우가 많다. 특히 E형 식중독이 많아 전체적으로 원인식품은 가열이 불충분한 채소나 과일 및 어육, 쇠고기 등의 병·통조림 식품과 햄, 소시지 등의 진공포장 식품에서 볼 수 있다.

*Cl. botulinum*의 오염원은 토양, 동물 분변이 주이며, E형은 해조, 어류 등에 널리 분포하므로 이들에 의한 식품의 오염을 방지하여야 한다. 따라서 채소 등은 잘 씻고, 어류의 조리 시에는 장관 내용물이 육질에 오염되지 않도록 주의하여야 한다. 그리고 음식물은 충분히 가열 처리하여 이 균의 독소를 불활성화시켜야 한다. 또한 통조림 및 소시지 등은 위생적으로 가공하며, 4℃ 이하에서 저장해야 한다. 식품에서 균의 증식은 pH 4.6 이하, a_w 0.94 이하, 냉동 또는 4℃ 이하 냉장 및 아질산나트륨 같은 식품첨가물로 억제할 수 있다.

(3) 황색 포도상구균 식중독

자연계에 존재하는 포도상구균 중에서 황색 포도상구균(*Staphylococcus aureus*)이 식중독 원인균으로 대표적인 독소형 식중독균이다. 그람양성의 구균으로 통성혐기성이고 편모가 없고 높은 염도(NaCl 7.5%)의 환경에서도 잘 발육한다. 발육최적온도는 30~37℃이며 *S. aureus*균 자체는 80℃에서 10분이면 사멸하지만, 포도상구균이 생성하는 장독소는 내열성이 아주 강하다. 자연계에 널리 분포하고 사람과 동물의 인후, 비강, 피부에 상재하는 균이다. 장관 등 거의 모든 조직이나 기관에 침투하며 특히 사람에게 감염되면 괴사 또는 농양을 일으키는 화농성 질환의 원인균이다.

*S. aureus*이 생성하는 장독소(enterotoxin)는 항원특이성에 따라 A, B, C, D, E 등 5종이 알려져 있는데, 내열성이 강하여 120℃에서 20분간 처리해도 완전히 파괴되지 않고, 210℃에서 30분 이상 가열해야 파괴되기 때문에 조리방법으로는 실활시킬 수가 없다. 독소 생산은 10~40℃, pH 6.8~7.2에서 가능하지만, 10% 이상의 식염에서는 독소 생산이 억제된다. 독소는 분자량이 27,000~34,000인 단순단백질이지만 단백질 가수분해효소에 의해 불활성화되지 않는다.

다른 세균성 식중독에 비하여 잠복기는 1~6시간, 평균 3시간으로 대단히 짧은 것이 특징이다. 식중독의 증상은 급성위장염으로 구토, 메스꺼움, 복통, 설사, 타액 분비 증가를 일으킨다. 설사는 보통 수양성이며, 중증 시에는 혈변이나 점액변이 섞여 있다. 심하면 근육경련, 탈수, 의식장애, 혈압강하 등의 증상이 나타나며 발열은 거의 없다. 일반적으로 증상이 가볍고 경과가 빨라서 1~3일이면 회복되며 예후가 좋다. *S. aureus* 식중독의 치사율은 낮지만 개인의 민감성이나 고령자와 유아 또는 환자에 따라 달라진다.

화농성 질환이나 유방염이 있는 젖소로부터 감염되며, 손이나 조리기구를 통하여 2차 오염된다. 원인균이 식품에 오염되면 균이 식품에서 증식하여 장독소를 생산하고 이를 섭취한 경우 발병한다. 우리나라의 *S. aureus* 식중독의 원인식품으로는 김밥, 초밥도시락, 샌드위치 같은 제조과정 중 사람에 의한 직접적인 접촉이 가능한 식품군에서 많이 발견된다. 또 떡, 빵, 과자류 등과 같은 탄수화물 식품과 그 가공품 및 어패류와 그 가공품, 두부 등도 원인식품이다. 그리고 미국과 유럽의 식중독 원인식품으로는 우유와 그 가공품, 식육제품, 햄 등의 식육가공품과 난제품, 어육가공품 등과 같은 단백성 식품이다. *S. aureus* 식중독은 연중 발생하지만 온도가 높은 여름철에 집중 발생한다.

*S. aureus*는 건강한 사람의 피부에도 상재하며 공기, 토양 등의 자연계에 광범위하게 분포하고 있어 완전한 예방이 어렵다. 따라서 주변 환경을 위생적으로 처리하여 감염원을 제거하고 식품 제조시설 및 식품 제조용 기구의 위생관리를 철저히 해야 한다. 식품 취급자는 손을 깨끗이 하고, 특히 화농성 질환이나 인후염 등이 있는 사람은 식품 취급을 하지 말아야 한다. 조리종사자는 신체를 청결히 하고 위생복 및 마스크를 착용하여야 한다. 또한 장독소에 의한 독소형 식중독이므로 가열조리 후 신속한 섭취가 중요하며, 식품을 보존할 때는 저온 보존하여 균의 증식을 억제해야 한다.

3) 중간형(생체 내 독소형)

(1) 클로스트리듐 퍼프린젠스 식중독

클로스트리듐 퍼프린젠스(*Clostridium perfringens*)는 그람양성의 큰 간균이며, 내열성 포자를 형성하고 산소를 요구하지 않는 편성혐기성균이다. 발육최적온도는 43~ 47℃이며 pH 5.5~8.0에서 발육할 수 있다. 사람과 동물의 장관 내에 상재하는 가스괴저균으로서 오래전에 *welchii*균으로 알려지기도 하였다. 유당을 비롯한 대부분의 당을 발효하여 산소와 가스를 생성한다.

*Cl. perfringens*는 장관 내에서 증식하여 포자를 형성하면서 균체 내 독소인 장독소(enterotoxin)를 생산한다. 독소의 종류와 면역학적 특성에 의하여 A~F의 6형으로 분류되고 있는데 그중에서 식중독 원인균이 되는 대표적인 것은 A형이며, F형도 식중독을 일으킨다. A형 균은 100℃에서 1~4시간 가열해도 내생포자가 파괴되지 않는 내열성 포자이며, B, C, D 및 E형은 90℃에서 30분 또는 100℃, 5분이면 사멸한다.

A형 균에 의한 식중독의 잠복기는 8~20시간으로 평균 12시간 정도이며, 주 증상은 복통과 설사인데 때로는 주 증상에 앞서 복부팽만감이 나타나는 경우도 있다. 구토와 발열은

거의 볼 수 없으며, 설사는 1일 1~3회 정도의 수양성 변으로 대개 1~2일 내에 회복된다. F형 균에 의한 식중독 증상은 A형과 현저하게 달라서 2~3시간의 잠복기가 지난 후 구역질, 구토를 일으키며, 어느 정도 경과 후 점혈이 섞인 심한 설사와 복통을 주 증상으로 발병하며, 설사가 심하면 탈수증상도 나타난다. 연중 발생하고 계절적 편중현상은 거의 없으며, 식중독의 발생률은 낮은 수준이지만 단체급식소에서 자주 문제가 되므로 일단 발생하면 대규모로 집단 발생하는 특징이 있다.

*Cl. perfringens*균은 사람이나 동물의 장관 내에 항상 존재하고 있어서 이들의 분변이 오염원이 되고 또한 하수 등 자연계에도 널리 분포되어 있으므로 이들에 의해서 식품의 오염이 시작된다. 식품에 오염된 균은 가열조리 후의 탈기 상태 등 혐기 상태에서 30~50℃에서 이상 증식하게 되고, 일반적으로 $10^{7\sim9}$ CFU/g 이상의 생균을 포함하는 식품을 섭취하였을 경우, 장관에서 *Cl. perfringens*균이 생산한 enterotoxin에 의하여 설사 등의 증세가 나타난다. 원인식품은 대부분이 수육 및 그 가공품, 어패류 및 그 가공품의 동물성 고단백질식품으로 가열조리된 후 용기에 담아 장시간 실온에 방치한 것들이다.

식중독을 예방하기 위해서는 분변이나 하수로부터 오염을 방지하고 식품은 가열조리 후 즉시 섭취하거나 냉장고에서 급랭·저장하여 균의 포자 발아와 증식을 억제한다. 식품을 먹기 전에 재가열하여 증식된 균을 살균하거나, 식품은 조금씩 나누어 보존함으로써 혐기적 상태가 되지 않도록 한다.

4) 알레르기성(Allergy) 식중독

모르가넬라 모가니(*Morganella morganii*)가 알레르기성 식중독의 대표적인 균으로 과거 *Proteus morganii*로 알려졌던 균이다. 식품에 증식하면서 히스티딘탈탄산효소(histidine decarboxylase)를 생성하고 식품 중의 히스티딘(histidine)으로부터 알레르기성 식중독의 원인물질 히스타민(histamine)을 생성한다. *M. morganii* 이외에도 히스티딘탈탄산효소를 생성하는 균으로는 *Klesiella pneumoniae*, *Hafnia alvei*, *Citrobacter freundii* 및 *Proteus* 속 등의 미생물이 있어 히스티딘 함량이 높은 생선 등에 오염되어 히스타민을 생성하는 것으로 알려져 있다. 히스타민의 작용은 아그매틴(agmatine), 메틸아그매틴(methylagmatine) 등의 아민류가 공존하면 독성이 증가한다.

일반적인 중독증상은 식후 30~60분 정도에 얼굴, 특히 입 주변과 귓불의 열감, 상반신 또는 전신의 홍조, 두드러기 비슷한 발진, 두통, 발열 등의 증상이 나타나고 때로는 구토,

설사 등이 따른다. 증상이 가볍고 일과성이어서 보통 24시간 안에 회복되며 예후가 좋다. 이러한 증상은 식이성 알레르기와 비슷하며, 항히스타민제의 복용으로 치료가 가능하다. 때로는 대규모로 집단 발생하기도 하며, 잠복기는 5분~1시간으로 보통 30분 전후로 알려져 있다.

*Morganella*균이 오염된 히스티딘 함유량이 많은 식품을 섭취함으로써 알레르기성 식중독이 발생한다. 원인식품은 참치, 큰 꽁치, 정어리, 전갱이, 고등어 등의 표피는 청색이고 살색은 적색인 생선과 그 가공품이다. 어류, 건어물, 가열하지 않은 가공품의 오염도가 높으며, 도마 등 조리기구에 의한 2차 오염도 있다.

식중독을 예방하기 위해 신선한 붉은살생선 및 가공품을 구입하고 표면에 거품이 생겨 있는 것은 식중독을 일으킬 가능성이 크므로 섭취하지 않는 것이 예방법의 하나이다.

CHAPTER 04

식중독 바이러스

1. 노로바이러스

1) 병원체

(1) 역사

노로바이러스는 1968년 겨울 미국 오하이오주 노르워크(Norwalk) 지역의 초등학교에서 발생한 비세균성 위장관염의 원인체로 알려지기 시작한 대표적인 식중독 바이러스 병원체이다. 이 바이러스는 Norwalk라는 지역명을 따서 'Norwalk virus'라고 최초 명명되었으며, 겨울에 집중적으로 발생하는 특징 때문에 '겨울철 설사병(winter diarrhea 또는 winter dysentery)' 등으로 불리기도 하였다. Norwalk virus의 존재가 보고된 이후 발생하는 비세균성 위장관염 환자의 검사대상물에서 투과전자현미경으로 확인한 바이러스 병원체 중에서 Norwalk virus의 특징이 유사한 병원체를 'Norwalk-like virus(NLVs)' 또는 '소형구형바이러스(small-round structured viruses, SRSVs)'로 명명하였고, 대규모 식중독 사고와 관련된 바이러스 분리주는 Norwalk virus, Hawaii virus, Southampton virus, Snow Mountain virus 등과 같이 명명하기도 하였다.

Norwalk virus, Norwalk-like viruses, SRSVs 등과 같이 다양한 바이러스로 언급되던 병원체들이 International committee for taxonomy of viruses(ICTVs)의 물리화학적, 분자생물학적 특징 분석을 바탕으로 2003년 동일한 바이러스로 통일되었다. 최초에 바이러스가 확인되었던 지역의 명칭인 Norwalk에서 'nor-'를 접두어로 하여 노로바이러스(norovirus)로 명명되었다.

(2) 분류

노로바이러스는 칼리시바이러스과(Family *Caliciviridae*)와 노로바이러스속(Genus *Norovirus*)에 속한다. 지름 27~35 nm의 정이십면체 바이러스로 바이러스 입자 표면에 컵 모양의 함몰구조가 있어 'Calici-(라틴어 : 컵)'로 명명되었다.

Family *Caliciviridae*에는 노로바이러스속, 사람에게 위장관염을 일으키는 사포바이러스(Sapovirus)속과 토끼에게 출혈열을 일으키는 라고바이러스(Lagovirus)속, 돼지수포병 바이러스와 고양이 칼리시바이러스가 포함된 베지바이러스(Vesivirus)속을 포함한 4개의 속이 있다. 그중에서 사포바이러스속에 속하는 사포바이러스는 일본 삿포로 지역에서 최초 보고된 비세균성 위장관질환의 원인체이다. 이 바이러스의 특징이 규명되기 이전에는

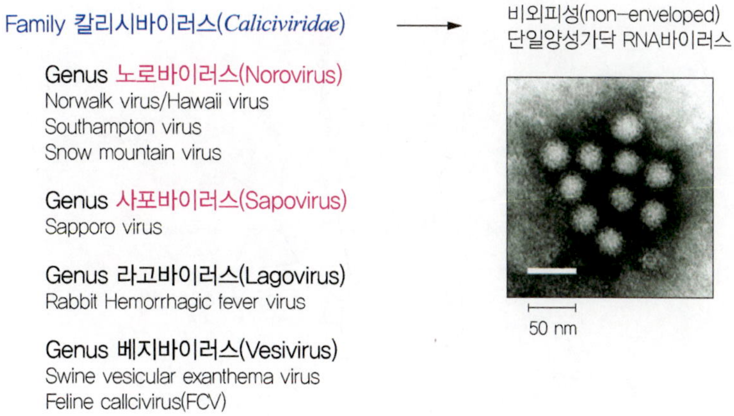

그림 4-1 칼리시바이러스의 분류

Sapporo virus 또는 Sapporo-like virus 등으로 불렸으며, 노로바이러스와 같이 사포바이러스로 명칭이 통일되었다. 사포바이러스의 형태적 특성과 임상증상이 노로바이러스와 매우 유사하나, 사포바이러스의 유전자 구성이 노로바이러스와 구분되어 별도의 바이러스로 분류되었다.

노로바이러스는 그림 4-2와 같이 3개의 open reading frame(ORF)을 가지고 있다. ORF1은 바이러스 복제 등에 관여하는 비구조단백을 암호화하며, ORF2와 ORF3가 바이러스 외피인 capsid를 구성하는 것으로 알려져 있다.

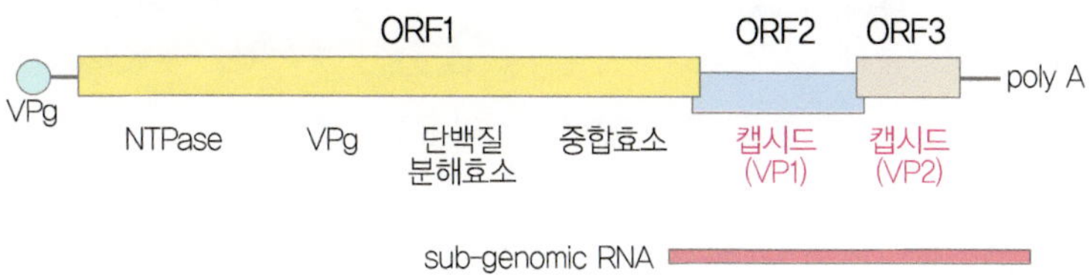

그림 4-2 노로바이러스 유전자의 구성

최근까지 알려진 노로바이러스의 유전자 그룹은 6개(GI~GVI)로 나뉘며, 그중에서 유전자 그룹 GI, GII, GIV는 사람에게 위장관염을 유발한다(Green et al., 2013). 노로바이러스 GI은 9개의 유전자형, GII는 22개의 유전자형이 포함된다(Kroneman et al., 2013). Bovine norovirus는 GIII에 속하며, murine norovirus는 GV로 분류되었다.

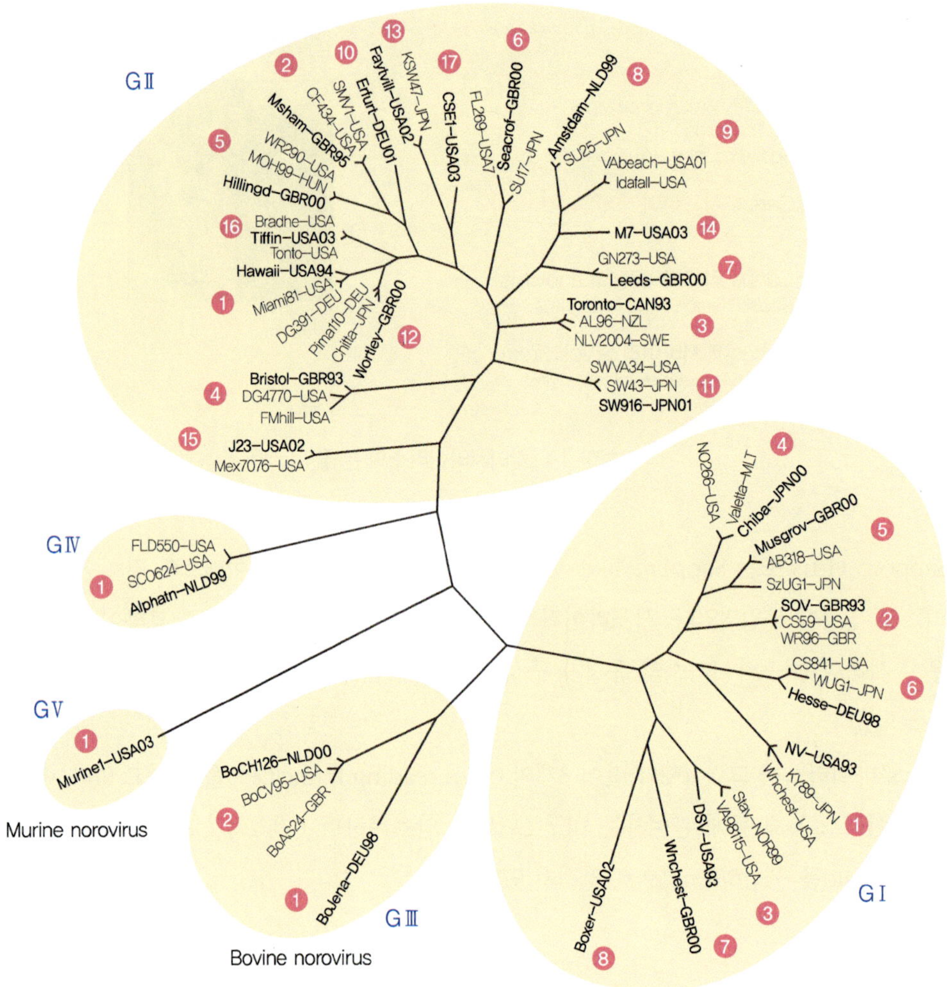

그림 4-3 노로바이러스의 유전형 분류

2) 감염경로 및 역학

(1) 경구감염(fecal-oral transmission)

가장 대표적인 노로바이러스 감염경로이다. 노로바이러스에 오염된 식수, 오염된 물로 재배·가공된 채소, 과일, 식품 등을 경구 섭취한 경우 감염된다.

(2) 접촉감염(person-to-person transmission)

노로바이러스에 감염된 환자의 경우 구토물 또는 분변 1 g당 10^8~10^9 바이러스를 배출한

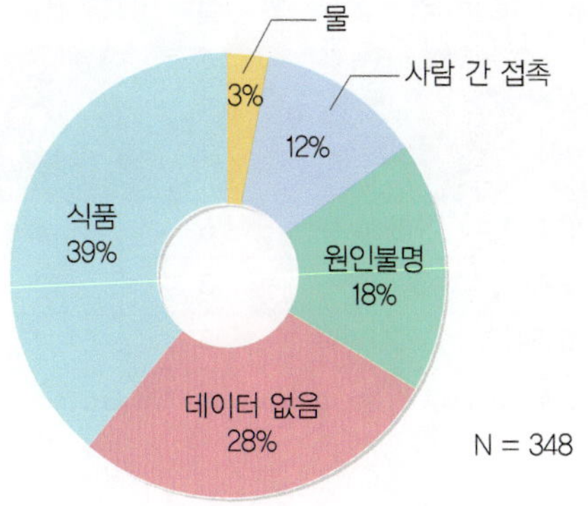

그림 4-4 노로바이러스 식중독 발생원인별 통계

다. 따라서 노로바이러스 감염환자의 검사대상물을 위생적으로 처리하지 못하는 경우 다수의 바이러스가 체표면 또는 조리기구 표면에 오염되고, 이를 접촉함으로써 감염될 수 있다. 또한 노로바이러스는 열, 산, 유기용매, 염소 등에 매우 저항성이 강하여 60℃ 열처리 또는 5 ppm의 염소 처리로는 감염력을 잃지 않는다.

(3) 공기감염(airborne transmission)

대부분의 노로바이러스 감염은 경구감염 또는 접촉감염을 통하여 이루어지지만, 일본의 경우 공기에 의한 감염 사례도 보고된 바 있다. 구토물 또는 설사분변으로 배출된 다량의 노로바이러스가 적절히 소독 처리되지 못하면 바이러스 입자가 비말(droplets)을 통하여 감염을 일으키게 된다.

(4) 무증상 감염(asymptomatic infection)

일반적으로 노로바이러스에 감염된 환자들은 2~3일간의 발병기간 이후 구토, 설사, 복통 등의 임상증상이 없어진다. 그러나 임상증상이 없어진 노로바이러스 감염자의 경우에도 분변을 통하여 다량의 노로바이러스가 2~3주간 배출되는데 이러한 상태를 무증상 감염이라 한다. 무증상 감염의 경우에도 분변을 통한 바이러스 배출량이 많으므로 최소 1주일 이상 조리과정에 참여를 제한하는 것이 권고된다.

한 논문에 따르면 국내 6~8세 어린이 중에서 3~5%가 노로바이러스 무증상 감염자로 조사되기도 하였다. 단, 연구자들에 따라서 무증상 감염자는 노로바이러스 감염과 관계가 없다는 견해도 있다.

표 4-1 건강한 어린이 중 무증상 노로바이러스 보균자의 계절별 빈도조사

계절	계	노로바이러스 양성률		계	노로바이러스 유전형		
		Realtime PCR	Nested PCR		GI.10	GII.2	GII.4
겨울	200	11(5.50%)	7(3.50%)	5	0	0	5
여름	208	6(2.88%)	5(2.40%)	3	1	2	0
계	408	12(2.94%)	12(2.94%)	8	1	2	5

자료 : *Foodborne pathogens and disease*, vol. 7, No. 11, Mary Ann Liebert, Inc., 2010. DOI:10.1089/fpd.2010.0547

(5) 역학

노로바이러스는 일반적으로 동절기에 발생빈도가 높아진다고 하여 'winter diarrhea' 등으로 불리기도 하였으며, 일본의 경우 동절기 발생빈도가 증가하는 특징을 보이고 있다. 그러나 국가에 따라서 계절적인 발생 특성 없이 연중 발생하는 경우도 증가하고 있다.

① 일본

일본국립감염증연구소(National institute of Infectious Diseases) 감염증정보센터(Infectious Disease Surveillance Center, IDSC)의 자료에 따르면 노로바이러스 식중독은 겨울에 집중적으로 발생한다. 특히 11월에서 3월에 노로바이러스 식중독의 발생빈도가 높다.

② 영국

Health Protection Agency(HPA)[1]의 식중독 발생 통계에 따르면, 1986년부터 2006년까지 노로바이러스 식중독의 발생이 매년 증가하는 추세이다. 또한 1992~2006년까지 영국의 노로바이러스 발생 현황은 매년 증가하고 있으며 연중 발생하는 경향을 보인다. 여름철에 비하여 겨울철 노로바이러스 식중독의 발생빈도가 더 높다.

표 4-2 1986~2006년 England와 Wales 지역 노로바이러스 식중독 발생 통계

연도	1987	1988	1989	1990	1991	1992	1993	1994	1995	1996
발생 건수	319	354	332	377	418	710	836	1438	1715	2355
연도	1997	1998	1999	2000	2001	2002	2003	2004	2005	2006
발생 건수	2450	2182	1874	1901	1922	1745	4308	2327	3133	2922

[1] http://194.74.226.162/infections/topics_az/norovirus/data.htm

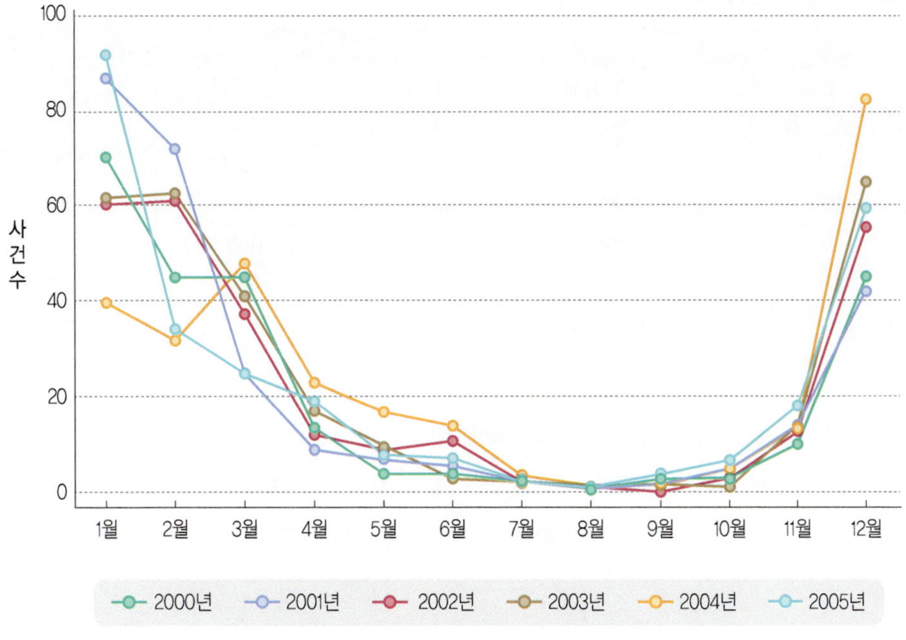

그림 4-5 월별 노로바이러스 식중독 발생 현황(일본 IDSC 통계)

표 4-3 1992~2006년 England와 Wales 지역 노로바이러스 식중독의 월별 발생 현황

년도	1월	2월	3월	4월	5월	6월	7월	8월	9월	10월	11월	12월
1992	60	98	71	42	20	41	45	44	61	94	153	107
1993	175	130	163	59	87	51	92	66	99	175	183	158
1994	154	155	195	122	143	135	75	66	99	240	174	172
1995	313	236	316	336	318	315	110	44	69	100	100	97
1996	257	447	408	260	192	142	78	78	86	141	162	198
1997	133	213	162	173	132	109	94	84	132	243	413	294
1998	275	227	179	116	68	66	71	58	73	177	237	327
1999	264	303	332	149	103	73	78	45	90	94	189	181
2000	200	370	289	277	154	103	72	70	45	84	156	102
2001	162	195	343	179	127	69	50	82	56	83	132	267
2002	446	103	137	144	276	259	431	282	357	820	419	634
2003	464	449	424	357	127	69	43	47	72	141	83	51
2004	99	166	386	313	232	205	236	73	72	198	451	702
2005	754	449	535	271	164	75	28	36	45	79	106	380
2006	585	783	984	469	302	204	105	123	119	113	329	330

* 노로바이러스 식중독이 특정 계절에 편중됨 없이 연중 발생함.

표 4-4 식중독 발생시설

식중독 발생시설	식품 유래	접촉감염	기타/원인 미상	총계
병원	10(1.3%)	716(95.0%)	28(3.7%)	734
요양시설	33(4.5%)	658(91.0%)	32(4.4%)	723
학교	4(5.5%)	65(89.0%)	4(5.5%)	73
푸드코트	70(66.7%)	23(21.9%)	12(11.4%)	105
호텔	42(28.6%)	94(63.9%)	11(7.5%)	147
기타	25(33.8%)	43(58.1%)	6(8.1%)	75
총계	184(9.9%)	1,599(83.2%)	93(5.0%)	1,877

영국에서 노로바이러스 발생 원인을 조사한 바에 따르면 푸드코트, 호텔, 레스토랑 등의 경우 식품 오염에 의한 발생빈도가 높았으며, 병원, 요양시설, 학교 등에서는 대인간 접촉감염에 의한 노로바이러스 식중독 발생빈도가 높은 특징을 나타냈다.

3) 임상증상

노로바이러스는 8~24시간 정도의 잠복기를 거쳐, 구토, 설사, 복통 등의 증상을 나타낸다. 경우에 따라 미열, 근육통을 동반하는 경우도 있다. 어린이에게는 구토증상, 어른에게는 설사증상이 주로 나타난다. 발병 후 12~72시간이 경과하면 일반적으로 증상이 사라지

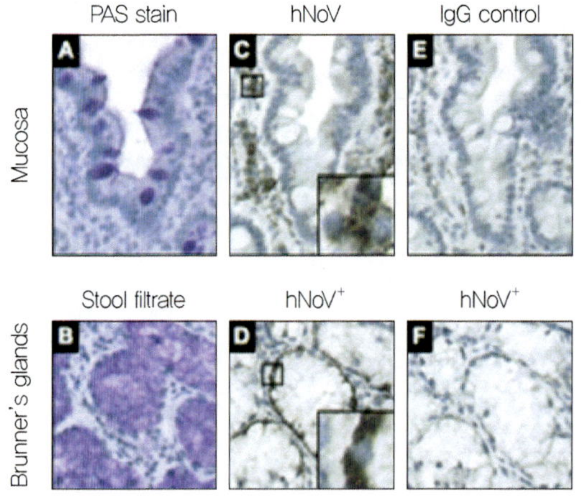

그림 4-6 노로바이러스 GII.4 Sakai 변이주에 감염된 십이지장 세포

자료 : *Journal of Virology*, vol. 85, No. 16, American Society for Microbiology, p.8427~8430, 2011.

지만, 노인 또는 면역력이 저하된 환자의 경우 중증화되기도 한다.

RNA 바이러스인 노로바이러스는 숙주세포 내에서 복제과정 중에 염기서열의 변이가 쉽게 나타나므로 강한 면역반응을 유도하지 못한다. 또한 면역력의 지속기간이 매우 짧아 감염 수개월 후 노로바이러스에 재감염되는 특징이 있다.

최근 《사이언스》 논문에 따르면 B cell에 감염된 노로바이러스가 증식하는 것으로 보고되었다. 그 밖에도 선행 연구에서는 십이지장 상피세포(Duodenal epithelium), 음와세포(Cryptic cells), 브루너선(Brunner's gland) 등이 노로바이러스의 감염 및 증식이 일어나는 세포로 보고된 바 있다. 그러나 이러한 세포를 이용한 바이러스 배양기술 개발은 논란이 있어, 공인된 배양법 개발이 요구되고 있다.

4) 원인식품

미국 FDA와 CDC의 통계에 따르면 다양한 종류의 식품이 노로바이러스 식중독의 원인식품이 되고 있다. 대표적으로 굴, 홍합, 모시조개 등을 포함한 이매패류, 샐러드, 딸기, 라즈베리, 빵, 샌드위치, 샌드위치햄, 케이크, 오염된 물 등이 원인식품으로 확인되었다.

표 4-5 2005년 CDC집계 노로바이러스 식중독 원인식품

원인식품	발생 건수	원인식품	발생 건수
원인 불명	86	multiple food	4
샐러드	28	굴	4
육류	25	음료, 와인, 물	3
과일, 채소	19	생선	1
샌드위치, 햄버거	15	치즈	1
파이, 케이크, 푸딩	12	아이스크림	1
드레싱	6	파스타	1

샐러드, 육류, 과일, 샌드위치, 케이크 등이 노로바이러스 감염의 주요 식품으로 집계됨.

5) 예방 및 치료법

식품을 충분히 가열조리하는 것과 손 씻기 등의 일반적인 예방법이 중요하다. 특별한 치료법이나 백신은 개발되어 있지 않으므로, 수분 보충 등의 대증 치료가 수행된다.

6) 노로바이러스 대체 모델(Norovirus surrogates)

현재 노로바이러스를 배양하고 생존 확률을 평가할 수 있는 세포배양법이 확립되지 못하였으므로, 소독제 효능 검정, 항바이러스 활성 평가 등 노로바이러스에 대한 직접적인 생존성 평가 실험은 불가능하다. 따라서 노로바이러스와 물리·화학적 특성이 유사하면서 배양할 수 있는 대체 모델 등을 이용한 실험이 수행되고 있다.

노로바이러스 대체 모델 중에서 노로바이러스와 물리·화학적 특성이 유사한 고양이 칼리시바이러스(Feline calicivirus, FCV)가 소독제 시험 등에 활용 가능한 대체 모델로 사용되어 왔다. 다만, 고양이 칼리시바이러스의 경우 물리·화학적 특성이 노로바이러스와 유사함에도 불구하고 호흡기 바이러스라는 제한점 때문에 새로운 대체 모델의 개발이 요구되었다. 최근 사람의 노로바이러스와 같이 소화기 바이러스이면서 배양이 가능한 murine norovirus(MNV)가 새로운 대체 모델로 제시되었다. Murine norovirus는 원래 숙주인 래트(rat)에서 임상증상이 없다는 단점이 있지만, 배양이 가능하고 사람의 노로바이러스와 매우 유사한 특성이 있어 향후 노로바이러스 연구에 매우 중요하게 사용될 것으로 기대를 모으고 있다. 그 밖에도 노로바이러스 대체 모델들이 제시되고 있으며 그 특징은 표 4-6과 같다.

표 4-6 노로바이러스 대체 모델과 특성 비교

구분	사람 노로바이러스	설치류 노로바이러스	돼지 노로바이러스	소 노로바이러스	고양이 칼리시바이러스	돼지 장 칼리시바이러스
속	norovirus	norovirus	norovirus	norovirus	vesivirus	sapovirus
유전자 구성	3 ORF	3 ORF	?	3 ORF	3 ORF	3 ORF
세포배양	불가	가능	불가	불가	가능	가능
야생숙주에서의 임상증상	설사, 구토, 오심	무증상	무증상	설사	상부 기도 감염	설사
장조직 변화	융모 위축	?	?	융모 위축	없음	융모 위축
병변에서 바이러스 항원 검출	모름	대식세포 수지상세포	?	장세포	폐포대식세포	장세포
감염경로	경구, 호흡기	경구, 호흡기	?	경구	호흡기	경구
분변 중 바이러스 배출	○	○	대장 내용물에서만 검출	○	×	○

2. 로타바이러스

1) 병원체

로타바이러스는 1973년 호주의 비숍(Bishop) 등이 급성설사증 환아의 십이지장 생검조직에서 전자현미경검사를 통하여 처음으로 바이러스 입자를 확인하였다. 로타바이러스(rotavirus)는 '바퀴(wheel)'를 의미하는 라틴어 'rota'를 따라 명명된 바와 같이 수레바퀴 모양을 갖는 소화기 바이러스이다.

Family *Reoviridae*에 속하는 로타바이러스는 직경 65~75 nm이며, 외피(envelope)를 가지지 않는 정이십면체(icosahedral)구조이며, triple-layered capsid를 갖는다. 유전자로는 double stranded RNA로 11개의 분절로 구성되어 있으며, 6개의 구조단백질과 5개의 비구조단백질을 암호화하고 있다.

로타바이러스는 외각 단백질인 VP6의 특이항원에 따라 group A~G로 분류되며 사람뿐만 아니라 원숭이, 소, 돼지, 개, 고양이, 말, 양, 토끼, 쥐, 새 등을 숙주로 한다. 그러나 사람

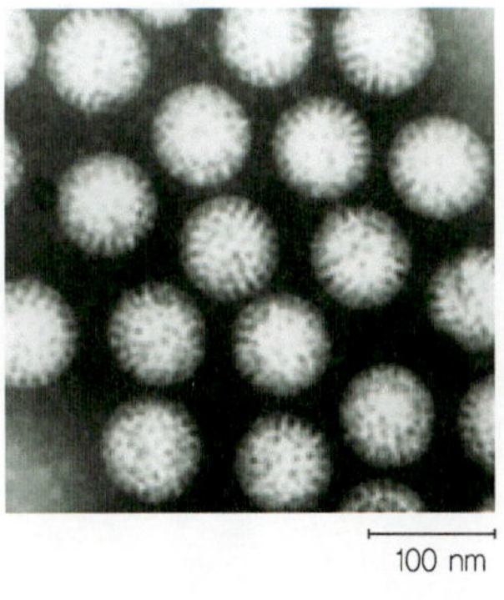

그림 4-7 로타바이러스 전자현미경 사진

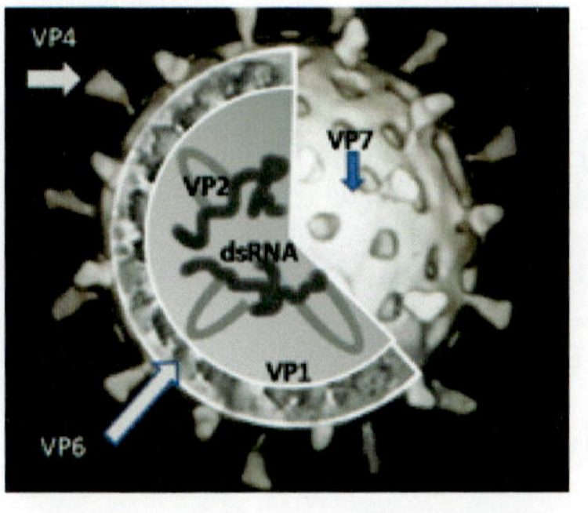

그림 4-8 로타바이러스 모식도

표 4-7 로타바이러스의 분류 및 특징

Group	발생 특징
A형 로타바이러스	• 전 세계적인 발생 • 영유아·아동에게 중증 설사 유발 • 미국의 경우 매년 300만 건 이상의 로타바이러스 장염 발생
B형 로타바이러스	• Adult Diarrhea Rotavirus(ADRV) • 중국의 경우 B형 로타바이러스 장염이 성인에게 발생
C형 로타바이러스	• 일본과 영국에서 최초 보고된 로타바이러스이나 매우 드묾

표 4-8 로타바이러스의 유전자와 단백질

RNA 분절	크기 (base pairs)	단백질	분자량 (kDa)	위치	입자당 복제 수 (Copy)	기능
1	3302	VP1	125	중심부 격자	<25	RNA-dependent RNA polymerase(RdRp)
2	2690	VP2	102	중심부 내피	120	바이러스 RNA 복제 자극
3	2591	VP3	88	중심부 격자	<25	Guanylyl transferase mRNA capping enzyme
4	2362	VP4	87	표면 spike	120	세포 부착, 병원성
5	1611	NSP1	59	비구조단백질	0	5′ RNA 결합
6	1356	VP6	45	내부 캡시드	780	구조항원 및 종 특이항원
7	1104	NSP3	37	비구조단백질	0	바이러스 mRNA 활성 증진 및 세포 단백질 합성 차단
8	1059	NSP2	35	비구조단백질	0	RNA 패키지 관련 NTPase
9	1062	VP71 VP72	38 34	표면단백질	780	구조 및 중화항원
10	751	NSP4	20	비구조단백질	0	장독소(Enterotoxin)
11	667	NSP5, NSP6				

에게 발생하는 로타바이러스는 A·B·C형이 있으며, 이 중에서도 주로 A형 로타바이러스의 감염빈도가 가장 높다.

2) 감염경로

(1) 경구감염(fecal-oral transmission)

로타바이러스에 오염된 식수 또는 식품을 경구 섭취함으로써 감염되는 경우가 가장 일반적인 감염경로이다.

(2) 접촉감염(contact transmission)

로타바이러스는 비교적 환경에서 안정하기 때문에 로타바이러스에 오염된 기계나 기구의 표면을 접촉하거나, 로타바이러스에 감염된 환자를 접촉(person-to-person)함으로써 감염되기도 한다.

3) 임상증상

일반적으로 로타바이러스 식중독은 주로 유아 및 2세 이하의 소아설사 환자의 30~ 50%

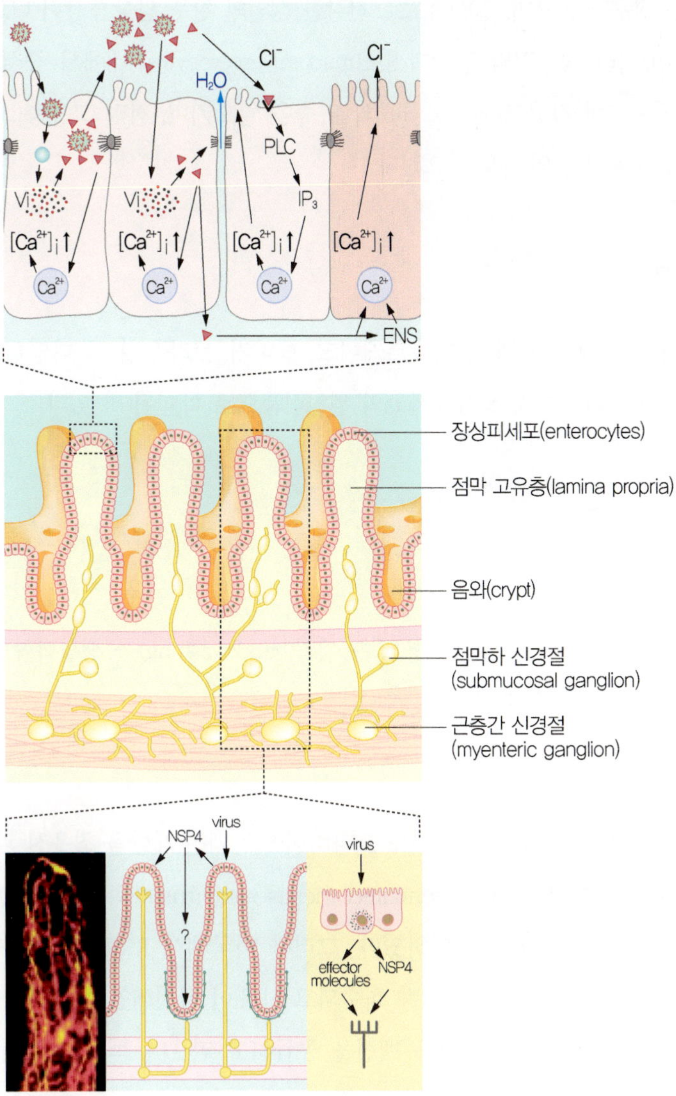

그림 4-9 로타바이러스의 설사 유발 모형

자료 : *J. Virol.* 2004; 78; 10213-10220

에서 발생하며, 드물게 성인에게 발생한다. 일반적으로 로타바이러스의 잠복기는 1~3일(평균 2일)이며, 구토, 설사, 복통, 미열 등의 증상을 동반하는 장염증상은 3~8일간 지속된다.

유아 및 2세 이하의 소아에게 로타바이러스 감염에 의하여 발생하는 수양성 설사는 수분 손실로 인하여 입원하는 경우도 많으며, 특히 개발도상국의 경우 유아기 사망의 주요 원인이다. 성인 감염은 노인요양시설이나 병원 등에서 생활하는 면역력이 억제된 성인에게 집단적으로 발생하는 경우가 많으며, 일반적으로 건강한 성인의 경우 임상증상이 비교적 약하다.

감염된 로타바이러스는 점막 장상피세포(mucosal enterocytes) 내에서 증식하여 다시 장관 내로 배출됨으로써 장융모(enteric villi)의 위축을 일으키며, 점막 고유층(lamina propria)에 단핵세포가 침윤되는 염증을 일으킨다.

4) 원인식품

생채소, 이매패류, 냉장 꽃게, 딸기쇼트케이크, 햄버거, 브라우니 등 다양한 종류의 식품과 오염된 식수가 로타바이러스 감염사고의 원인식품으로 확인된 바 있다.

5) 예방 및 치료법

(1) 손 씻기

식재료의 취급 전후, 식사 전후 등 평소 손 씻기(hand washing)를 생활화함으로써 로타바이러스 감염을 예방할 수 있다.

(2) 백신(vaccine)

세계보건기구와 미국 국립보건원에서도 로타바이러스 백신 개발을 최우선 과제로 삼고 있다. 1988년 미국 FDA에서는 live-attenuated rhesus rotavirus(RRV)-base, tetravalent (TV) human reassortant vaccine을 승인하였다. 그러나 미국에서 RRV-TV 백신을 투여한 후 장중첩과 같은 부작용이 발생하여 전량 회수되고 사용이 금지되었다. 현재는 몇몇 제약회사에서 백신을 개발하여 유아·소아용 백신을 공급하고 있으며, 백신 접종을 통한 예방이 가능하다.

(3) 치료

로타바이러스 감염에 대한 치료는 비특이적 대증요법이 실시된다. 특히 어린아이의 경우 심각한 탈수로 사망에 이를 수 있으므로, 소량의 염분과 당분을 포함한 음용수를 경구로 보충해 주거나 혈관을 통한 수분 보충이 중요하다.

(4) 바이러스 불활화

로타바이러스는 일반적으로 환경에 안정적이나 동결 융해, 페놀, 포르말린, 염소, 에탄올

처리 등에 의하여 외각단백질이 손상되면 감염성을 소실하는 것으로 알려져 있다.

3. A형 간염바이러스

1) 병원체

A형 간염바이러스(hepatitis A virus, HAV)는 7.5 kb 단사(single-stranded) 플러스 사슬(positive-sense) RNA를 게놈으로 가지며, 형태적으로는 외피를 가지지 않는 정이십면체 바이러스이다. 예전에는 A형 간염바이러스가 피코르나바이러스과(Family *picornavirus*) 엔테로바이러스속(Genus *enterovirus*)으로 분류되었으나, 최근 헤파토바이러스속(Genus *hepatovirus*)으로 재분류되었다.

A형 간염바이러스는 4개의 유전자형이 알려져 있으며, 1개의 혈청형이 존재한다.

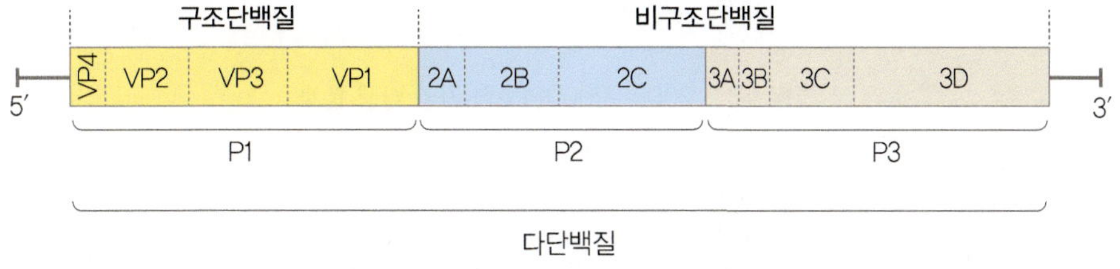

그림 4-10 A형 간염바이러스의 유전자 구성

2) 감염경로 및 역학

(1) 감염경로

A형 간염바이러스는 주로 경구감염(fecal-oral transmission)을 통하여 감염되며, 감염자와의 접촉감염(person-to-person contact)에 의하여도 감염된다. 드물게 수혈에 의하여 감염되는 경우도 있다.

(2) 역학

신생아실, 노인요양시설, 군대, 병원, 레스토랑 등과 같은 시설 등에서 A형 간염바이러스에 오염된 물 또는 식품을 섭취한 경우 집단 발생이 일어난다. 1988년 상하이에서는 A형 간

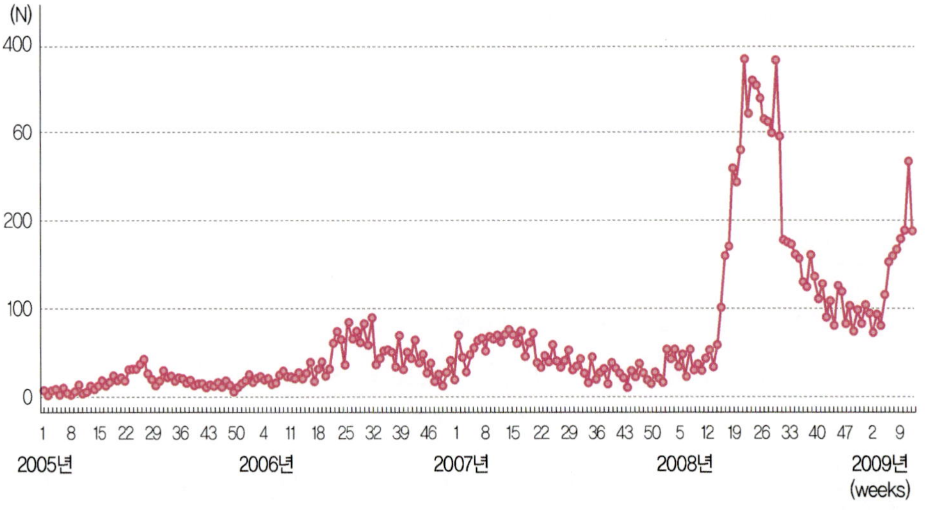

지역	전국	서울	부산	대구	인천	광주	대전	울산	경기	강원	충북	충남	전북	전남	경북	경남	제주
보고 건수	1,668	418	4	33	313	55	20	2	637	31	19	47	67	10	0	6	6
기관당 보고 건수	10.1	10.2	1.0	4.7	18.4	5.0	6.7	1.0	12.7	6.2	4.8	9.4	11.2	2.5	0.0	1.5	3.0

그림 4-11 2005~2009년 A형 간염 발생 통계

자료 : 질병관리본부

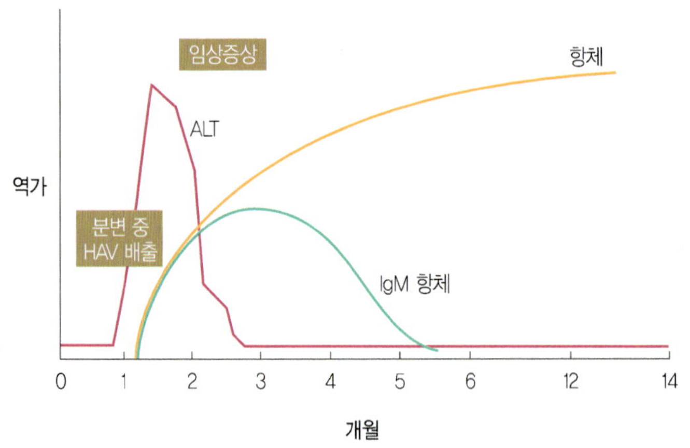

그림 4-12 A형 간염바이러스 감염에 따른 혈청학적 반응

염바이러스에 오염된 패류를 충분히 익히지 않고 섭취했기 때문에 30만 명의 환자가 발생한 사례가 있었다. 2003년 멕시코에서 수입된 파(green onion)가 A형 간염바이러스에 오염된 상태로 유통·소비되면서 A형 간염 집단 발생 사례가 미국에서 보고되었다.

2005년 이후 국내 A형 간염 환자 발생이 급격히 증가하고 있으며, 최근 A형 간염 발생률이 수백 배 증가한 것으로 집계되고 있다. 최근 발생하는 A형 간염은 비교적 깨끗한 환경에서 성장하고 A형 간염바이러스에 대한 항체를 보유하지 않은 20~30대 성인에서 발생률이 급격히 높아지는 특징이 있다.

3) 임상증상

체내로 유입된 A형 간염바이러스는 2~6주(평균 3주) 정도의 잠복기를 거쳐 간장 중에서 증식하고 바이러스 혈증과 분변 중 바이러스 배출이 일어난다. A형 간염바이러스는 간장에서 소화관으로 배출되는 담즙을 통하여 분변으로 배출된다.

5세 이하의 어린이의 50~90%는 무증상 경과가 일반적이며, 성인의 경우 70~90%는 발열, 전신 권태감, 근육통, 복통 등의 감기증상이 나타나며, 혈청 트랜스아미나제(transaminase)의 상승, 황달 등의 간염증상이 나타난다. 대부분의 경우 1~2개월 이후 회복되며, A형 간염에 발병하는 경우 영구면역을 획득하게 된다. A형 간염의 경우 만성화하는 경우는 없으며, 면역력이 약한 노약자의 경우 드물게 중증화하기도 한다.

4) 원인식품

A형 간염의 원인식품으로는 굴, 홍합, 모시조개 등 이매패류, 상추, 딸기, 라즈베리, 샐러드, 스파게티, 햄버거, 샌드위치 햄, 패스트리, 빵, 파 등이 알려져 있다.

5) 예방 및 치료법

(1) 예방법

경구감염을 예방하기 위하여 손 씻기를 권장하고, A형 간염바이러스 유행지역에서는 생수를 음용하지 않는다. A형 간염바이러스에 대한 백신이 개발되어 있으므로 예방접종을 통한 예방이 중요하다.

(2) 바이러스 불활화

A형 간염바이러스는 27~30 nm 직경을 가지며, 외피(envelope)가 없으므로 산, 열, 건조 등에 강하며, pH 1에서 8시간 처리, 60℃에서 10시간 처리로도 감염성을 잃지 않는다. 따라서 환경 중에서 오랜 시간 생존성을 유지하고, 조리기구 표면의 부착, 오염된 물, 식품, 패류 등을 통하여 감염된다.

4. E형 간염바이러스

1) 병원체

1983년 바라얀(Balayan) 등이 non-A, non-B hepatitis 환자의 검사 대상물로부터 최초로 분리한 E형 간염바이러스(Hepatitis E virus, HEV)는 직경이 32~34 nm 정도인 매우 작은 입자 형태의 nonenveloped, positive-sense, single-stranded virus로써 7.2 kb의 직선형 RNA 유전자를 보유하는 것으로 확인되었다(그림 4-13).

HEV가 최초에는 바이러스의 크기 및 유전자 구성 때문에 family *Caliciviridae*로 분류되었으며, 한때는 family *Togaviridae*로 분류되기도 하였다. 그러나 2000년 International Committee on Taxonomy of Viruses(ICTV)는 HEV를 새롭게 family *Hepeviridae*, genus *Hepevirus*로 재분류하였다. 현재까지 HEV의 혈청형은 한 종류가 알려져 있으며, 유전자

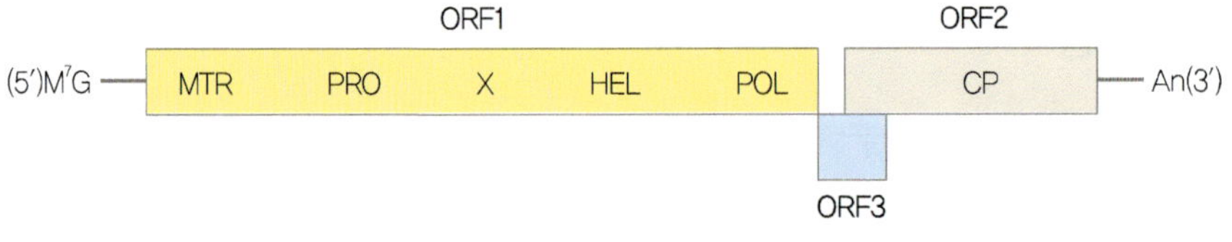

그림 4-13 E형 간염바이러스의 유전자 구성

자료 : *Rev. Med. Virol.*, 13:145-15, 2003

표 4-9 사람 E형 간염바이러스의 유전형별 지역 분포

유전형	지역 분포
유전형 1	아시아, 북아프리카
유전형 2	멕시코, 중앙아프리카
유전형 3	북미, 남미, 유럽, 일본, 태평양 연안국가
유전형 4	중국, 일본, 타이완, 베트남

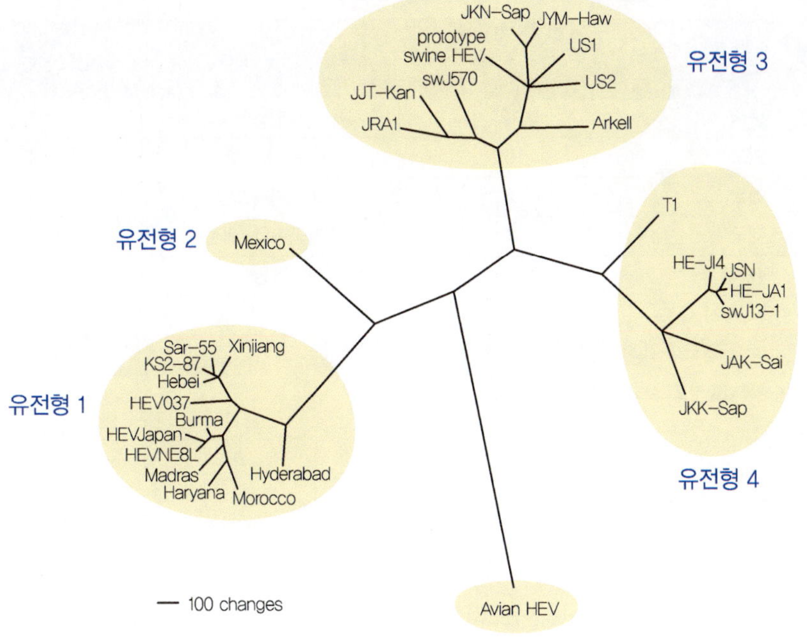

그림 4-14 사람, 돼지, 조류 유래의 E형 간염바이러스의 유전형별 분류

자료 : *Vet. Microbiol*, 2009

염기서열을 바탕으로 하여 4개의 유전자형으로 분류될 수 있다. E형 간염바이러스의 유전형은 발생 지역 또는 발생 국가와 상당히 밀접한 상관관계가 있어 역학조사를 할 때 중요한 의의를 가진다(표 4-9, 그림 4-14).

2) 감염경로 및 역학

(1) 감염경로

E형 간염은 식수 사정이 열악한 중국, 인도 등과 같은 개발도상국가에서 HEV에 오염된 물을 섭취하는 경구감염(fecal-oral transmission)이 주된 감염경로였다. 그러나 최근 미국, 일본, 독일, 네덜란드 등 북미 지역과 유럽의 선진국에서도 E형 간염의 발생빈도가 높아지고 있는데, 이는 E형 간염바이러스에 오염된 육류를 섭취했기 때문인 것으로 보고되고 있다. 따라서 E형 간염바이러스에 오염된 식수와 식품에 의한 경구감염이 가장 중요한 감염경로이다.

표 4-10 1999~2005년 일본에서 발생한 E형 간염환자의 감염 추정 국가

일본 내 감염 사례		86	
해외 감염 사례		30	
중국	12	파키스탄	1
인도	6	동남아시아	1
네팔	2	아프카니스탄	1
태국	1	2개국 이상 의심	4
미얀마	1	불명	2
방글라데시	1		
총계		118	

자료 : 병원미생물검출정보(IASR), 26:261-262, 2005

(2) 역학

E형 간염바이러스는 경구감염을 통하여 전파되는 non-A, non-B hepatitis의 주요한 병원체로써, 일반적으로 아시아, 북아프리카, 라틴아메리카 등지의 개발도상국에서 수인성 감염을 일으키는 것으로 알려져 왔다. 따라서 유럽, 호주, 미국 등과 같은 선진국에서는 감염이 거의 발생하지 않는 것으로 알려져 왔으나, 스페인, 프랑스, 그리스, 이탈리아, 오스트리아, 미국 등의 오수에서 E형 간염바이러스가 분리되면서 이들 선진국들도 바이러스의 오염으로부터 자유롭지 않은 것으로 확인되고 있다(그림 4-15). E형 간염바이러스의 전파는 주로 수인성이며, 특히 HEV의 발생이 토착화된 지역에서는 식품을 통한 경구감염이 의심되고 있다.

3) 임상증상

E형 간염바이러스에 감염되면 약 2주간의 바이러스 혈증(viremia)을 보이며 주 증상인 황달이 나타난 후 39~112일 정도까지 임상증상을 나타낸다. 한 연구에 따르면 아이들의 경우 무증상 경과를 보이면서도 105일에서 110일 정도까지 바이러스 혈증을 나타내는 것으로 보고되기도 하였다. E형 간염에 걸리면 중증도에 따라 담즙 정체성 황달이 동반되면서 혈장 빌리루빈 상승, 복부 통증, 식욕부진, 간장 종대, 구토, 발열 등의 증상을 동반하게 되며 평균 40일 정도 이후에는 자가 회복하므로 치사율은 3% 미만으로 매우 낮다. 그러나 임산부가 HEV에 감염되는 경우 치사율이 25%로 높아지며, 특히 노약자의 주의가 필요하다.

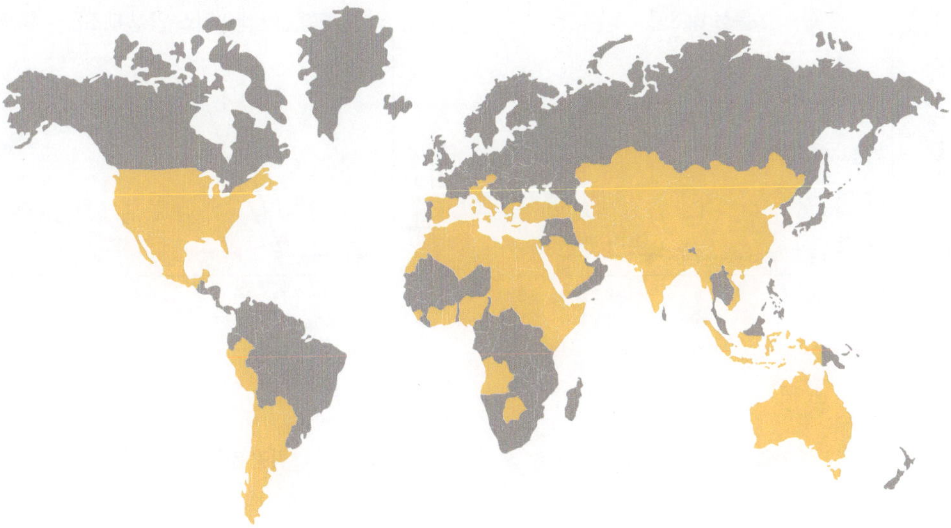

그림 4-15 혈청학과 임상자료에 따른 E형 간염바이러스 분포도

자료 : *Rev. Med. Virol.*, 13:145-154, 2003

4) 원인식품

E형 간염은 오염된 물에 의한 감염이 가장 잘 알려져 있으므로 HEV에 오염되지 않은 식수를 섭취하는 것이 가장 중요하다. 따라서 HEV가 오염된 물로 세척한 식품 또는 가공한 식품의 경우 E형 간염의 발병원인이 될 수 있으며, HEV가 오염된 물에서 채취된 패류 등을 부적절하게 조리하여 섭취하는 경우 감염을 일으킬 수 있다. Cacopardo 등은 동부 시실리에서 발생한 E형 간염이 오염된 패류를 섭취하여 발생하였다고 보고하였으며, 이시카와 등은 HEV에 오염된 물로 제조한 한약을 섭취하고 E형 간염에 감염된 사례를 보고하였다.

최근에는 사람이 아닌 돼지, 닭, 사슴 등과 같이 식용으로 사육되는 가축 또는 야생동물에서 E형 간염바이러스가 검출되어 인수공통감염병으로서의 가능성이 논의되고 있다. 1997년 Meng 등은 돼지로부터 인간 HEV와 유사한 돼지 HEV를 분리하였으며, 이후 돼지 HEV의 존재 또한 확인하였다. 미국의 시장에서 판매되는 돼지 간의 10%가 돼지 HEV에 감염 및 오염되어 있어, 돼지 HEV에 대한 불활화 연구도 보고되어 있다.

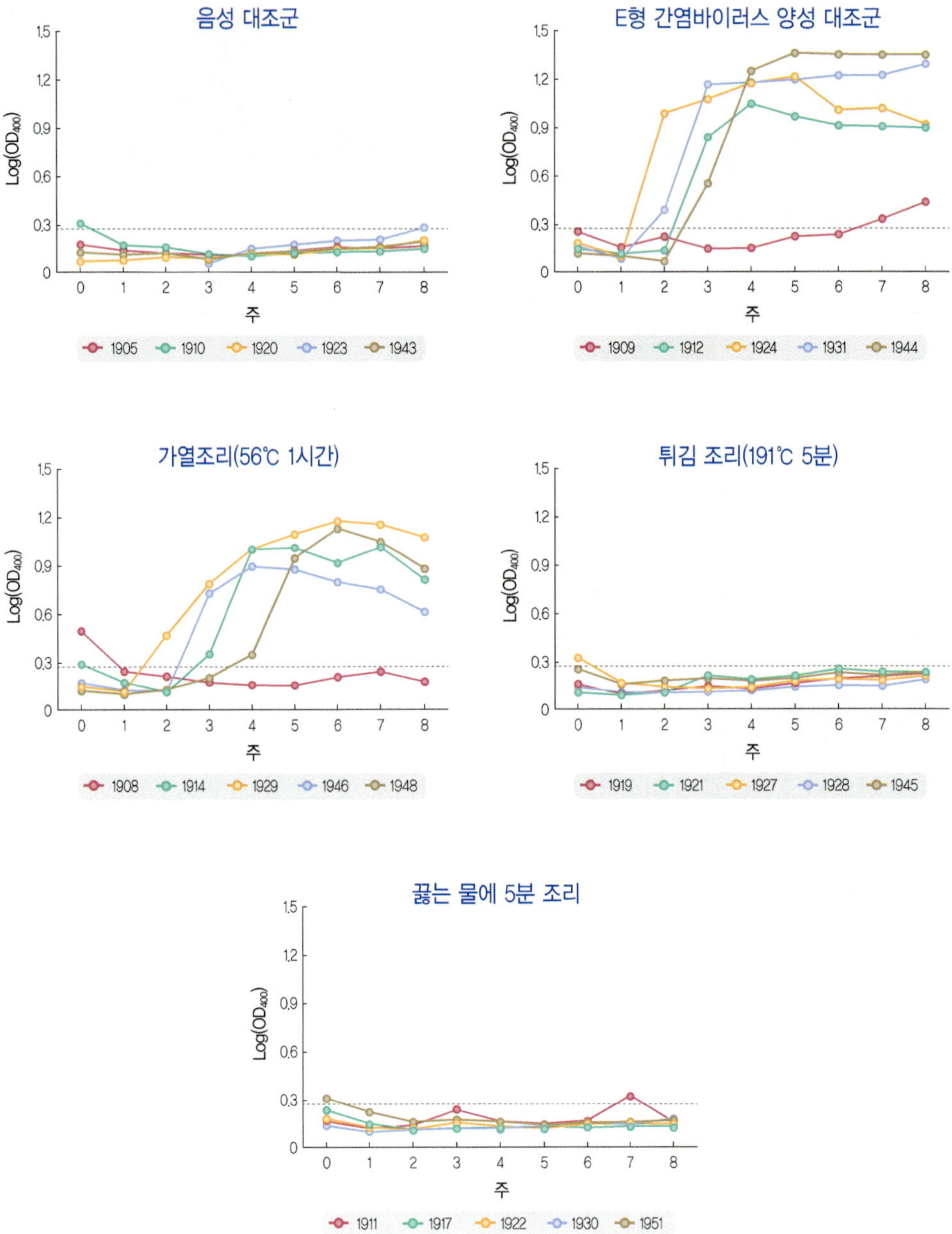

그림 4-16 돼지 감염 모델을 이용한 조리방법별 E형 간염바이러스의 감염력 측정

자료 : *International Journal of Food Microbiology*, 123 : 32-37, 2008

5) 예방 및 치료법

(1) 백신

2007년 Graxo-Smith-Kline에서 개발한 재조합 HEV 백신에 대한 임상시험에서 매우 긍정적인 결과가 보고되었으나 사람에 대한 HEV 백신은 실용화되지 못하였다. 따라서 HEV 백신이 부재한 현 시점에서는 청결한 생활을 유지하고, 깨끗한 물의 확보, 돼지 간의 생식 또는 부적절한 조리를 지양함으로써 HEV 감염 기회를 최소화하는 것이 최선의 예방책이다.

(2) 예방법

HEV가 만연한 개발도상국가를 여행할 경우 오염된 물을 섭취하지 않도록 하고, 반드시 충분히 익힌 식품을 섭취하도록 한다.

(3) 바이러스 사멸법

돼지 HEV에 감염된 돼지 간을 56℃ 조건에서 1시간, 191℃ 기름에서 5분, 끓는 물에서 5분간 가열 처리하여 감염력을 유지하는지 조사하였는데, 56℃에서 1시간 처리한 경우 감염력을 유지하고 있었으며, 끓는 물과 191℃ 기름에 5분간 가열할 경우 감염력을 상실하는 것으로 보고되었다(그림 4-16). 이는 일반적인 가열조리과정을 충분히 수행하는 것만으로도 돼지 HEV를 불활화할 수 있음을 알려주는 자료이다.

5. 아데노바이러스

1) 병원체

아데노바이러스(Adenovirus)는 세계에 널리 분포하고 있는 바이러스로 90~100 nm 직경을 가지며, 외피를 가지지 않는 정이십면체 구조이다. 아데노바이러스는 double-stranded linear DNA를 가지며, 7개 종의 57개 혈청형이 알려져 있다. 각각의 혈청형별로 호흡기, 비뇨기, 위장관 질병 및 결막염과 관련이 있다. 그중에서도 위장염과 밀접한 관련이 있는 혈청형은 40, 41, 52이다.

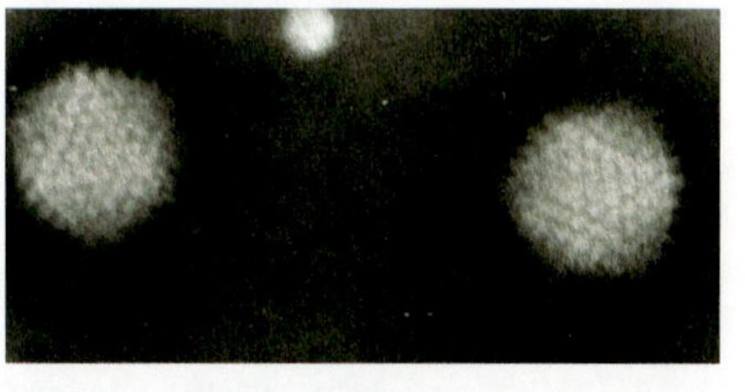

그림 4-17 아데노바이러스의 전자현미경 사진

아데노바이러스 게놈은 26~45 Kbp의 크기를 갖는 선형(linear) 비분절(non-segmented)

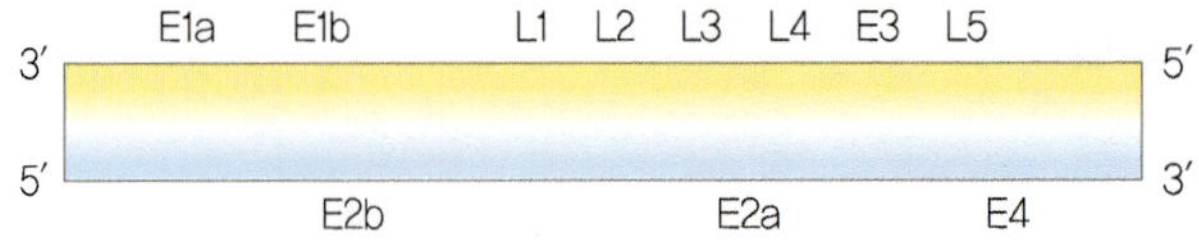

그림 4-18 아데노바이러스의 유전자 구성

표 4-11 아데노바이러스 혈청형과 임상증상

종	혈청형	질병
A형 아데노바이러스	12, 18, 31	호흡기, 비뇨기, 위장관(혈청형 12, 31)
B형 아데노바이러스	3, 7, 11, 14, 16, 21, 34, 35, 50, 55	호흡기 질병, 결막염, 비뇨기, 위장관(혈청형 3)
C형 아데노바이러스	1, 2, 5, 6, 57	호흡기 질병
D형 아데노바이러스	8, 9, 10, 13, 15, 17, 19, 20, 22, 23, 24, 25, 26, 27, 28, 29, 30, 32, 33, 36, 37, 38, 39, 42, 43, 44, 45, 46, 47, 48, 49, 51, 53, 54,56	결막염, 위장관(혈청형 8)
E형 아데노바이러스	4	
F형 아데노바이러스	40, 41	위장관염(혈청형 40, 41)
G형 아데노바이러스	52	위장관염(혈청형 52)

double-stranded(ds) DNA이고, 이론적으로 22~40개의 유전자를 보유한다. linear dsDNA의 5′ 말단에 아데노바이러스 복제에 중요한 55kDa protein을 갖는다는 특징이 있다.

2) 전염경로

아데노바이러스는 호흡기 비말(droplets)을 통하여 전파되며, 위장관염을 일으키는 혈청형의 경우 분변을 통하여 배출되므로 경구감염된다. 특히 아데노바이러스는 화학·물리적 처리에 매우 안정적이므로 외부 환경에서도 장기간 생존할 수 있다는 특징이 있다.

3) 임상증상

장관형 아데노바이러스 40형과 41형은 3세 이하 영유아의 바이러스성 장염을 일으킨다. 아데노바이러스는 영유아 설사증의 3~14%를 차지하는 것으로 추정되며, 외국에서도 유사한 경향을 보이고 있다.

아데노바이러스의 잠복기는 3~10일(평균 7일) 정도로 다른 바이러스보다 긴 것이 특징이며, 설사, 발열, 구토와 상기도 염증을 동반한다. 설사 횟수는 다양하며, 발열은 37.5~38.9℃ 정도로 2일 정도 지속된다.

4) 예방 및 치료법

(1) 손 씻기

평소 생활에서 손 씻기(hand washing)를 생활화함으로써 아데노바이러스 감염을 예방할 수 있다.

(2) 치료

아데노바이러스에 대한 효과적인 항바이러스 제제는 개발되지 못하였으므로 예방이 가장 중요하다.

6. 아스트로바이러스

아스트로바이러스(Astrovirus)는 전자현미경으로 관찰 시 별 모양으로 관찰되기 때문에 별을 의미하는 'astro-'를 접두어로 명명된 RNA virus이다. 아스트로바이러스는 8개의 혈청형이 알려져 있으며, 1형과 2형이 면역력이 약한 어린이에게 위장관염을 일으킨다. 일본에서는 학생과 선생님 1,500명이 아스트로바이러스 4형으로 인해 대량 식중독이 발생하기도 하였다.

일반적으로 아스트로바이러스는 2~3일간의 잠복기를 거쳐 발병하며, 설사, 오한, 두통, 구토, 복통, 발열 증상이 3~4일간 지속되는 특징이 있다. 가을부터 겨울까지 우리나라에서 유행하는 영유아 장염의 2~8%가 아스트로바이러스에 의한 것으로 분석되고 있으나, 예방 백신이 개발되지 못하였으므로 위생적인 검사 대상물 처리와 손 씻기가 중요하다.

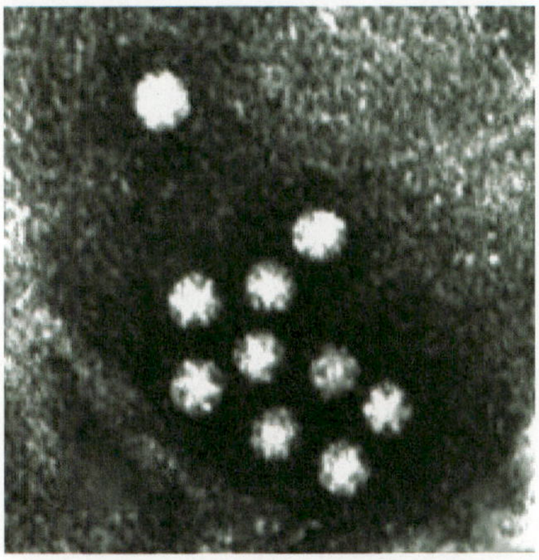

그림 4-19 아스트로바이러스의 전자현미경 사진

CHEMICAL HAZARDOUS SUBSTANCES

CHAPTER 05

화학적 유해물질

1. 중금속
2. 농약
3. 동물용 의약품
4. 유전자변형식품
5. 방사선 조사
6. 조리 · 가공 중 생성 가능한 유해물질
7. 곰팡이독

1. 중금속

물리적으로 비중이 4.0 이상인 원소를 중금속(heavy metals)이라 한다. 공기, 토양과 물을 통한 식품 오염으로 체내에 축적될 경우 인체에 유해한 영향을 줄 수 있다. 중금속의 반감기는 수십 년이므로, 장기간 노출 시 만성중독을 일으키게 된다. 체내 축적성이 높아 인체에 유해 정도가 높은 중금속에는 Hg, Pb, Cd, As 등이 있다. 「식품위생법」에서는, 이들 유해중금속의 식품에의 혼입을 방지하기 위해 몇 가지 식품에 대하여 기준치를 정하고 있다. 어류에서는 납 0.5 mg/kg 이하, 수은 0.5 mg/kg 이하(심해성 어류, 다랑어류 및 새치류 제외)로 되어 있으며, 연체류에서는 납 2.0 mg/kg 이하, 카드뮴 2.0 mg/kg 이하, 수은 0.5 mg/kg 이하로 되어 있다(표 5-1). 농산물 및 축산물의 중금속 기준은 표 5-2, 표 5-3과 같다.

FAO/WHO 합동 식품첨가물전문가위원회(JECFA)에서는 인체노출안전기준으로 납, 카드뮴, 수은, 메틸수은, 비소, 무기비소 등 일반적으로 노출을 피할 수 없는 식품 오염물질에 대해 주간잠정섭취한계량(Provisional Tolerable Weekly Intake, PTWI)을 설정하고 있다. PTWI는 일생 동안 먹더라도 유해한 작용을 일으키지 않는 체중 1 kg당 주간의 섭취수준을 말한다(표 5-4).

표 5-1 수산물의 중금속 기준

대상식품	납(mg/kg)	카드뮴(mg/kg)	수은(mg/kg)	메틸수은(mg/kg)
어류	0.5 이하	0.1 이하(민물 및 회유 어류에 해당) 0.2 이하(해양어류에 해당)	0.5 이하(심해성 어류, 다랑어류 및 새치류는 제외)	1.0 이하(심해성 어류, 다랑어류 및 새치류에 해당)
연체류	2.0 이하(다만, 내장을 포함한 낙지는 2.0 이하)	2.0 이하(다만, 내장을 포함한 낙지는 3.0 이하)	0.5 이하	-
갑각류	1.0 이하[다만, 내장을 포함한 꽃게류(꽃게과에 속하는 꽃게 종)는 2.0 이하]	1.0 이하[다만, 내장을 포함한 꽃게류(꽃게과에 속하는 꽃게 종)는 5.0 이하]	-	-
해조류	-	0.3 이하[김(조미김을 포함하며, 생물기준 적용)에 해당]	-	-

자료 : 식품공전, 2015

표 5-2 농산물의 중금속 기준

<table>
<tr><th colspan="2">대상식품</th><th>납(mg/kg)</th><th>카드뮴(mg/kg)</th></tr>
<tr><td colspan="2">곡류(현미 제외)</td><td>0.2 이하</td><td>0.1 이하(밀, 쌀은 0.2 이하)</td></tr>
<tr><td colspan="2">서류</td><td>0.1 이하</td><td>0.1 이하</td></tr>
<tr><td colspan="2">콩류</td><td>0.2 이하</td><td>0.1 이하(대두는 0.2 이하)</td></tr>
<tr><td rowspan="2">견과종실류</td><td>땅콩 또는 견과류</td><td>0.1 이하</td><td>0.3 이하</td></tr>
<tr><td>유지 종실류</td><td>0.3 이하(참깨에 한함)</td><td>0.2 이하(참깨에 한함)</td></tr>
<tr><td colspan="2">과일류</td><td>0.1 이하(사과, 귤, 장과류는 0.2 이하)</td><td>0.05 이하</td></tr>
<tr><td colspan="2">엽채류(결구 엽채류 포함)</td><td>0.3 이하</td><td>0.2 이하</td></tr>
<tr><td colspan="2">엽경채류</td><td>0.1 이하</td><td>0.05 이하</td></tr>
<tr><td colspan="2">근채류</td><td>0.1 이하(인삼, 산양삼, 도라지, 더덕 2.0 이하)</td><td>0.1 이하(양파는 0.05 이하, 인삼, 산양삼, 도라지, 더덕 0.2 이하)</td></tr>
<tr><td colspan="2">과채류</td><td>0.1 이하(고추, 호박은 0.2 이하)</td><td>0.05 이하(고추, 호박은 0.1 이하)</td></tr>
<tr><td colspan="2">버섯류</td><td>0.3 이하(양송이버섯, 느타리버섯, 새송이버섯, 표고버섯, 송이버섯, 팽이버섯, 목이버섯에 한함)</td><td>0.3 이하(양송이버섯, 느타리버섯, 새송이버섯, 표고버섯, 송이버섯, 팽이버섯, 목이버섯에 한함)</td></tr>
<tr><td colspan="2">참깨</td><td>0.3 이하</td><td>0.2 이하</td></tr>
</table>

자료 : 식품공전, 2015

표 5-3 축산물의 중금속 기준

대상식품	납(mg/kg)	카드뮴(mg/kg)
가금류고기*	0.1 이하	-
돼지간	0.5 이하	0.5 이하
돼지고기**	0.1 이하	0.05 이하
돼지신장	0.5 이하	1.0 이하
쇠간	0.5 이하	0.5 이하
쇠고기**	0.1 이하	0.05 이하
소 신장	0.5 이하	1.0 이하
원유 및 우유류	0.02 이하	-

*가금류고기 : 부착된 지방 및 표피를 포함하는 가금류 도체의 근육조직으로 닭, 오리, 꿩, 거위, 칠면조, 메추리 등의 고기를 말한다.

**쇠고기, 돼지고기 : 근육 내 지방 및 피하지방과 같이 부착된 지방조직을 포함하는 도체(혹은 이를 자른 덩어리)의 근육조직을 말한다.

자료 : 식품공전, 2015

표 5-4 식품별 중금속 노출비중

종류	노출량(하루)	잠정섭취한계량 (ug/kg bw/week)	주요 식품
납	19.2	25	곡류(5.3), 김치류(3.8), 패류(1.3), 어류(1.2)
카드뮴	10.4	25*	곡류(3.1), 패류(1.3), 김치류(0.9)
수은	4.3	4	어류(2.8), 곡류(0.7)
비소	168.3	350	어류(59.2), 해조류(33.6), 연체류(17.0), 갑각류(16.1)

*카드뮴의 잠정섭취한계량 단위는 ug/kg bw/month임.
자료 : 식품의약품안전처, 2011

1) 수은

수은(Hg, mercury)은 상온에서 액체인 유일한 유해금속으로 무기수은(Hg^0, Hg^+, Hg^{2+})과 유기수은(CH_3Hg^+, $C_6H_5Hg^+$)의 형태로 존재한다. 온도와 압력에 따라 일정하게 부피가 증가하는 특성을 가지고 있어 온도계나 기압계에 사용된다. 유기수은 중 메틸수은(methyl mercury)의 독성이 심하다. 메틸수은은 지용성이 커서 소화관과 폐에 흡수가 잘되며, 중추신경계와 태아조직에 농축되어 독성을 나타낸다. 지속적으로 수은에 노출될 경우 뇌와 신장에 영구적 손상을 일으킬 수 있다. 주로 메틸수은의 형태로 섭취되며, 어패류 중에서도 특히 다랑어류의 오염도가 가장 크다.

1952년 일본 규슈 지방의 구마모토현 미나마타시에서 주민들에게 발병한 미나마타병(Minamata disease)이 대표적인 수은중독 사례이다. 증상은 손발저림, 운동장애, 어지러움, 언어장애 등으로 중증에서는 구심성 시야 이상, 난청 등이 나타난다. 유래는 미나마타시의 화학공장에서 아세트알데하이드(acetaldehyde) 제조용의 촉매로 사용한 무기수은이 공장배수에 혼입되어 바다로 유입되었는데, 이 메틸수은이 어패류에 농축된 것을 장기간 다량으로 먹은 어민이 장애를 입은 것이다. 산업공해사건으로 전 세계에 알려져 있다. 이와 같이 수은이 바닷물로 유입 시 물과 바다 밑 토양을 오염시키고 그 속에 존재하는 세균, 진균에 의해 메틸수은(CH_3Hg^+)이 생성된다. 메틸수은은 휘발성이 높아 미생물들이 무기수은을 메틸수은으로 바꿔 외계로 방출하는 것이며 이는 플랑크톤과 어패류에 생물농축되므로 어패류에 그 함량이 높고 사람이 그 어패류를 먹을 경우 인체 축적 가능성이 커지게 된다(그림 5-1).

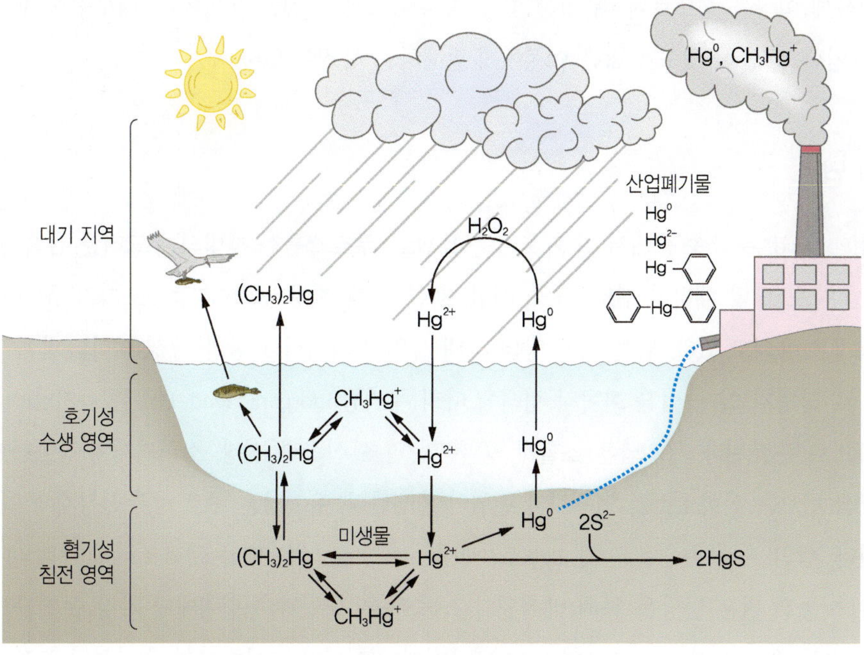

그림 5-1 수은회로

2) 카드뮴

카드뮴(Cd, cadmium)은 자연계에 존재하는 금속물질 중 하나로 푸른빛을 띤 은백색의 부드러운 금속원소이다. 공기, 물, 토양, 식품 등을 통해 노출 가능하며, 특히 수산물의 카드뮴 함량이 높고, 다른 식품에 비해 버섯류, 해조류, 패류의 함량이 높다. 용기, 식기에 도금된 카드뮴 성분이 용출되어 식품을 통해 중독되는 경우도 있다. 일단 체내로 들어온 카드뮴은 쉽게 배설되지 않고 생물학적 반감기가 길기 때문에 나이가 들수록 체내 축적량은 증가하게 된다. 카드뮴은 SH기와 결합하기 쉽고 사람의 간에 있는 여러 가지 효소의 활성을 저해하여 해독작용을 방해할 뿐만 아니라 신장이나 정소에 대한 독성도 강하다. 또한 골연화증, 간장장애 등을 일으키며, 만성중독 시 위장장애, 내분비장애, 칼슘대사장애 등을 일으킨다.

대표적인 카드뮴 중독 질병인 이타이이타이병(itai-itai disease)은 등뼈, 손발, 관절이 아프고 뼈가 약해져 잘 부러지는 공해병으로, 일본 도야마현[富山縣]의 진즈가와[神通川] 유역에서 처음 발생하였다. 이 병에 걸린 환자들이 '아프다'고 고통을 호소하는 데서 병명을 '아프다'는 의미의 일본어 '이타이'를 두 번 강조해 붙였다. 신장에 장애가 일어나고, 장에서의 칼슘 흡수를 돕는 비타민 D_3의 활성화를 억제하여 최종적으로 혈중 칼슘 농도를 낮추어

골대사에 이상을 줌으로써 뼈 이상 및 골격 위축을 일으키는 질병이다. 대부분이 40세 이상의 임신 및 출산 횟수가 많은 여성에게 발생하는 특징이 있다.

3) 납

납(Pb, lead)은 금속 중에서 가장 무거운 물질로, 푸르스름한 잿빛의 부드러운 금속원소이다. 납은 도료 및 배터리 제조, 탄약, 배관, 제련, 인쇄, 학용품(크레파스), 도자기 유약 등 다양하게 사용되고 있다. 납은 적은 양의 체내 유입에 의해서도 강한 독성을 나타낼 수 있는 것으로 알려져 있다. 납은 화학적 형태에 따라 무기납(inorganic lead, Pb^{+})과 유기납(organic lead)으로 분류된다. 무기납은 조혈계, 중추 및 말초 신경계, 신장, 소화기계에 장애를 주며 혈구를 만드는 산화효소를 억제시켜 빈혈이 발생한다. 유기납은 주로 중추신경계에 영향을 미친다. 납의 체내 흡수율은 약 10%로, 체내에 흡수된 납은 뼈와 근육조직에 축적되며, 간으로 이동된 납은 담낭을 통해 배설된다. 납중독은 노인과 어린이에게 가장 문제가 되며, 특히 임신 중에는 태반을 통하여 납이 태아에게 전이되어 저체중아를 출산하거나 조산, 유산될 수 있다. 식품 중에서는 멍게, 미더덕 등 수산물에 가장 높은 농도로 들어 있다.

4) 비소

비소(As, arsenic)는 자연계에서는 주로 As^{3+}, As^{5+}의 화합물로 존재하며, 농약, 제초제, 방부제, 살충제, 의약품 등에 널리 사용되어 왔다. 비소는 공기, 물, 흙, 음식물 등의 경로를 통해 인체에 유입되며, 지속적으로 노출될 경우 비소중독을 일으키게 된다. 비소는 주로 활성부위에 시스테인(cysteine)을 이용하는 효소의 작용을 저해하여 독성을 나타내는 것으로 알려져 있다. 증상으로는 말초신경계 기능이상으로 운동감각을 잃거나 사지마비, 다발성 신경염 등이 있다. 식품 중에서는 수산물의 총 비소함량이 높았으며 그중 해조류, 갑각류, 연체류 등에서 다량의 비소가 검출되었다.

2. 농약

농산물의 안정적 생산 및 공급을 위해서는 품종 개량과 같은 재배기술의 발전과 더불어 병충해와 잡초로부터의 농작물 보호가 필요하다. 국내뿐만 아니라 세계의 식량 생산력을 향상하고 식량을 안정적으로 공급하기 위해서는 농약의 역할이 매우 중요하다. 농약이란 농·축·수산물의 생육이나 저장 및 유통 중 발생하는 미생물, 해충, 잡초 등을 구제하는 데 사용하는 것이다. 사용 목적에 따라 살균제(fungicide), 살충제(insecticide), 살응애제(acaricides), 쥐약(rodenticide), 제초제(herbicide), 식물생장조절제 등으로 분류할 수 있으며, 화학 성분에 따라 유기인계, 카바메이트계, 유기염소계 등으로 나눌 수 있다(표 5-5).

표 5-5 농약의 잔류성 차이

잔류성	잔류기간(반감기)	분 류	예 시
고분해성 (독성이 강하나 잔류성은 낮음)	1~30일	유기인계 농약 카바메이트계 농약	카바릴, 말라티온, 파라티온 등
보통분해성	30~100일	-	2,4-D,아트라진 등
저분해성	100~180일	-	브로마실 등
잔류성 (토양·식물에 오래 잔류)	180일 이상	유기염소계 농약	알드린, 디엘드린, 헵타클로, BHC, 클로르데인, DDT

자료 : 식품안전 이야기, 2010

농약은 태양, 비, 바람 등에 의해 자연적으로 분해되거나 자체 분해되기 때문에 잔류농약으로 인해 건강상 피해를 입을 가능성은 적으나, 일부 농약은 살포 후에 일정한 기간 동안 농작물의 표면에 부착하여 있거나 식물의 내부조직에 흡수되어 분해되지 않고 남아 있는 경우가 있다. 농약은 소비자의 건강과도 직결되는 문제이기 때문에, 식품의약품안전처에서는 식품 중 농약잔류허용기준 등을 만들어 관리하고 있다. 2015년 현재 『식품공전』에는 식품 농약과 관련하여 농산물 448종, 인삼 78종, 축산물 82종 등 농약별·식품별 잔류허용기준이 설정되어 있다.

잔류농약이란 농약을 수천 배 희석하여 사용 후 농산물에 남는 극미량의 농약을 말하며, 농약의 잔류허용기준(maximum residue limits, MRLs)이란 식품 중에 함유되어 있는 농약의 잔류량이 사람이 일생 동안 그 식품을 섭취해도 건강에 전혀 해가 없는 수준을 법으로 규정한 양을 말한다. 농산물에 농약이 남아 있어도 껍질 벗기기, 씻기, 삶기, 데치기 등의 조리과정에서 대부분 제거 또는 분해되거나, 인체 내 대사과정을 통해 대부분은 분해·소실된다. 그러나 일부 농약은 분해되지 않고 지방조직 등에 축척될 수 있다. 이 경우 농약 종류에 따라 신경계 증상이나 간·신장의 독성, 신경과민, 체중 감소 등의 중독증상이 생길 수 있다.

1) 유기인계 농약

유기인계 농약(organophosphorus pesticides)은 농약 성분 중 인(P)이 들어 있는 유기물질로 파라티온(parathion), 말라티온(malathion), 다이아지논(diazinon), 스미치온(smithion), EPN(ethyl paranitrophenyl) 등이 있다. 유기염소계 농약과 달리 동식물 체내에서 분해가 빠르고 광선에 의한 분해가 빠르다는 특성이 있어 자연계에서 잔류기간이 짧은 편이다. 따라서 사람과 가축에 대한 급성독성은 강하지만, 만성중독을 일으키는 일은 거의 없다. 유기인제는 인체에 흡수되면 체내 효소인 콜린에스터레이스(cholinesterase)의 작용을 억제하여 혈액과 조직 중에서 아세틸콜린(acetylcholine)의 분해가 저해되어 아세틸콜린이 체내에 과잉으로 축적되므로 신경 흥분의 전도가 불가능하게 된다. 중독증상은 두통, 발한, 복통, 현기증, 보행장애, 시력감퇴, 혈압 상승, 근력감퇴 및 전신경련 등이 나타난다. 유기인제를 살포할 때는 흡입하지 않도록 주의하고, 특히 피부나 손에 묻지 않도록 주의해야 한다.

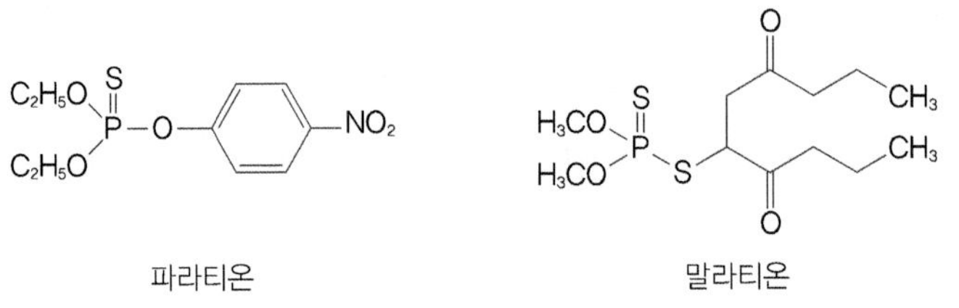

그림 5-2 유기인계 농약

2) 카바메이트계 농약

카바메이트계 농약(carbamate pesticides)은 유기염소제의 사용금지에 따라 그 대용으로 만들어진 살충제 및 제초제로서, 아미노기와 카복실기가 결합한 카바믹산(carbamic acid, NH_2COOH)의 골격을 가진 화합물이다. 유기인계와 작용방식이 비슷하여 인체에서 콜린에스터레이스 저해작용으로 중독을 일으키나 독성은 약한 편이다. 살충작용이 선택적이고 넓은 적용범위를 갖는 장점이 있으며, 종류에는 알디캅(aldicarb), 카바릴(carbaryl) 등이 대표적이다. 중독증상은 유기인제와 같지만 급격한 발현에서부터 생체 내에서의 대사가 빨라서 회복에 이르기까지 경과가 빠른 것이 특징이다. 일반적으로 다른 농약보다 잔류성이 낮은 편이다.

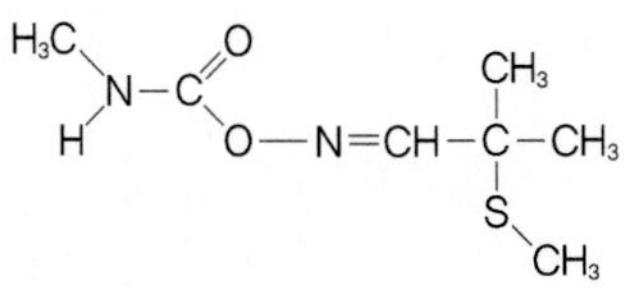

알디캅

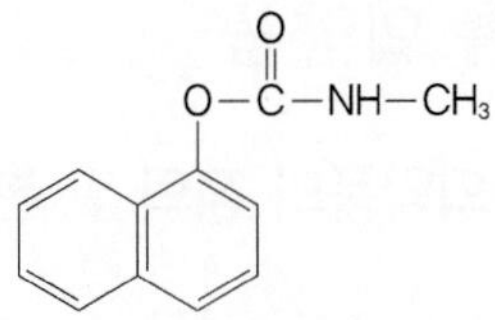

카바릴

그림 5-3 카바메이트계 농약

3) 유기염소계 농약

유기염소계 농약(organochlorine pesticides)은 구조상 염소(Cl)를 가지고 있는 농약으로서 유기인제보다 상대적으로 독성은 적지만 자연계에서 분해가 어려워 생체와 환경에 지속적으로 농축된다는 것이 문제가 되고 있다. 대표적으로 DDT(dichlorodiphenyl-trichloroethane), DDD(dichlorodiphenyldichloroethane), BHC(benzene hexachloride), 알드린(aldrin), 디엘드린(dieldrin), 엔드린(endrin), 헵타클로르(heptachlor) 등이 있다. 지방 친화성으로 지방조직에 주로 축적되므로 체내에 장기간 쌓여 건강에 나쁜 영향을 미칠 수 있다. 최초로 사용된 농약은 DDT와 BHC 등으로 해충방제를 위해 사용되었으나, 잔류성의 문제로 현재는 사용금지 품목이다(그림 5-4). 중독증상은 식욕부진, 구토, 복통, 두통이 시작되며 손발의 마비, 경련 등 신경마비 증상을 나타내다가 중증일 경우에는 혼수 상태를 거쳐 사망하게 된다.

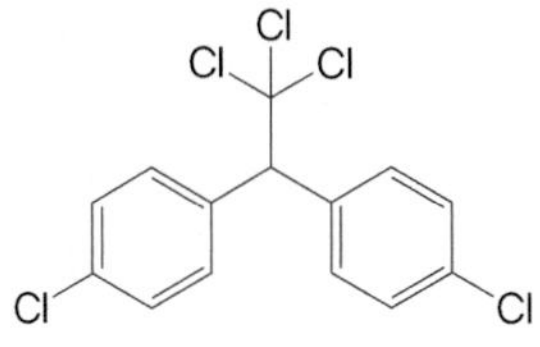

DDT(DichloroDiphenylTrichloroethane)

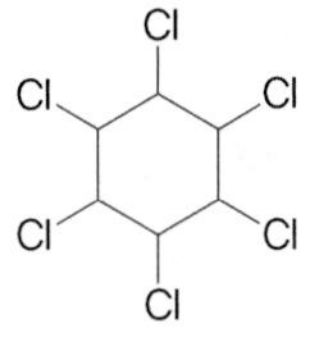

BHC(Benzene Hexachloride)

그림 5-4 유기염소계 농약

3. 동물용 의약품

1) 동물용 의약품의 정의 및 분류

(1) 동물용 의약품의 정의

동물용 의약품(veterinary drug)이란 동물의 질병 치료 및 예방에 사용하는 약품을 말한다. 농림축산식품부령인 「동물용 의약품 등 취급규칙」에서 동물용 의약품은 동물용으로만 사용하는 의약품을 말하며 "양봉용, 양잠용, 수산용 및 애완용 의약품을 포함한다."라고 정의하고 있다. 동물용 의약품은 사람의 질병 예방 및 치료를 위해 사용하는 항생제, 합성항균제, 호르몬제 등의 약과 대부분 동일하며 식품에 남아 사람이 섭취하는 양은 극소량에 불과하다.

(2) 동물용 의약품의 분류

동물용 의약품의 분류로는 약품의 계열별 분류와 사용 목적에 따른다. 의약품의 계열별 분류로는 항생제, 항콕시듐제, 항원충제, 신경계작용약, 합성항균제, 성장촉진호르몬제, 구충제 등이 있다. 『동물용 의약품 등 편람』 및 『동물용 의약품 등 약효성분 분류집』에 따르면 국내에 등록된 활성 성분 물질은 약 240가지이다.

2) 동물용 의약품의 잔류허용기준

동물용 의약품의 잔류허용기준이란 동물용 의약품 사용 시 동물 체내(근육, 간, 신장, 지방 등)에 잔류하는 물질의 최대잔류농도(단위 : mg/kg 또는 ug/kg) 허용량을 말한다. 동물용 의약품의 잔류허용기준은 'FAO/WHO 합동 식품첨가물전문가위원회(JECFA)'가 동물용 의약품을 평가하여 잔류허용기준(안)을 제시하고, 이는 국가 간 합의를 통해 최종 잔류허용기준으로 확립되었으며 우리나라도 이를 기준으로 하고 있다.

(1) JECFA의 잔류허용기준 설정방법

- 대표 잔류물질(marker residue) 확인 : 사용하고자 하는 동물용 의약품을 동물에 투여(경구 또는 주사)하여 체내에서 어떻게 대사되고 분해되는지를 실험하여 확인한다.
- 잔류허용기준 설정 : 동물용 의약품 사용 규정에 따라 대상 동물에 약품을 투여하고 분해 곡선의 특성을 파악하여 휴약 기간 준수 후의 잔류량을 구한 다음 규제 마진을

표 5-6 동물용 의약품의 계열별 분류

대분류	소분류	의약품명
항생제	아미노글리코사이드계(Aminoglycosides)	Amikacin, Apramycin, Destomycin, Dihydrostreptomycin, Gentamicin, Hygromycin B, Kanamycin, Neomycin, Streptomycin, Spectinomycin
	세팔로스포린계(Cephalosporins)	Cefacetril, Cefazolin, Cefoperazone, Cefquinome, Ceftiofur, Cefuroxime, Cephalexin, Cephalonium, Cephaloridine, Cephapirin
	매크로라이드계(Macrolides)	Erythromycin, Josamycin, Kitasamycin, Oleandomycin, Rxithromycin, Sedecamycin, Spiramycin, Tilmicosin, Tylosin
	페니실린계(Penicillins)	Amoxicillin, Ampicillin, Benzatine cloxacillin, Clavulanic acid, Dicloxacillin, Nafcillin, Penicillin, Penicillin G, Phenazone
	린코사마이드계(Lincosamides)	Clindamycin, Lincomycin, Pirlimycin
	펩타이드(Peptides)	Bacitracin, Colistin, Enramycin
	페니콜계(Phenicols)	Chloramphenicol, Florfenicol, Thiamphenicol
	테트라사이클린계(Tetracyclines)	Chlortetracycline, Doxycycline, Oxytetracycline, Tetracycline
	글리코펩타이드계(Glycopeptides)	Avoparcin, Vancomycin
	기타	Avilamycin, Efrotomycin, Bambermycin, Tiamulin, Griseofulvin, Novobiocin, Nystatin, Polymixin-B, Rifampicin, Virginiamycin
항콕시듐제	폴리에테르계(Polyethers)	Semduramycin, Lasalocid, Maduramycin, Monensin, Narasin, Salinomycin
	기타	Amprolium, Ethopabate, Diclazuril, Clopidol, Nicarbazin, Halofuginone, Decoquinate, Robenidine, Roxarzone, Sulfanitran, Zoalene
항원충제	나이트로이미다졸계(Nitroimidazoles)	Dimetridazole, Ipronidazole, Ronidazole
	기타	Isomethamidium, Diminazene, Berenil
신경계 작용약	중추신경계작용약	Diazepam, Diprophyline, Naloxone, Benzetimide HCl, Methscopolamine
	진정·진경제	Acepromazine, Azaperone, Belladonna, Brotizolam, Detomidine HCl
	진통·해열·소염제	Ephedrin, Antipyrine, Dimethothyloxyquinazine, Aluminium salycylate, Acetaminophen, Acetanilide, Novalgin, Acetylsalicylic acid, Benzydamine, Sulpyrine
	항히스타민제	Cyproheptadine HCl, Dexamethazone, Betamethasone, Prednisolone
	NSAID	Dipyrone, Etodolac, Meloxicam, Phenylbutazone, Flunixin
	벤질페리미딘(Benzylperimidine)	Ormethoprim, Trimethoprim
합성 항균제	플루오로퀴놀론계(Fluoroquinolones)	Cenfloxacin, Ciprofloxacin, Danofloxacin, Enrofloxacin, Flumequin, Norfloxacin, Ofloxacin, Orbifloxacin, Pefloxacin, Sarafloxacin
	퀴놀론계(Quinolones)	Nalidixic acid, Oxolinic acid
	나이트로푸란계(Nitrofurans)	Furaltadon, Furazolidon, Nitrofurazone, Nitrovin
	설폰아마이드계(Sulfonamides)	Dapsone, Diaveridine, Sulfachlorpyridazine, Sulfaclozine, Sulfadiazine, Sulfadimethoxine, Sulfadimidine, Sulfadoxine, Sulfaguanidine, Sulfamerazine, Sulfamethoxazole, Sulfamethoxypyridazine, Sulfamonomethoxine, Sulfanilamide, Sulfaphenazole, Sulfaquinoxaline, Sulfathiazole, Sulfatolamide, Sulfisomidine, Sulfisoxazole, Sulfithozole
	퀴녹살린계(Quinoxalines)	Carbadox, Olaquindox

(계속)

대분류	소분류	의약품명
성장촉진 호르몬제	스테로이드계(Steroids)	17β-Estradiol, Testosterone, Progesterone, Norgestromet, Melengestrol acetate, Zeranol, DES
	베타-아고니스트계(Beta-agonists)	Trenbolone, Clenbuterol, Ractopamine
	소마토트로핀계(Somatotropins)	BST, PST
	기타	Thiouracil, Dinoprost, Carbetocin, Flumethazone, Gonadotrophin, Oxytocin
구충제	아버멕틴계(Avermectins)	Abamectin, Doramectin, Eprinomectin, Ivermectin, Moxidectin
	벤지미다졸계(Benzimidazoles)	Albendazole, Benomyl, Carbendazole, Carbendazime, Febantel, Fenbendazole, Flubendazole, Mebendazole, Oxfendazole, Oxibendazole, Thiabendazole, Triclabendazole
	카바메이트계(Carbamates)	Bendiocarb, Carbamate, Carbaryl, Methomyl, Propoxur
	오가노클로린계(Organochlorines)	Lindane
	오가노-포스페이트계(Organo-phosphates)	Chlorpyrifos, Coumaphos, DDVP, Diazinon, Fenitrothion, Naled, Phosmet, Phoxim, Tetrachlorvinphos, Trichlorfon, Dichlorvos, Azamethiphos
	피레스로이드계(Pyrethroids)	Alphamethrin, Cyfluthrin, Cypermethrin, Deltamethrin, Fluvalinate, Tetramethrin
	피페라진계(Piperazines)	Piperazine, Pyrantel
	살리실아마이드계(Salicylamides)	Niclosamide, Oxyclozanide
	기타	Aluminium silicate, Cymiazole, Clorsulon, Chlorophenol, Closantel, Dichlorophene, Diethylcarbamazine, Diphenhydramine HCl, Nitroxynil, Amitraz, Methoprene, Difluron, Levamisole, Fluazuron, Imidacloprid, Oxythioquinox, Pyrimethamine, Morantel, Clipquinol, Cyromazine

자료 : 동물용 의약품 등 편람, 2001; 동물용 의약품 등 약효성분 분류집, 2004

표 5-7 동물용 의약품의 사용 목적에 따른 분류

분류	사용 목적	동물약품
생산성 향상약	가축, 가금 등의 경제적 생산성 향상	젖소의 유량 저하 방지용 요도카세인, 유량 증산용 BST 등
질병 예방약	감염증 발생 예방	백신 등
질병 방제약	집단 사육, 양식에서의 질병 예방 및 치료	사료첨가제, 음용수첨가제 등
질병 치료약	질병에 걸린 동물의 개체별 치료	주사제, 경구제 등
방역약	감염증 예방 목적의 동물 사육장, 방목장, 어장에 사용	소독제, 살충제 등

자료 : 식품의약품안전처, 식품 중 잔류동물용 의약품! 무엇이 궁금하세요?, 2008

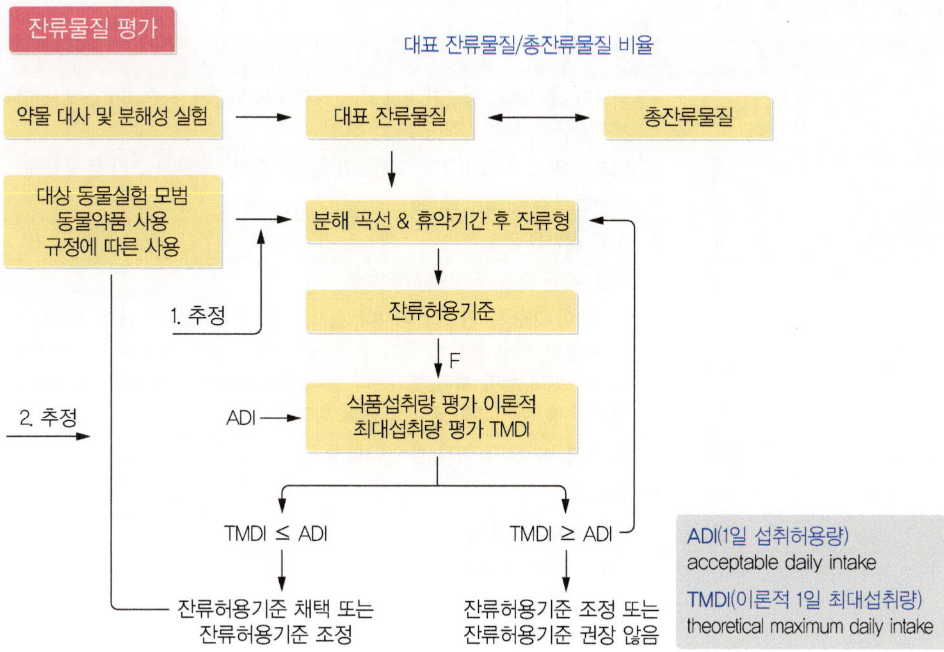

그림 5-5 JECFA 잔류허용기준 설정방법

자료 : 식품의약품안전처, 식품에 잔류하는 동물용 의약품의 안전관리!! 무엇이 궁금하세요?, 2015 (행정간행물 11-1471000-001706-14)

부여하여 잔류허용기준을 설정한다.

- 잔류허용기준 채택 : 설정된 동물용 의약품의 잔류허용기준은 국민 식품섭취량을 감안하여 산출된 이론적 1일 최대섭취량이 1일 섭취허용량을 넘지 않는 수준에서 설정하여 최종적으로 채택한다.

(2) 동물용 의약품의 잔류허용 식품

동물용 의약품의 잔류허용기준은 대부분 사용이 허가된 동물에 대하여 설정되어 있으며 일부 식품에 대해서는 국내에 유입되는 수입식품을 관리하기 위해 설정된 것도 있다. 현재 동물용 의약품 잔류허용기준 대상 식품은 표 5-8과 같다.

표 5-8 잔류허용기준 대상 식품

대분류	분류대상	식품
축산물	식육류	쇠고기, 돼지고기, 양고기, 염소고기, 토끼고기, 말고기, 사슴고기 등에 대하여 부위별(근육, 지방, 신장, 간)
	가금류	닭고기, 꿩고기, 오리고기, 거위고기, 칠면조고기, 메추라기고기 등에 대하여 부위별(근육, 지방, 신장, 간)
	유	우유, 산양유 등
	알	달걀, 메추라기알, 오리알, 타조알 등
수산물	어류	가다랑어, 가물치, 가오리, 가자미, 갈치, 고등어, 꽁치, 날치, 넙치, 노가리, 농어, 다랑어, 대구, 도루묵, 도미, 돔, 망둥어, 메기, 멸치, 미꾸라지, 민어, 방어, 뱀장어, 뱅어, 병어, 복어, 볼기우럭, 볼락, 붕어, 붕장어, 빙어, 삼치, 송어, 숭어, 연어, 우럭, 은어, 잉어, 장어, 참붕어, 향어 등
	갑각류	새우, 게, 바닷가재, 가재, 방게, 크릴 등
	패류	전복 등
기타	벌꿀	벌꿀, 로얄젤리, 화분 등

자료 : 식품의약품안전처, 식품에 잔류하는 동물용 의약품의 안전관리!! 무엇이 궁금하세요?, 2015 (행정간행물 11-1471000-001706-14)

(3) 동물용 의약품 중 허가되지 않는 약품

일부 약품 중에는 동물용 의약품으로 사용할 수 없도록 규제된 약품이 있다. 따라서 이러한 약품 등은 동물 치료에 사용할 수 없으며, 식품에서 검출되어서는 안 된다. 「동물용의약품취급규칙」 제8조 1항에서는 '안전성 및 유효성 문제성분 함유제제 등에 관한 규정(농림축산검역본부고시 제2013-31호)'을 명시하고 있다.

표 5-9 식품 중 검출되어서는 아니 되는 동물용 의약품

번호	식품[1] 중 검출되어서는 아니 되는 물질
1	니트로푸란[푸라졸리돈(Furazolidone), 푸랄타돈(Furaltadone), 니트로푸라존(Nitrofurazone), 니트로푸란토인(Nitrofurantoine), 니트로빈(Nitrovin) 등] 제제 및 대사물질[2]
2	클로람페니콜(Chloramphenicol)
3	말라카이트 그린(Malachite green) 및 대사물질
4	디에틸스틸베스트롤(Diethylstilbestrol, DES)
5	디메트리다졸(Dimetridazole)
6	클렌부테롤(Clenbuterol)
7	반코마이신(Vancomycin)
8	클로르프로마진(Chlorpromazine)
9	티오우라실(Thiouracil)
10	콜치신(Colchicine)

(계속)

번호	식품[1] 중 검출되어서는 아니 되는 물질
11	피리메타민(Pyrimethamine)
12	메드록시프로게스테론 아세테이트(Medroxyprogesterone acetate, MPA)
13	카바독스(Carbadox)
14	답손(Dapsone)
15	올라퀸독스(Olaquindox)
16	로니다졸(Ronidazole)
17	메트로니다졸(Metronidazole)

*1. 축산물 및 동물성 수산물과 그 가공식품에 한한다.

*2. 니트로푸라존의 대사물질인 세미카바자이드(Semicarbazide, SEM)는 비가열 축산물 및 동물성 수산물(단순절단 포함)의 가식부위에 한하여 적용한다.

자료 : 식품의약품안전처, 식품에 잔류하는 동물용의약품의 안전관리!! 무엇이 궁금하세요?, 2015 (행정간행물 11-1471000-001706-14)

3) 국내 유통 축·수산물 중 잔류 동물용 의약품 현황

2009년 국내 유통 축·수산물 중 잔류 동물용 의약품 모니터링 결과 1,305건 수거 검사 결과 99.8%가 안전한 것으로 나타났으며 0.2%가 부적합한 것으로 나타났다. 부적합한 항

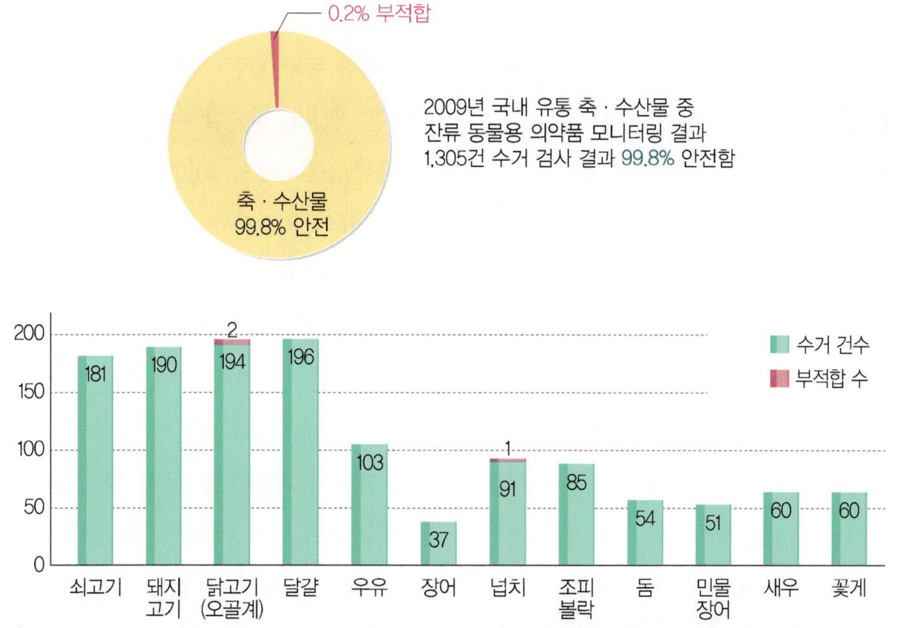

그림 5-6 2009년 국내 유통 축·수산물 중 잔류 동물용 의약품 모니터링

자료 : 식품의약품안전처, 식품 중 동물용 의약품 걱정하고 계십니까?, 2010

목은 닭고기 2건 및 넙치 1건인 것으로 조사되었다.

4) 동물용 의약품의 식품 잔류문제 해결 방안

식품에 잔류된 동물용 의약품의 문제를 해결하기 위해서는 축·수산물의 생산 및 유통 등에 관여하는 모든 사람이 함께 노력해야 한다. 농어민 등 생산자들은 동물용 의약품에 대한 충분한 지식을 가지고 휴약 기간을 준수해야 하며, 기록물을 잘 기록·관리하여 도살 시기 등을 결정해야 한다. 농장에서는 시설 등을 개선하여 질병의 발생 및 예방을 효율적으로 관리할 수 있도록 위생 수준을 향상시켜야 한다. 또한 잔류 물질이 남아 있는 주사기의 재사용 및 사료 생산 시 약품이 오염된 통의 재사용으로 인한 교차 오염이 일어나지 않도록 유의해야 한다.

4. 유전자변형식품

1) 유전자변형식품의 정의 및 개발방법

(1) 유전자변형식품의 정의 및 역사

유전자란 생물체가 가지고 있는 고유한 형태 및 성질 등과 같은 특성에 대한 정보를 가지고 있는 물질로 모든 생명체가 가지고 있으며 다음 세대로 전달할 수 있다. 이러한 유전정보의 단위로는 DNA(deoxyribonucleic acid)를 사용한다(김미라 등, 2010).

유전자변형이란 유용한 형질의 유전자를 다른 생물체의 유전자와 결합시키는 것을 말하며 유용한 형질이 강화된 생명체를 생산하는 데 목적이 있다.

유전자변형식품(genetically modified organism, GMO)은 기존의 식품 종자에 유용한 유전자를 인위적으로 결합시켜 유용한 특정 유전자를 강화한 식품이다(구난숙 등, 2008). 지금까지 개발된 유전자변형식품으로는 추위, 병충해, 해충, 제초제에 내성이 강한 품종을 얻어 생산량을 증대시키거나, 유통·가공상의 편의를 위하여 개발된 것 등이 있다. 유전자변형식품을 최초로 상품화한 것은 1994년 미국 칼진(Calgene) 사의 토마토인 플레이버 세이버(Flavr Savr)였고 이후 옥수수, 감자, 대두, 벼, 사탕수수, 치커리, 카네이션, 호박, 담배, 면화, 유채 등 15개 작물 70여 품종이 개발되었다(구난숙 등, 2008).

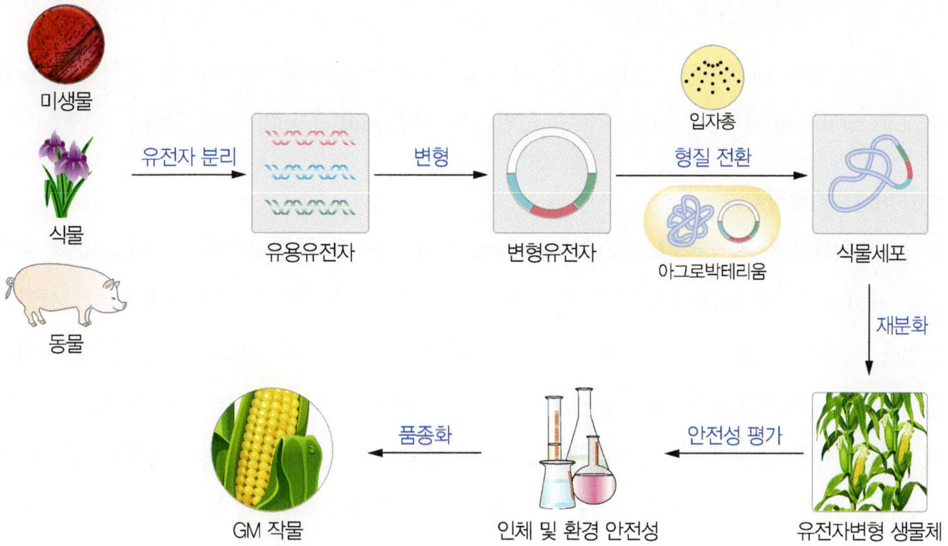

그림 5-7 유전자 변형방법

자료 : 식품의약품안전청, 유전자변형식품 전문교육 자료, 2009

유전자 검색

↓

유전자변형 기술 선정

↓

첫 번째 이식 유전자 생산
– 변형 세포, 변형될 식물의 이식 유전자조직 선택

↓

유전자 이식
– 단순 삽입 후 원하는 특성 발현 여부 확인

↓

변형된 특정 유전자 삽입
– 여러 세대에 걸친 역교배

↓

유전자변형 농작물의 상업적 생산을 위한 시험 생산

↓

유전자변형 종자의 상업적 대량 생산

그림 5-8 유전자변형식품의 개발방법

자료 : Sarad R. Parekh, Humana Press

(2) 유전자변형식품의 개발방법

유전자변형의 대표적인 방법으로는 아그로박테리움(*Agrobacterium*)법, 원형질체 융합(Protoplast fusion)법, 입자총(Particle-gun)법, 안티센스(Antisense)법 등이 있다.

① 아그로박테리움법

아그로박테리움(*Agrobacterium tumefaciens*)이란 식물에 근두암종병(crown gall)을 일으키는 세균으로, 이 세균의 유전자 중 일부(T1 영역)를 숙주식물의 유전자 속에 이입시키는 방법을 이용한 유전자변형법을 아그로박테리움(*Agrobacterium*)법이라 한다. 아그로박테리움법은 아그로박테리움이 가지고 있는 플라스미드(plasmid)의 T1 영역을 잘라내고 이 영역에 새로운 유용 유전자를 삽입하여 식물세포에 감염시킴으로써 식물에서 종양을 일으키는 유전자는 제거하고 이용하고자 하는 유용한 목표 유전자는 식물에 들어가도록 하는 방법이다(김미라 등, 2010; 야스다 세츠코, 1999).

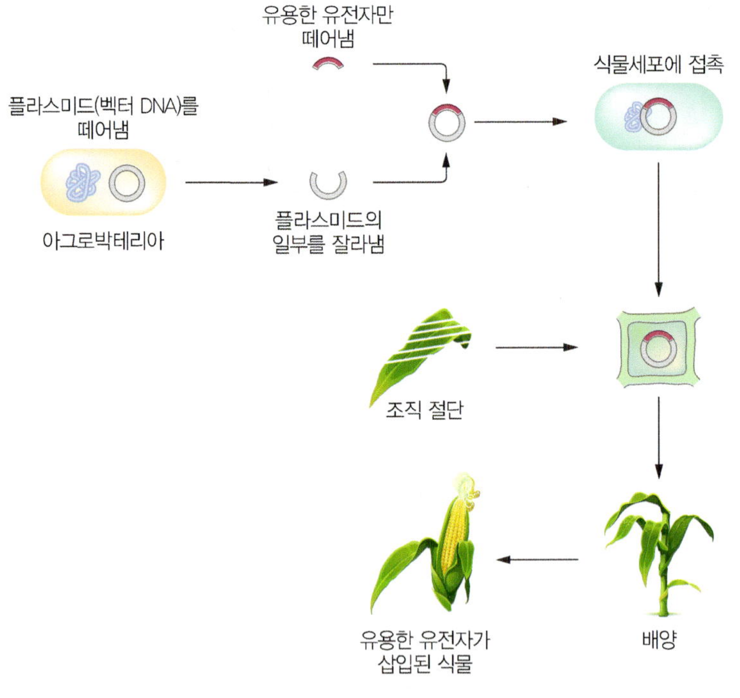

그림 5-9 아그로박테리움법

자료 : 식품의약품안전처

② 원형질체 융합법

원형질체 융합법이란 효소 또는 화학물질을 이용하여 식물체의 세포벽을 용해시켜 원하는 유전자를 쉽게 삽입하는 방법이다. 세포벽이 용해되어 세포벽이 없는 원형질체가 되면 전기적 충격 등을 주어 원하는 유전자를 삽입하거나 아그로박테리움법과 같이 일부 영역에 유용 유전자를 감염시켜 삽입할 수 있다(김미라 등, 2010; 야스다 세츠코, 1999).

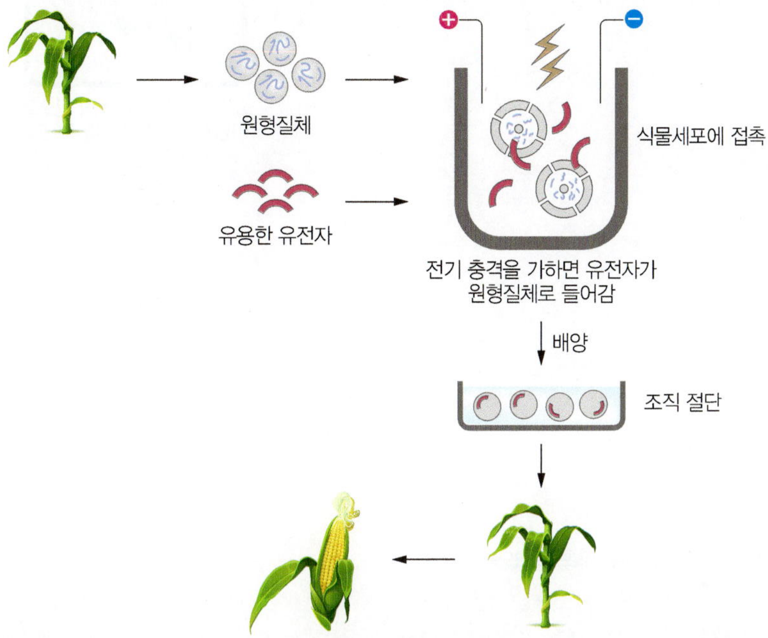

그림 5-10 원형질세포법

자료 : 식품의약품안전처

③ 입자총법

입자총법이란 변형된 유전자를 금 또는 텅스텐 등의 금속미립자에 코팅하여 고압 가스 등의 물리적인 힘으로 식물세포에 삽입하는 방법이다. 금속미립자로 코팅한 변형 유전자를 고압 가스로 식물체의 잎 절편 또는 세포에 밀어 넣어 목적 유전자가 식물 세포 염색체에 접촉함으로써 세포 내로 들어가게 된다(김미라 등, 2010). 이때 목적 유전자가 숙주 유전자의 어느 부분에 삽입되었는지 알 수 없다는 단점이 있지만 벼 등과 같이 세포벽이 두꺼워 유전자를 넣기 어려운 식물의 경우 이 입자총법을 사용하면 고압 가스와 화약으로 총을 쏘는 것과 같은 방법으로 목적 유전자를 쏘아 넣기 때문에 딱딱한 세포벽도 관통시킬 수 있

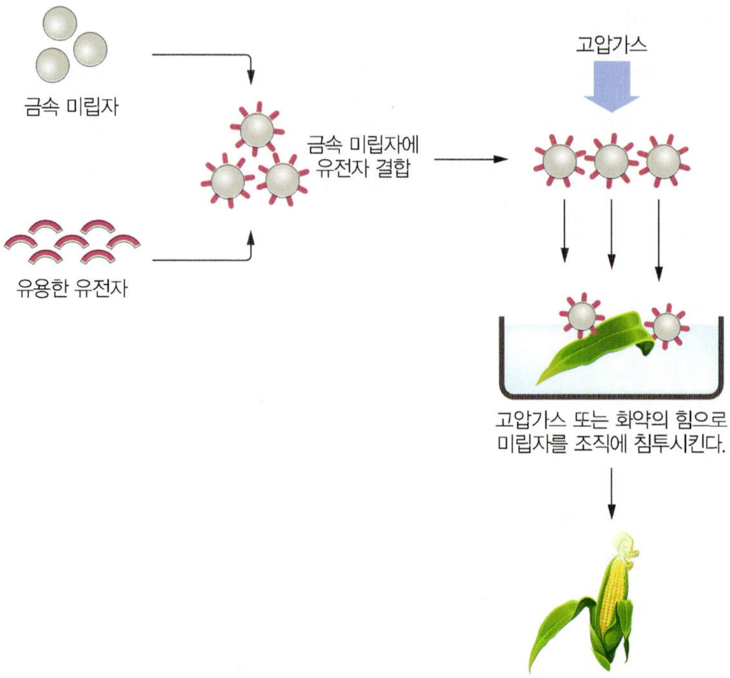

그림 5-11 입자총법

자료 : 식품의약품안전처

다는 장점이 있다(야스다 세츠코, 1999).

④ 안티센스법

안티센스법은 식물 속에 있는 유전자 중 원하지 않는 유전자의 작용을 억제하는 방법으로 최초의 유전자변형식품으로 인정받은 토마토 플레이버 세이버가 이 방법에 의해 개발되었다.

2) 유전자변형식품의 개발 동향 및 수입 현황

(1) 유전자변형식품의 개발 동향

칠턴(Chilton) 등은 1977년 병원성 세균인 *Agrobacterium tumefaciens*를 이용하여 세균의 유전자 중 특정 부위가 식물의 세포로 전이될 수 있다는 것을 발견하였다. 이를 통해 칠턴은 원하는 유전자를 식물 속에 삽입하고 식물의 특성을 변화시킬 수 있다는 것을 밝혀냈다. 이후 항생제 저항성 및 제초제 내성을 가진 담배와 페튜니아가 개발되었고 목화, 콩,

표 5-10 유전자변형 농작물의 형질 변환 목적

형질 변환의 목적	주요 농작물
제초제 내성	옥수수, 쌀, 목화, 카놀라, 치커리, 카네이션, 대두, 아마, 담배
해충 내성	목화, 토마토, 감자, 옥수수
Oil modification	카놀라
Male sterility(웅성불임)	카놀라, 대두
Fertility restoration	카놀라, 치커리, 옥수수
과숙 지연	멜론, 토마토
바이러스 내성	파파야, 호박, 감자
백신 효과	감자
영양 성분 강화	쌀, 토마토
알레르기성 물질 제거	콩

자료 : Sarad R. Parekh, Humana Press

벼, 옥수수, 밀 등의 농작물에서 형질전환이 이루어져 유전자변형식품이 개발되었다.

유전자변형식품 중 무르지 않는 토마토인 '플레이버 세이버'는 1994년 미국의 칼진이라는 회사가 판매한 제품으로 유전자변형식품 중 최초로 상업적 판매가 허용된 제품이다. 이 플레이버 세이버 토마토는 안티센스법을 이용하여 토마토가 가지고 있는 유전자의 작용을 억제함으로써 저장 기간을 연장한 제품이다. 즉, 토마토는 익으면서 폴리갈락트로네이스(polygalacturonase)라는 효소에 의해 토마토 내부에 생성된 펙틴을 분해하고 이로 인해 토마토가 물러지는데 이 폴리갈락트로네이스 효소를 만드는 유전자의 작용을 억제시킴으로써 토마토가 무르는 것을 막고 저장 기간을 연장하였다. 플레이버 세이버 토마토의 안전성 확인 실험은 진행되었으나 실패한 것으로 알려져 있다. 동물실험을 진행하는 데 있어서 많은 어려움이 있었는데, 즉 쥐가 토마토를 싫어해 영양실조에 빠져 버려 이 토마토를 장기간 먹어도 안전한지를 증명할 수 없었다. 또한 이 토마토는 가격이 비싸고 맛이 좋지 않아서 실패작으로 끝났다(야스다 세츠코, 1999).

그 후 제초제 저항성을 가진 콩 라운드업 레디(roundup ready)와 해충 저항성을 가진 옥수수 일드 가드(yield gard), 목화 볼가드(bollgard)도 상품화되었다. 그 외에도 바이러스 내성, 영양 성분 변형 등의 특성을 가진 농작물의 연구도 진행되었다.

(2) 유전자변형식품의 수입 현황

국내에서 수입하고 있는 유전자변형식품으로는 대두, 옥수수, 면실 등이 있으며 미국으로부터 수입하는 양이 가장 많은 비중을 차지하고 있다. 현재 전 세계적으로 유전자변형 농

표 5-11 국내 수입 유통 현황

(단위 : 만 톤)

구분		2006	2007	2008
옥수수	유전자변형식품	0 (0%)	0.01 (0.005%)	79 (54%)
	일반	185 (99.99%)	195 (99.985%)	68 (46%)
콩	유전자변형식품	89 (79%)	103 (79%)	93 (77%)
	일반	24 (21%)	27 (21%)	28 (23%)

자료 : 식품의약품안전처, 유전자변형식품 정보

표 5-12 유전자변형식품의 종류

유전자변형식품의 수입 및 연구 현황	유전자변형식품의 종류
국내에 수입되는 유전자변형식품 (국내에서 재배되지 않음)	대두, 옥수수, 카놀라
국내외에서 유전자변형 개발 중인 작물 (상업적 재배는 이루어지지 않음)	벼, 귤, 박
국내 유전자변형 개발 식품 (상업적 재배는 이루어지지 않음)	담배, 배추, 고추
해외 유전자변형 개발 식품 (상업적 재배는 이루어지지 않음)	마, 밀, 사탕수수, 보리, 카사바, 해바라기, 클로버, 완두콩, 상추, 들깨, 오이, 콜리플라워, 브로콜리, 시금치, 양배추, 당근, 가지, 양파, 멜론, 딸기, 수박, 체리, 망고, 코코넛, 머스터드, 땅콩, 치커리, 루핀, 올리브, 팜유, 바나나, 파인애플, 사과, 포도, 자두
해외 상업화되었지만 우리나라에서는 비의도적 혼입만 허용하는 유전자변형식품	알팔파
해외에서 유전자변형식품으로 개발되어 유통되다가 상업적 재배를 중단한 식품 (우리나라에서는 비의도적 혼입만 인정)	감자
현재 유전자변형식품의 국내 수입 및 재배 불가 작물	토마토, 호박, 피망, 파파야

자료 : 식품의약품안전처, 유전자변형식품(GMO) 정보

산물의 생산량이 해마다 증가하고 있으며 우리나라에서의 수입량 또한 증가하고 있다.

3) 유전자변형식품의 안전성 평가

유전자변형식품은 식품의약품안전처로부터 안전성을 반드시 승인받아야 하며, 안전성 평가 심사방법은 「유전자변형식품 등의 안전성 심사 등에 관한 규정(식품의약품안전처 고시 제2014-203호 (2014. 12. 30. 개정)」에 따른다.

안전성 평가는 발현 물질, 주요 성분의 조성 분석, 대사산물의 평가, 식품가공, 영양학적

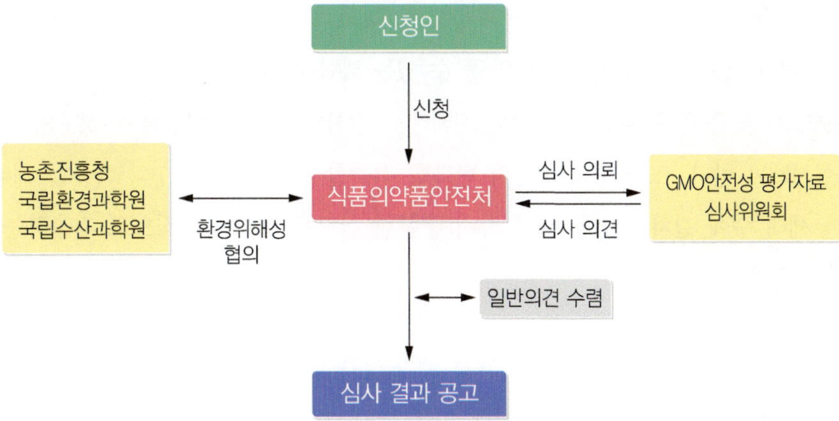

그림 5-12 국내 유전자변형식품의 안전성 평가 절차

자료 : 식품의약품안전처

인 변화 등 크게 다섯 부분으로 나누어 평가된다.

(1) 발현 물질(비핵산 물질)

① 독성 평가

유전자변형식품의 독성 평가를 시행할 경우 유전자변형으로 인한 새로운 발현 물질의 화학적 성질이나 기능을 고려하여 평가해야 한다. 이때 물질의 농도는 유전자변형 식물의 가식 부위에서의 평균치와 편차를 포함해서 밝혀야 하며 식사에 의한 노출과 영향을 검토해야 한다. 유전자변형으로 인하여 생성되는 새로운 물질에 대해서는 섭취에 의한 독성시험을 해야 하며 경우에 따라 대사물, 독성 동태, 아만성 독성, 만성독성, 발암성, 생식·발생 독성에 관한 시험 등을 해야 한다. 식물 속 신물질의 분리 또는 기원이 다른 물질의 합성이나 생성이 필요한 경우에는 유전자변형 식물에서 생성된 물질이 생화학적·구조적·기능적으로 기존의 식물 것과 같음을 증명해야 한다.

② 단백질의 알레르기 유발

유전자변형으로 인하여 도입된 유전자에 기인하는 단백질이 식품에 함유되는 경우, 이에 대한 알레르기 유발성을 평가해야 한다. 신규 발현 단백질의 알레르기 유발성 평가는 한 가지 기준만으로는 충분히 판단할 수 없으므로 다양한 기준을 조합해서 판단해야 하며, 특히 곡물은 글루텐 과민성 장질환의 유발과 연관성을 평가해야 한다. 그 밖의 알레르기 유발성 평가의 세부 항목은 CODEX 지침에 나와 있다.

(2) 주요 성분의 조성 분석

유전자변형식품에 건강에 큰 영향을 줄 수 있는 화합물이나 알레르겐 등과 같은 특정 성분의 농도가 높을 경우 같은 조건에서 재배해서 수확한 기존의 대응물과 성분의 농도 분석을 실시해야 한다. 또한 주요 성분의 변화를 검출할 경우 충분한 수의 식물을 채취하여 충분한 세대 수에 걸쳐 실험을 해야 하며 충분한 감도를 갖고 특이적으로 검출하는 분석방법을 이용해야 한다.

(3) 대사산물의 평가

유전자변형식품 내에는 유전자 변형에 의해 식품 중 신규 대사산물이 생성되거나 대사산물의 양이 변할 수 있다. 따라서 인체 건강에 유해한 영향을 미칠 우려가 있는 식품에 대해서는 대사산물의 축적 가능성을 고려해야 하며 식품 중 잔류물질 및 대사산물의 양을 조사하거나 영양학적 변화에 대한 평가를 해야 한다.

(4) 식품가공

유전자변형식품의 경우 조리 및 가공으로 인한 잠재적 영향도 검토해야 한다. 예를 들면, 유전자변형식품을 가공한 후 내인성 독소의 열안정성이 나타나거나 중요한 영양소의 생체이용률에 변화가 일어날 수 있기 때문에 추출과정이나 정제단계 등에 관한 정보가 제공되어야 한다.

(5) 영양학적 변화

식품의 영양 성분을 질적 또는 기능적 면에서 의도적으로 개선하기 위하여 개발된 유전자변형식품은 섭취 시 영양소 섭취의 과도한 변화가 초래될 가능성이 있으므로 이를 판단하기 위하여 새로운 영양 평가를 실시해야 한다. 이러한 식품은 예상섭취량을 이용하여 통상의 소비량과 최대소비량의 두 가지 경우에 대해 변형된 영양 특성을 평가해야 하며 유아·소아·임산부·수유부·고령자·만성질환 및 면역계 질환자 등 특정 집단에서의 생리학적 특징 또는 대사 조건에 주목하여 평가해야 한다.

4) 그 밖의 검토사항

(1) 인체 건강에 중대한 의미를 가지는 물질이 축적될 가능성

유전자변형으로 인해 개발된 식물에서 잔류농약, 변화된 해당 잔류물질의 대사산물, 독소 대사산물, 오염물질, 그 외 인체 건강에 영향을 줄 우려가 있는 물질을 간접적으로 축적할 가능성을 일으키는 형질(제초제 내성 등)을 나타내는 경우, 사람에 대한 화학물질의 안전성을 평가하여 화합물의 안전성을 확립해야 한다.

(2) 항생물질 내성 선발표지유전자의 사용

임상치료로만 사용하기 위한 항생물질에 대해 내성이 있는 유전자를 유전자변형식품에 사용해서는 안 된다. 또한, 항생물질에 대한 내성을 암호화할 수 있는 유전자에 의해 생성된 효소 또는 단백질이 식품에 존재할 경우, 이 항생물질의 치료 효과가 저감화되는지 여부를 확인하여야 한다. 뿐만 아니라 항생물질에 대한 내성을 표지하는 유전자 또는 유전자 산물의 존재가 인체 건강에 위해를 나타낼 경우 이 선발표지유전자 또는 유전자 산물이 식품에 존재해서는 안 된다.

(3) 안전성 평가의 검토

안전성 평가는 기존 식품에 비해 유전자변형식품의 영양소의 양이나 영양가의 변화가 식사에 미치는 영향을 고려하여 안전한지를 판정해야 하며 새로운 과학적 정보에 비추어 실시해야 한다.

5) 유전자변형식품의 관리 및 표시

유전자변형식품을 관리하기 위해서 각 국가에서는 표시제도 등 관리기준을 제시하고 있다. 우리나라에서도 소비자에게 올바른 정보를 제공하여 알 권리와 선택할 권리를 보장하기 위하여 유전자변형식품 등의 표시기준을 다음과 같이 마련하였다. 식품의약품안전처에서는 '유전자재조합식품' 또는 '유전자변형식품'과 같이 다양하게 사용되던 용어를 2014년 '유전자변형식품'으로 통일하고 규정에 반영하였다.

농산물의 경우 「농수산물품질관리법 시행령」에 따른 '유전자변형농산물 표시요령(식품의약품안전처고시 제2013-143호)'을, 가공식품의 경우 「식품위생법」에 따른 '유전자변형식품 등의 표시기준(식품의약품안전처고시 제2014-114호)'을 법적 근거로 한다.

(1) 표시대상

'유전자변형식품 등의 표시기준(제2014-114호)'에서는 유전자변형식품 표시대상을 다음과 같이 규정하고 있다.

제3조 (유전자변형식품 등의 표시대상)

① 유전자변형식품 등의 표시대상은 다음 각 호와 같다.

1. 「식품위생법」 제18조에 따른 안전성 심사 결과 식품용으로 승인된 유전자변형농수산물과 유전자변형생물체
2. 제1호의 유전자변형농수산물이나 유전자변형생물체를 주요 원재료로 한 가지 이상 사용하여 제조 가공한 식품 또는 식품첨가물 중 제조 가공 후에도 유전자변형 DNA 또는 유전자변형단백질이 남아 있는 식품 또는 식품첨가물(이하 "유전자변형식품"이라 한다)

② 제1항 제2호에 따른 표시대상은 다음 각 호의 어느 하나에 해당하는 유전자변형식품으로 하며, 표시대상의 분류는 「식품위생법」 제7조에 따른 '식품의 기준 및 규격', '식품첨가물의 기준 및 규격'과 「건강기능식품에 관한 법률」 제14조에 따른 '건강기능식품의 기준 및 규격'에 의한다.

1. 규격외 일반가공식품 중 콩 또는 콩가루를 사용한 두류가공품
2. 규격외 일반가공식품 중 옥수수 또는 옥수수가루를 사용한 곡류가공품
3. 장기보존식품 중 콩을 사용한 통·병조림, 레토르트, 냉동식품
4. 장기보존식품 중 옥수수를 사용한 통·병조림, 레토르트, 냉동식품
5. 과자류 중 과자
6. 빵 또는 떡류
7. 두부류 또는 묵류 중 두부, 전두부, 유바, 가공두부
8. 음료류 중 두유류
9. 특수용도식품
10. 장류 중 메주, 한식된장, 된장, 조미된장, 고추장, 조미고추장, 청국장, 혼합장
11. 조림식품
12. 기타식품류의 전분류 중 옥수수전분
13. 기타식품류 중 팝콘용 옥수수가공품
14. 기타 콩, 옥수수, 면화, 유채, 사탕무(이를 싹틔워 기른 콩나물, 새싹채소 등을 포함)를 주요 원재료로 사용한 식품 및 건강기능식품
15. 식품첨가물 중 옥수수전분 등을 사용한 혼합제제류
16. 그 밖에 제1호부터 제15호까지의 식품을 주요 원재료로 사용한 식품 및 건강기능식품

(2) 표시 의무자

제4조(유전자변형식품 등의 표시의무자) 유전자변형식품 등의 표시의무자는 다음 각 호와 같다.

1. 유전자변형농수산물 : 유전자변형농수산물을 생산하여 출하·판매하는 자, 또는 판매할 목적으로 보관·진열하는 자
2. 유전자변형생물체 : 유전자변형생물체를 개발·생산 또는 수입하는 자
3. 유전자변형식품 : 「식품위생법 시행령」 제21조에 따른 식품제조·가공업, 즉석판매제조·가공업, 식품첨가물제조업, 식품소분업, 유통전문판매업 또는 식품 등 수입판매업 영업을 하는 자 및 「건강기능식품에 관한 법률시행령」 제2조에 따른 건강기능식품제조업, 건강기능식품수입업 또는 건강기능식품유통전문판매업 영업을 하는 자

(3) 유전자변형식품 표시와 방법

제5조(표시사항) 유전자변형식품 등의 표시사항은 다음 각 호와 같다.

1. 유전자변형농수산물
   가. 유전자변형농수산물에 해당한다는 사실
   나. 유전자변형농수산물을 포함하거나 또는 포함 가능성이 있다는 사실
2. 유전자변형생물체
   가. 유전자변형생물체의 명칭, 종류·용도 및 특성
   나. 유전자변형생물체의 안전한 취급을 위한 주의사항
   다. 유전자변형생물체의 개발자 또는 생산자, 수출자 및 수입자의 성명, 주소 및 연락처(전화번호 등)
   라. 유전자변형생물체에 해당한다는 사실
   마. 환경방출로 사용되는 유전자변형생물체 해당여부
3. 유전자변형식품
   가. 유전자변형식품에 해당한다는 사실
   나. 유전자변형식품을 포함하거나 또는 포함 가능성이 있다는 사실

제6조(표시방법) 유전자변형식품 등의 표시방법은 다음 각 호와 같다.

1. 표시는 한글로 표시하여야 한다.
2. 표시는 지워지지 아니하는 잉크·각인 또는 소인 등을 사용하거나 떨어지지 아니하는 스티커 또는 라벨지 등을 사용하여 소비자가 쉽게 알아볼 수 있도록 해당 용기·포장 등의 바탕색과 뚜렷하게 구별되는 색상으로 10포인트 이상의 활자 크기로 선명하게 표시하여야 한다.
3. 유전자변형농수산물을 포장하지 아니하고 낱개 또는 산물(散物)의 형태로 판매하는 경우에는 푯말, 안내표시판 등으로 판매장소에 표시하여야 한다. 다만, 최종 소비자에게 판매하지 않는 경우에는 송장(送狀) 등 거래증명서에 표시할 수 있다.
4. 유전자변형농수산물 중 살아 있는 수산물의 경우에는 보관시설(수족관 등)에 유전자변형을 하지 않은 수산물과 섞이지 않도록 구분·구획하여 푯말, 안내표시판 등으로 표시한다. 다만, 최종 소비자에게 판매하지 않는 경우로서 컨테이너 또는 수조차량 등에 담겨 있어 표시가 어려운 때에는 송장(送狀) 등 거래증명서에 표시할 수 있다.
5. 유전자변형생물체가 모선 또는 컨테이너 등에 선적 또는 적재되어 있는 화물(Bulk) 상태로 수입 또는 판매되는 경우에는 표시사항을 신용장(L/C) 또는 상업송장(Invoice)에 표시하여야 하고, 국내 유통을 할 때나 마대, 비닐봉지, 캔 등의 포장단위로 수입되는 경우에는 유통·판매를 위한 포장단위별로 각각의 용기·포장의 겉면에 표시하여야 한다.
6. 유전자변형생물체가 화물차량 등에 적재된 화물 상태로 국내 유통되는 경우에는 운송장 등에 표시하여야 한다.

제7조(세부표시기준 등) 유전자변형식품 등의 세부표시기준은 다음 각 호와 같다.

1. 유전자변형농수산물
   가. 유전자변형농수산물의 표시는 "유전자변형 ㅇㅇ(농수산물 품목명)"으로 표시하고, 유전자변형농산물로 생산한 새싹채소의 경우에는 "유전자변형 ㅇㅇ(농산물 품목명)으로 생산한 ㅇㅇ(새싹채소명)"으로 표시하여야 한다.
   나. 유전자변형농수산물이 포함된 경우에는 "유전자변형 ㅇㅇ(농수산물 품목명) 포함"으로 표시하고, 유전자변형농산물이 포함된 농산물로 생산한 새싹채소의 경우에는 "유전자변형 ㅇㅇ(농산물 품목명)으로 생산한ㅇㅇ(새싹채소명) 포함"으로 표시하여야 한다.
   다. 유전자변형농수산물이 포함되어 있을 가능성이 있는 경우에는 "유전자변형 ㅇㅇ(농수산물 품목명) 포함 가능성 있음"으로 표시한다. 다만, 유전자변형농산물이 포함되어 있을 가능성이 있는 농산물로 생산한 새싹채소의 경우에는 "유전자변형 ㅇㅇ(농산물 품목명)으로 생산한 ㅇㅇ(새싹채소명) 포함 가능성 있음"으로 표시할 수 있다.
2. 유전자변형생물체
   가. 유전자변형생물체의 표시사항 중 명칭은 "유전자변형 ㅇㅇ(생물체 품목명)"으로, 종류는 "유전자변형ㅇㅇ(농산물,수산물 등 생물체 종류)"로, 용도는 "식품용"으로 표시하고, 특성은 "제초제내성, 해충저항성, 가뭄저항성, 지방산조성변화 등" 승인받은 해당 특성을 표시한다.
   나. 유전자변형생물체의 안전한 취급에 관한 주의사항은 운송 등 취급과정에서 환경유출이 되지 않도록 관리하여야 한다는 사항과 비의도적으로 환경 유출된 경우에 조치하여야 하는 사항 등을 포함하여 표시하여야 한다.

(예시) "유전자변형생물체인 ㅇㅇ(생물체 품목명)는 하역·운송·저장·포장 등 취급과정에서 다른 생물체와 섞이거나 외부유출이 되지 않도록 하여야 한다. 만약 부득이한 사정 등으로 유전자변형생물체가 비의도적으로 환경에 유출된 경우에는 즉시 관할 ㅇㅇ지방식품의약품안전청장(이하 "ㅇㅇ지방청장"이라 한다)에게 신고하고 지방청장의 지시에 따라야 한다." 등의 표시

3. 유전자변형식품
  가. 유전자변형식품의 표시는 해당 제품의 주표시면에 "유전자변형식품" 또는 "유전자변형 ㅇㅇ포함식품"이나 "유전자변형식품첨가물" 또는 "유전자변형 ㅇㅇ포함식품첨가물"로 표시하거나 제품에 사용된 유전자변형식품 등의 원재료명 바로 옆에 괄호로 "유전자변형" 또는 "유전자변형된 ㅇㅇ"으로 표시하여야 한다.
  나. 유전자변형여부를 확인할 수 없는 경우는 해당 제품 주표시면에 "유전자변형 ㅇㅇ포함 가능성 있음"으로 표시하거나 제품에 사용된 해당 제품 원재료명 바로 옆에 괄호로 "유전자변형 ㅇㅇ포함 가능성 있음"으로 표시할 수 있다.

제8조(표시사항의 적용특례) 다음 각 호의 어느 하나에 해당하는 경우에는 제5조 및 제6조의 규정에도 불구하고 다음과 같이 표시할 수 있다.

1. 유전자변형농산물이 3퍼센트 이하로 포함된 경우에는 "유전자변형농산물"이란 표시를 하지 아니할 수 있다. 다만, 이 경우 구분유통증명서·정부증명서 또는 검사성적서를 갖추어야 한다.
2. 수입하고자 하는 식품 또는 식품첨가물이 제3조 제2호에 따른 표시관리대상식품이나 구분유통증명서·정부증명서를 제출하지 못하는 경우로서 해당 제품을 검사하여 검사결과 유전자변형 DNA가 전혀 남아 있지 않음을 입증한 검사성적서를 제출하는 때에는 "유전자변형식품"이란 표시를 하지 아니할 수 있다.
3. 유전자변형농수산물을 그물망 또는 무포장으로 엮거나 묶은 상태의 경우로 판매하는 경우에는 표찰 또는 꼬리표 등으로도 표시할 수 있다.
4. 유전자변형생물체의 명칭 등에 대해서는 필요한 경우 원문 또는 영문을 사용할 수 있고, 개발자 또는 생산자, 수출자 및 수입자와 관련된 사항의 표시는 해당 제품 수출국(생산국)의 언어로 표시할 수 있다.
5. 즉석판매제조·가공업의 영업자가 자신이 제조·가공한 유전자변형식품을 진열 판매하는 경우로서 유전자변형식품 표시사항을 진열상자에 표시하거나 별도의 표지판에 기재하여 게시하는 때에는 개개의 제품별 표시를 생략할 수 있다.
6. 두부류를 운반용 위생상자를 사용하여 판매하는 경우로서 그 위생상자에 유전자변형식품 표시사항을 표시하거나 별도의 표지판에 기재하여 게시하는 때에는 개개의 제품별 표시를 생략할 수 있다.

6) 유전자변형식품의 공인 검사법

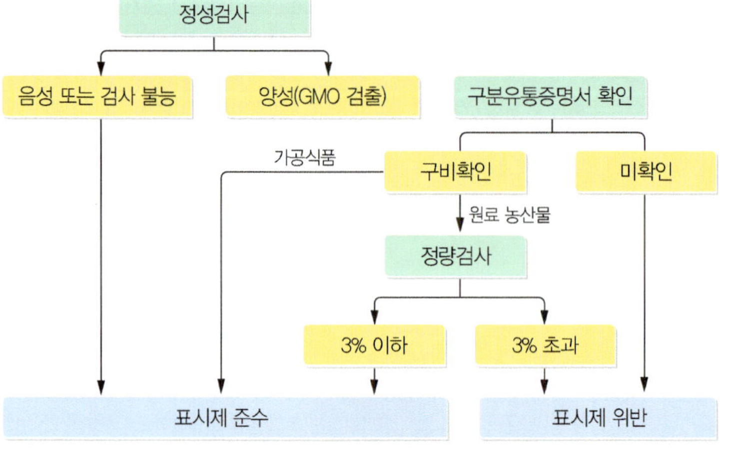

그림 5-13 유전자변형식품의 검사 절차

자료 : 식품의약품안전처

5. 방사선 조사

1) 식품산업에 이용되는 방사선의 종류 및 특성

(1) 방사선 종류와 특성

방사선은 방사성 동위원소가 방출하는 α, β, γ선 외에도 기계적으로 발생되는 X선, 전자가속기에서 나오는 전자선, 원자로에서 만들어지는 중성자선 등이 있다.

방사선 식품조사란 감마선, 전자선, X선을 이용한 식품의 처리를 말하며 사전적 의미의 방사선 식품조사 기술은 식품 완제품 또는 식품재료를 본래 상태에 가깝게 보존하거나 위생적 품질을 생산할 목적으로 식품(피조사체)에 특정 방사선 에너지를 일정 시간 노출시켜 살균, 살충, 생장 조절, 물성 개선 등의 효과를 거두는 기술이다.

방사선 에너지는 식품을 통과할 때 원자나 원자단, 분자를 전리시켜 이온을 생성하게 되며, 이러한 특징을 지닌 방사선을 전리방사선 또는 이온화 방사선이라 하며, 감마선, X선, 전자선, 자외선 등이 이 범주에 포함된다. 현재 FAO, WHO, IAEA와 CODEX에서 식품에 이용할 수 있다고 밝힌 방사선은 감마선, 전자선 및 X선이다. 식품에 대한 방사선 조사량은 방사선 흡수선량으로 나타내고, 그 단위는 gray(Gy)가 사용된다(1 Gy=100 rad=1 joule/kg)(하야시 토오루, 2009).

방사선의 생물적 작용 메커니즘은 직접 작용설과 간접 작용설로 설명할 수 있다. 먼저 직접 작용설은 생물체의 세포나 그 밖의 표적 물질에 방사선 에너지가 직접 작용하여 분자 내 유효한 전리작용을 일으켜 생물학적 불활성화를 야기시키는 것을 말한다. 간접 작용설은 생체 내에 세포구조를 둘러싸고 있는 물이나 전리 생성물이 2차적으로 세포에 필요한 물질(유전자, 효소 등) 또는 그 구조에 화학적 변화를 일으켜 간접적으로 생물학적 불활성화를 나타내는 것을 말한다. 일반적으로 식품과 같은 생물체에서 유래된 피조사체에 대한 방사선의 작용은 위의 작용이 동시에 일어나며, 피조사체 식품의 수분 함량, 숙도, 저장기간, 항산화성 물질, 조사 시 온도, 조사 시 산소 존재 여부 등에 의해 방사선의 생물학적 작용이 상이하게 나타난다(Cuero et al., 1987).

식품산업에 이용되는 방사선 에너지의 특징을 살펴보면 현재 이용률이 가장 높은 감마선의 경우 방사성 동위원소인 ^{60}Co와 ^{137}Cs에서 발생되며 우수한 투과력을 지니고 있어서 식품을 포장한 상태에서 살균, 살충 효과를 거둘 수 있고 재포장에 따른 2차 오염 위험이 없다(Thayer et al., 1994). 전자선은 감마선에 비해 투과력이 약하여 적용 범위가 제한되지만 식품의 표면살균에 이용할 수 있다. 또한, 방사선 식품조사는 에너지 소요량이 적은 장점을 가지고 있고(Ito and Islam, 1994), 방사선 처리식품의 내부온도 상승이 거의 없으며 식품의 물성, 영양 및 관능적 품질의 변화를 최소화할 수 있는 장점이 있다. 10 kGy 적용 시 2.4℃ 정도의 낮은 온도 상승이 일어나 냉장, 냉동 식품의 위생화 처리에 유리하다(WHO, 1981).

(2) 미생물의 방사선 조사 감수성과 생물학적 영향

방사선은 미생물에 매우 다양한 화학적 변화를 발생시키는데 일반적으로 방사선에 대한 표적은 DNA이다(Hutchinson and Arena, 1960; Gordy et al., 1965). DNA에 대한 방사선의 직접효과는 DNA 분자 자체의 파괴에 의하여 이루어지고 간접효과는 주변 환경을 이루는 물 분자를 수소 분자, 수산 래디칼(radical), 수용성 전자와 같은 radical로 전환시키는 작용에 의하여 이루어진다. 특히 수산 radical은 DNA분자의 수화 경계면에서 90% 정도의 손상율을 차지하며 미생물의 방사선 감수성에 가장 큰 영향을 미치는 요소이다. 직접적인 DNA의 손상은 푸린(purine)과 피리미딘(pyrimidine) 염기, 데옥시라이보스(deoxyribose)의 화학적 변환을 유도하여 DNA 단일사슬의 포스포다이에스터(phosphodiester) 결합이나 DNA의 이중나선 결합구조를 변형시키며 나타난다(Hutchinson and Arena, 1960; Tanooka and Hutchinson, 1965; Zerial et al., 1978).

방사선은 세포막에도 작용하여 미생물의 방사선에 의한 감수성에 부가적으로 영향을 준다. 그러나 방사선 조사에 의한 미생물의 반응 정도는 미생물 고유의 방사선 감수성과 미생물이 노출되어 있는 외부환경에 의해 좌우된다(Kempe, 1960; Colins et al., 1996; Byun et al., 1998).

① 미생물의 방사선 감수성 계산

방사선 조사에 대한 미생물의 감수성은 미생물의 개체 수를 90% 감소시키는 데 필요한 방사선량(D_{10}-값)으로 표시한다(변명우 외, 2000).

$$D_{10} = \frac{\text{Dose}}{(\log N_0 - \log N)}$$

여기서 N_0는 초기 미생물 수이고, N은 방사선 조사 후 생존 미생물의 수이다.

(3) 방사선 조사 기술의 활용 범위

방사선 조사식품에 관한 대부분의 연구는 주로 ① 농산물의 발아, 발근 억제, ② 농산물의 해충 구제, ③ 농·축산물의 기생충 사멸, ④ 농산물의 숙도 조절, ⑤ 저장 수명 연장 등 농산물의 보존과 국제교역에서의 안전성 확보의 목적으로 이루어졌다(윤요한 외, 2009).

방사선 식품조사 기술은 기존의 살균 기술들에 비하여 식품 고유의 특성 변화를 가장 최소화할 수 있는 기술이다. 하지만 조사선량, 식품의 종류 등에 따라 어느 정도의 품질 변화가 일어난다. 그렇기 때문에 제어하는 수준, 대상 미생물, 식품의 특성 등에 따라 조사선량을 조절하여야 한다(변명우와 이주운, 2003).

식품산업에서 방사선 조사 기술은 유해 생물의 사멸에 의한 식품의 위생화, 식량자원의 장기보존, 검역관리 기술, 식품 및 생명공학 분야에서 공정 개선 및 가공 기술로서 활발히 사용되고 있다(표 5-13).

표 5-13 주요 식품군의 방사선 조사 목적 및 유효선량

주요 식품군	조사선량(kGy)	주요 목적 및 효과
육류, 가금육, 어패류, 채소 및 기타 신선식품을 이용한 특수 영양식품, 무균식품 등	20~70	상업적 완전살균 멸균 처리 후 상온 보존
향신료	8~30	미생물 유효한 감균 및 곤충 사멸 화학살균 살충 대체
육류, 가금육, 어패류	1~10	병원성 미생물 살균 및 부패 방지
딸기 등 과채	1~4	곰팡이 제거로 보존성 연장
곡류, 과일, 채소	0.1~1	해충 제거
바나나, 아보카도, 망고 등	0.25~0.35	숙성 지연
돼지고기	0.08~0.15	선모충 제거
감자, 양파, 마늘	0.05~0.15	발아 억제

자료 : 윤요한 외, 2009

2) 방사선 조사식품의 국외 현황 및 방사선 식품조사

(1) 국외 현황

방사선 조사식품의 안전성은 지난 50년간 다양한 국제기구와 선진국 위주로 체계적으로 연구되었으며 국제방사선 조사전문가위원회(International Consultative Group on Food Irradiation, ICGFI)는 1992년 10 kGy 이상의 고선량 조사식품에 대한 안전성과 건전성에 대

표 5-14 WHO/FAO/IAEA 및 Codex의 식품 방사선 조사 국제적 합의 규격

식품군		방사선 조사 목적	기술적 선량범위(kGy)	
			(min)	(max)
식품군 1	구근류, 근채류, 괴경식물	저장 중 발아 억제	0.05	0.2
식품군 2	생과일 및 신선채소류	a) 숙도 지연 b) 해충 구제 c) 저장성 연장 d) 검역관리*	0.3 0.3 1.0 0.15	1.0 1.0 2.5 1.0
식품군 3	곡류 및 그 분말류, 건과류, 유지종자, 콩류, 건조과일	a) 해충 구제 b) 미생물 감균 c) 발아 억제(밤)	0.3 1.5 0.1	1.0 5.0 2.0
식품군 4	어류, 해산물, 개구리다리, 민물 및 육상무척추동물	a) 병원성 미생물 감균** b) 저장성 연장 c) 기생충 감염관리**	1.0 1.0 0.1	7.0 3.0 2.0
식품군 5	가금육과 적색육 및 그 육제품(신선 또는 냉동)	a) 병원성 미생물 감균** b) 저장성 연장 c) 기생충 감염관리**	1.0 1.0 0.5	10.0 1.0
식품군 6	건조채소류, 향신료, 양념류, 동물 사료, 건약재 또는 약용 차	a) 병원성 미생물 감균** b) 해충 구제	2.0 0.3	
식품군 7	동물 근원의 건조식품	a) 해충 구제 b) 곰팡이 억제 c) 병원성 미생물 감소	0.3 1.0 2.0	1.0 3.0 7.0
식품군 8	전통식품과 기타식품 : 건강식품, 환자식용 전통식품, 아라비아검 및 기타 증량제, 군 식량, 꿀, 우주식량, 특수향신료, 액상란(卵)	a) 미생물 감균 b) 멸균 c) 검역관리		*** *** ***

* 최소선량은 특정 해충이나 병원균에 대해 정해질 수 있음.
** 최소선량은 식품의 위생적 품질을 보장하기 위해 처리 목적을 고려하여 정함.
*** 특정 목적과 식품 원료에 대해 정해지는 최대 선량.
자료 : 정형욱 외, 2005; 윤요한 외, 2009

해 최종 평가하였고, WHO 주관으로 1999년 기술보고서를 발간하여 각국에 배포하였다. 이와 같은 과학적 근거를 바탕으로 52개국의 200여 개의 시설에서 약 250여 종의 식품군에 대하여 방사선 조사가 허가되어 있다. 허가된 주요 식품은 향신료, 건조채소류, 근채류, 가금류 등이다(정형욱 외 2005). 또한 Codex에서는 방사선 조사식품에 대한 'Codex 일반규격 및 운영규정'을 채택하고 각국의 활용을 권장하고 있다(표 5-14).

(2) 국제 방사선 식품조사

2005년 국제 방사선 식품조사 시장 동향 분석 결과에 의하면 방사선이 조사된 식품 및 농산물은 총 40만 5,000톤이고 경제적인 가치로는 24억 달러 규모이다. 이 중 45%가 아시

아와 오세아니아 지역에서 생산되었고 29%가 미주 지역에서, 22%가 아프리카와 우크라이나 지역에서, 4%가 EU 지역에서 생산되었다. 또한, 경제적 규모로는 미주 지역이 16억 달러, 아시아와 오세아니아 지역에서는 4억 7만 달러, 아프리카와 우크라이나가 2억 달러, EU는 1억 달러에 해당하였다. 살균을 목적으로 방사선이 조사된 양념류나 건조채소류는 18만 6,000톤(46%)이었고 곡류나 과일류는 8만 2,000톤(20%), 육류나 생선은 3만 2,000톤(8%)이었다. 마늘이나 감자의 경우는 8만 8,000톤(22%)에 방사선이 조사되었고 건강기능식품, 버섯, 꿀과 같은 기타 식품 중 1만 7,000톤(4%)이 방사선 조사 후 유통되었다(Kume et al,, 2009).

3) 국내 식품 방사선 조사 현황 및 관련 규정

국내 식품조사 산업은 1985년 대통령령(제11717호)에 의해 식품조사처리업이 신설되고 1986년 「식품위생법」이 개정되면서 보건사회부, 1995년 경기도청, 1998년 경인지방식품의약품안전청으로 허가관청이 이관되었으며, 식품 품목별로는 1987, 1988, 1991, 1995, 2004년 다섯 차례에 걸쳐 아래와 같이 허용되었다(정형욱 외, 2005).

- 1987년 10월 16일(보건사회부 고시 제 87-71호)
  - 밤 : 0.25 kGy
  - 버섯(생 및 건조) : 1 kGy
  - 감자, 양파, 마늘 : 0.15 kGy
- 1988년 9월 13일(보건사회부 고시 제 88-60호)
  - 건조향신료 : 10 kGy
- 1991년 12월 13일(보건사회부 고시 제 91-25호)
  - 된장, 고추장, 간장분말 : 7 kGy
  - 가공식품 제조원료용 건조식육 및 어패류 분말 : 7 kGy
  - 조미식품 제조원료용 전분 : 5 kGy
- 1995년 5월 19일(보건사회부 고시 제 95-34호)
  - 2차 살균이 필요한 환자식 : 10 kGy
  - 가공식품 제조원료용 건조채소류 : 7 kGy
  - 건조향신료 및 이들 조제품 : 10 kGy
  - 효모, 효소식품 : 7 kGy

- 알로에 분말 : 7 kGy
- 인삼(홍삼포함)제품류 : 7 kGy

■ 2004년 5월 24일(식품의약품안전청고시 제2004-41호)

- 조류식품 : 7 kGy
- 복합조미식품, 소스류, 침출차, 분말차 : 10 kGy
- 난분, 가공식품 제조원료용 곡류, 콩류 및 그 분말 : 5 kGy

현재 국내에서 식품에 대한 방사선 조사기준은 『식품공전』에 의하여 관리되고 있다. 현행 『식품공전』의 '제2. 식품일반에 대한 공통기준 및 규격, 5. 식품일반의 기준 및 규격, 6) 방사선 조사기준'의 내용은 아래와 같다(식품의약품안전처, 2011).

① 식품의 방사선 조사기준

■ 사용방사선의 선원 및 선종은 ^{60}Co의 감마선 또는 전자선(10 MeV 이하)으로 한다.

■ 식품의 발아 억제, 살충, 살균 및 숙도 조절의 목적에 한하여 식품에 방사선을 조사할 경우 다음의 기준에 적합하여야 한다.

허용대상 식품별 흡수선량

- 감자, 양파, 마늘 : 0.15 kGy 이하
- 밤 : 0.25 kGy 이하
- 생버섯, 건조버섯 : 1 kGy 이하
- 난분, 가공식품 제조원료용 곡류, 콩류 및 그 분말, 조미식품 제조원료용 전분 : 5 kGy 이하
- 가공식품 제조원료용 건조식육 및 어패류 분말, 된장분말, 고추장분말, 간장분말, 가공식품 제조원료용 건조채소류, 효모·효소 식품, 조류식품, 알로에 분말, 인삼(홍삼 포함)제품류 : 7 kGy 이하
- 건조향신료 및 이들 조제품, 복합조미식품, 소스류, 침출차, 분말차, 2차 살균이 필요한 환자식 : 10 kGy 이하

■ 일단 조사한 식품을 다시 조사하여서는 아니 되며 조사식품을 원료로 사용하여 제조·가공한 식품도 다시 조사하여서는 아니 된다.

■ 조사식품은 용기에 넣거나 또는 포장한 후 판매하여야 한다.

4) 방사선 조사식품의 안전성

(1) 방사선 조사식품에 대한 국제적 평가

방사선 조사는 1921년 미국에서 육류의 기생충 사멸을 목적으로 최초 사용된 이래 조사식품의 건전성에 관한 연구가 활발히 이루어졌다. 1961년 벨기에 브뤼셀에서 WHO/FAO(Food and Agricultural Organization)/IAEA(International Atomic Energy Agency) 공동으로 방사선 조사식품의 건전성에 관한 과학적 연구 결과를 평가하기 위한 최초의 회의가 소집되었으며, 식품조사공동전문위원회(Joint Expert Committee on Food Irradiation, JECFI)를 설치하였다. 1970년에는 WHO 주도로 FAO, IAEA 및 OECD(Organization for Economic Cooperation and Development)가 방사선 조사식품의 안전성 평가를 위해 방사선 식품조사 분야 국제과제를 신설하였으며, 24개국이 본 과제에 참여하여 12년간 연구를 수행한 결과, 식품에 방사선 조사로 인한 발암성 물질이나 기타 유해물질이 발견되지 않았다고 보고하였다(강일준, 2003).

1980년 스위스 제네바에서 JECFI는 지난 40년 동안 세계적으로 수행된 방사선 조사식품의 건전성 및 안전성 시험에 대한 결과를 종합적으로 평가하고 10 kGy 이하의 방사선을 식품에 조사할 경우 독성학적 문제를 일으키지 않으며, 독성시험은 더 이상 필요가 없고 영양학적 및 미생물학적 측면에서도 문제를 발생하지 않는다고 발표하였다(WHO, 1981).

호주 보건복지부의 요구에 의해 식품미생물국제위원회 및 국제미생물학회의 식품미생물 국제연맹은 방사선 조사식품의 안전성을 재확인하였으며, JECFI의 결정을 인정하면서 방사선 식품조사는 건강에 대하여 문제를 일으키지 않는다고 결론지었고 식품제조 기준에 따라 방사선 조사기술이 이용된다면 영양학적으로나 미생물학적으로 문제가 없다고 발표하였다(WHO, 1994).

(2) 방사선 분해산물의 위해성

방사선 분해산물은 조사된 식품의 구성 성분에 따라 다르며 대부분 지질, 단백질, 탄수화물로부터 생성되는 포도당, 폼산(formic acid), 아세트알데하이드(acetaldehyde), 이산화탄소 등으로 이들은 열처리과정에서도 생성되는 물질이며 식품에 자연적으로도 존재한다(Matiella and Hsieh, 1991; McNeal et al., 1993). 식품에서 전리방사선에 의해 물이 이온화되어 free hydroxy radical과 hydrated electron이 생성되고 free radical이 서로 반응하거나 식품 구성 성분과 반응해서 안정된 물질을 만든다(Simic, 1983). 따라서 식품이 소비될 때에는 방사선이 조사된 식품에 free radical이 남아 있지 않게 된다. 또한 free radical은 일반적으로 반응성이 매우 크고 불안정한 구조 때문에 다른 물질과 반응하여 안정한 구조로 전환된다(Urbain, 1986).

액체가 존재할 경우에는 free radical은 서로 반응하여 없어지기도 하기 때문에 결국 방사선 조사에 의해 생성된 free radical이 식품에 그대로 존재하는 경우는 드물고, 미량 존재한다 해도 우리가 섭취할 때 액화되어 타액 등에 의해 소실되므로 식품 안전성에는 문제를 일으키지 않는다(권중호 외, 2009).

Delience et al.(1998)은 방사선 조사 시 식품에 2-dodecylcyclo-butanone(2-DCB)이 생성되며 그 유해성을 보고하였으나, 이들 연구에서 쥐의 대장세포에 손상이 나타난 것은 2-DCB의 과량 투여에 기인한 것으로 이 양은 실질적으로 방사선 조사식품을 섭취할 때 섭취할 수 없는 비현실적인 양이었고 이 논란에 대해 WHO(2003)에서 과학적 증거자료를 통하여 2-DCB가 공중 보건상 위해가 없다고 밝혀 논란이 계속되고 있다.

(3) 실험동물을 대상으로 한 안전성 시험

① 아만성 독성시험

미국 FDA에서는 실험용 쥐를 사용하여 0.1~55.8 kGy로 조사된 양파, 생선, 돼지고기, 빵, 콩, 과실, 감자, 새우, 쇠고기, 베이컨, 버섯 등에 대한 아만성 독성 평가를 실시하였고 조사식품 섭취에 의한 독성학적인 영향이 없다는 사실을 확인하였다(강일준, 2003).

Brin et al.(1961)은 55.8 kGy로 조사된 돼지고기를 실험용 쥐에 84일간 투여하였을 때, 혈장 알라닌아미노기전달효소(alanine aminotransferase)와 체중이 감소되었다. 하지만 이는 피리독신(pyridoxine)의 감소로 인한 결과로 추정하였고, FDA는 이 연구가 영양학적 실험이기 때문에 독성학적으로는 의미가 없다고 판단하였다(WHO, 1994). 또한, 개를 사용한 실험에서 개에게 고선량의 방사선 조사 사료를 섭취시켰을 경우에 악영향은 관찰되지 않았고, 쥐를 이용한 실험에서 아주 높은 선량에서만 일부 관찰되었는데 이는 현실적이지 않은 선량이다. 그리고 마우스를 사용한 아만성 독성시험에서도 악영향은 대체적으로 관찰되지 않았다(권중호 외, 2009)(표 5-15).

표 5-15 쥐, 마우스 및 개에 대한 조사식품의 아만성 독성시험

실험동물	급여식품	급여일	선량(kGy)	주요 영향
쥐 (rat)	생선(고등어)	90	2	없음
	커피, 검정콩	84	1	없음
	돼지고기, 빵, 콩, 새우	84	55.8	없음
	당근	90	1	없음
	닭고기	90	6	없음
	생선(가자미)	90	3.4	없음
	생선(대구)	84	6.4	없음
	망고	90	0.8	없음
	양파	90	0.25	없음
	생선	90	6	없음
	생선(대구)	90	6	없음
	감자	90	2	없음
	쇠고기	90	55.8	출혈사
	쇠고기	98	55.8	혈액응고시간 증가
	닭고기	90	47	없음
	사료	120	45	혈장 aspartic acid aminotransferase 활성 감소
	생선(고등어)	90	1.5	없음
	쇠고기, 돼지고기	84	55.8	간효소 증가
	쇠고기, 생선, 베이컨 혼합물	84	60	없음
	카카오콩	126	0.5	없음
	밀	105	2	없음
	버섯	90	5	없음
	새우	90	3	없음
	사료	90	50	없음
	딸기	90	50	성장저하
	양파	90	0.1	없음
	잉어, 새우	90	2.5	없음
마우스 (mouse)	양파	90	0.25	빈혈
	과실(체리)	90	4	없음
	쇠고기	188	55.8	없음
개	밀가루	168	0.74	없음
	쇠고기, 양고기	130	0.07	없음
	감자	90	2	없음

자료 : 권중호 외, 2009

② 번식시험 및 최기형성시험

방사선 조사식품에 대한 번식시험 및 최기형성시험은 대부분의 결과에서 조사에 의한 영향은 관찰되지 않았다(표 5-16). Shillinger and Osipova(1970)는 6 kGy로 조사된 생선을 사용한 시험에서 실험동물 고환의 위축과 발정기의 장기화가 발견되었고, 동시에 혈액 중의 choline esterase 활성이 42% 저하되고, 단백질의 결핍이 발견되었다고 하였다. 그러나 이는 사료가 부적절하고 비타민이나 미네랄의 보급이 제대로 이루어지지 않은 결과로 판명되었다(권중호 외, 2009).

한편, 실험용 쥐를 사용한 번식시험에서 새끼 수가 감소되었다는 보고가 있지만, 통계적 유의차는 없었다(Porter and Festing, 1970). 그리고 56 kGy로 조사된 쇠고기를 개에게 투여한 2건의 연구와 0.15 kGy를 조사한 감자를 개에게 투여한 연구에서도 방사선 조사식품에

표 5-16 실험동물을 사용한 조사식품의 번식시험과 최기형성시험

실험동물	급여식품	급여일	선량(kGy)	주요 영향
쥐	돼지고기	730	55.8	없음
	감자	730	0.4	없음
	향신료 혼합물	10	15	없음
	밀	160	2	없음
	생선	40	6	없음
	오렌지	160	2.79	체중 증가율 감소
	닭고기, 녹두	120	59	없음
	생선	120	6	고환 위축, 발정주기 연장
	양파	120	1	없음
	생선	다양	2	없음
마우스	옥수수, 호두, 자두	240	2	없음
	사료	200	25	새끼 수 감소
	닭고기	20	59	없음
	닭고기	다양	45	없음
	닭고기	18	45	없음
	생선(대구)	120	1.75	없음
개	쇠고기	다양	55.8	없음
	쇠고기	900	56	없음
	감자	다양	0.15	없음
햄스터	닭고기	5	45	없음
토끼	닭고기	14	45	없음

자료 : 강일준, 2003

의한 영향은 확인되지 않았다. 결론적으로 번식시험 및 최기형성시험에서는 방사선 조사식품에 의한 악영향은 없는 것으로 나타났고 일부 보고된 악영향은 통계적으로 유의성이 없거나 대체로 다른 요인에 의한 것으로 판명되었다(권중호 외, 2009).

③ 만성 독성시험

실험용 쥐를 사용하여 만성 독성시험을 시행한 결과 고선량(27.9~55.8 kGy)이 조사된 식품군이 투여되었을 때 방사선 조사식품에 의한 종양의 발생은 관찰되지 않아 고선량 방사선 조사식품에 의한 악영향은 없는 것으로 보여졌다(강일준, 2003).

Monsen(1960)은 55.8 kGy로 조사된 돼지고기, 닭고기를 사료로 사용하여 실험용 쥐에 투여한 결과 심장에서 이상을 일으킨다고 지적하였으나, Thompson et al.(1963)이 동일 계통의 실험용 쥐 약 5,000마리를 사용해 실험을 시행하여 80만 개 이상의 심장 절편을 조직병리학적으로 조사한 결과 보고된 문제점을 전혀 관찰하지 못하였다. 따라서 방사선 조사가 심장장애의 원인이 아닌 것으로 밝혀졌다. 대부분의 만성독성시험의 경우 고선량으로 조사한 축산식품이 일생 동안 작게는 1년 동안 동물들에게 투여되었을 때 일정한 패턴이나 경향을 나타내는 악영향은 관찰되지 않았으며, 이로써 동물에 대해 방사선 조사를 실시한 축산식품을 섭취시켜도 악영향이 없다는 사실이 입증되었다.

표 5-17 쥐를 사용한 조사식품의 만성독성시험

급여 식품	급여일	선량(kGy)	주요 영향
바나나	730	0.4	없음
고등어	730	2	없음
사료	728	25	없음
쇠고기	730	55.8	없음
돼지고기, 복숭아, 밀가루, 당근	730	55.8	없음
감자	730	0.4	없음
닭고기	730	6	없음
망고	730	0.8	없음
밀	750	2	없음
생선	730	6	없음
말고기	630	6.5	없음
밀	730	2	없음
감자	730	0.6	없음
감자	455	2	없음

(계속)

급여 식품	급여일	선량(kGy)	주요 영향
딸기	730	3	없음
감자	728	0.15	없음
옥수수, 참치	728	55.8	없음
닭고기 스튜, 양배추	730	56	십이지장세포 alkaline phosphatase 저하
분유, 쇠고기 스튜	730	55.8	없음
베이컨, 햄, 생선 혼합물	721	55.8	제3세대에 있어 체중 증가율 감소
분유	400	45	없음
감자	800	0.3	없음
쇠고기, 돼지고기, 생선 혼합	365	27.9	없음
옥수수기름, 면실유	365	55.8	없음
베이컨, 쇠고기, 생선 혼합물	960	58	없음
전분	742	6	없음
밀가루	999	2	없음
새우	999	2.5	없음
돼지고기	900	74	없음
버섯 분말	365	5	없음
생선	880	2	없음

자료 : 권중호 외, 2009

표 5-18 마우스, 개, 돼지, 원숭이를 사용한 조사식품의 만성독성시험

실험동물	급여 식품	급여일	선량(kGy)	주요 영향
마우스	사료	730	60	성장과 수정 능력 저하
	밀가루	800	50	종양, 생존력 저하
	생선	560	1.75	없음
	닭고기	730	59	없음
	베이컨	750	55.8	없음
	생선(대구, 농어)	560	1.75	없음
	감자	730	0.6	없음
	베이컨기름	500	55.8	없음
	돼지고기, 닭고기 혼합물	800	55.8	심이(心耳) 확장
	닭고기	560	7	없음
	닭고기	580	7	없음
	참치, 쇠고기의 혼합물	730	55.8	없음
	쇠고기, 돼지고기, 생선 혼합물	365	27.9	없음

(계속)

실험동물	급여 식품	급여일	선량(kGy)	주요 영향
마우스	옥수수기름, 면실유	365	55.8	없음
	돼지고기, 닭고기 혼합물	600	55.8	없음
	전분	742	6	없음
	밀가루	999	2	없음
개	바나나	730	4	없음
	닭고기	999	59	없음
	닭고기, 쇠고기, 잼	730	55.8	없음
	대합조개	728	8	혈중 요소태질소 감소
	베이컨, 양배추	730	55.8	없음
	양파	540	0.2	없음
	양파	540	1	없음
	딸기	730	55.8	없음
	소맥분	730	0.7	갑상선염
	쇠고기	728	55.8	없음
	닭고기	365	6	없음
돼지	감자	300	0.15	없음
원숭이	쌀	730	1	없음

자료 : 강일준, 2003

(4) 사람을 대상으로 한 안전성 시험

고선량(25~40 kGy)으로 조사된 54종의 식품을 사람들에게 단기간 급여한 결과, 독성이 없다는 것을 확인하였다. 그러나 고선량 조사식품에서는 티아민(thiamine)과 아스코르브산(ascorbic acid)의 함량이 감소되었고, 갈색화 반응, fat-soluble carbonyl compounds 및 thiobarbituric acid reactants를 증가시켰지만(Bierman et al., 1958), 이러한 식품 성분의 변화는 '가열에 의한 변화에 비교하면 미미한 결과'라고 보고하였다.

한편 1980년 중국에서 400명에게 7~15주에 걸쳐 조사식품을 급여하면서 염색체 이상 여부를 확인한 결과 이상염색체는 확인되지 않았으며, polypoid 발생률에서도 대조군과 조사군 모두 정상 범위를 유지하였다(Brynjolfsson, 1987). 이에 따라 현재 30여 개 국에서 조사식품이 상업적으로 이용되고 있음을 고려할 때 "사람을 대상으로 한 방사선 조사식품의 안전성 시험은 더 이상 필요하지 않다."는 의견으로 모아졌다(Dai, 1985; Anonymous, 1987; Loaharanu et al., 2003).

5) 방사선 조사식품의 검지방법

(1) 물리적 방법

① 전자스핀자기공명법(Electron spin resonance, ESR)

전자스핀자기공명법은 뼈나 건조된 열매 껍질에 방사선을 조사하여 이로 인해 생긴 안정한 radical을 측정하는 방법이다. ESR은 식물조직 성분인 셀룰로스와 뼈의 성분인 hydroxyapatite(HAP), 건조과실 내 당으로부터 유래하는 radical을 검출하는 것으로서 향신료, 뼈가 붙어 있는 육류 및 건조과실의 검지가 가능하다. 시료 준비는 비교적 용이하지만 장치의 조작에는 어느 정도의 숙련이 필요하다. 측정 대상 radical은 열에 의해 소실되는 특징이 있기 때문에 상온에서 유통되는 식품의 경우 저장 기간에 따라 검출할 수 없는 경우도 있다(EN1786, 1996/EN1787, 1996/EN13708, 2001).

② 열발광법(Thermoluminescence, TL)

열발광법은 식품으로부터 광물을 분리 정제하는 작업을 필요로 한다. 광물의 발광 특성이나 선량에 대한 시그널 강도는 광물에 따라 다르기 때문에 CEN(Comité Europé en de Normalisation) 표준분석법에서는 측정 후의 시료(광물)에 대하여 기존 선량에 해당하는 방사선을 조사하여 재차 발광을 측정하고 초기 발광량에 대한 비율(TL비)을 구하여 판별한다. 검지의 판별 정도는 양호하여 상업적 검지방법으로서 신뢰도가 높다. 다만 식품 자체의 측정이 아니기 때문에 광물질의 분리가 불가능한 경우에는 분석이 불가능하다(EN-1788:2001).

③ 광여기발광법(Photostimulated luminescence, PSL)

광여기발광법은 열발광법과 비교하여 식품에 부착된 광물 시료를 분리할 필요가 없기 때문에 신속하고 직접 측정이 가능한 장점이 있다(EN-13751:2002). 식품의 뼈나 각질 및 식품에 묻어 있는 토양에 함유된 무기질은 방사선 조사 후 에너지를 흡수하여 보유하고, 이 에너지는 광자극에 의하여 빛으로 방출된다. PSL은 방사선 조사에 의해 물질에 생성된 저장 에너지를 적외선으로 자극하여 방사되어 나오는 에너지를 측정함으로써 조사 유무를 확인하는 방법이다(김경수 외, 2003).

(2) 화학분석법

① 2-alkylcyclobutanone법

육류나 달걀, 치즈 등 동물성 식품이나 지방질을 많이 포함한 식품 등에서 중성지방(Triglyceride)이 방사선 분해에 의하여 생성되는 화합물을 검출하는 방법이 2-alkylcyclobutanone법이다(Nawar, 1986). 2-alkyclyclobutanone의 생성량은 매우 적어 축육에 1 kGy 조사하였을 때 수십 ppb만 생성된다. 측정 순서로는 Soxhlet 추출기로 추출한 지방질을 정제하고 비극성 용매 중에 용출되는 분획을 탄화수소의 분석에 사용하여 약한 극성 용매(예를 들어 diethyl ether/hexane=2/98(v/v))에 용출되는 분획물을 2-alkylcyclobutanone법의 분석용 시료로 사용하여 GC/MS(Gas Chromatography/Mass Spectrometry)로 분리·검출한다(EN-1784:2003/EN-1785:2003).

(3) 생물학적 분석법

① DNA Comet assay

DNA comet assay 방법은 방사선 조사에 의하여 생성된 DNA 사슬 절단 부분을 검출하는 방법이다. DNA comet assay는 조사된 동식물조직 세포를 agarose gel에 올려놓고 전기장을 형성시키면 여러 가지 길이로 절단된 DNA 조각이 양(+)극을 향하여 꼬리를 만들며 이동하게 된다. 이 형태가 혜성을 닮아 comet assay라고 한다. DNA 사슬 절단은 세포의 자기소화 등에 의해서도 발생하지만 방사선 조사에 의한 손상은 세포군 전체에서 일어난다. 그렇기 때문에 가열조리되어 있지 않은 날고기나 식품 종자 등에서 손상 세포가(혜성 모양이) 한결같이 관측되면 조사되었을 가능성이 높다고 판단한다. 다만 DNA 손상은 동결 융해나 자기소화 등 여러 가지 조건으로 유발되기 때문에 어디까지나 스크리닝법으로 이용된다(EN-13784:2001).

② DEFT/APC법

방사선 조사에 의하여 감수성이 높은 미생물을 사멸시키고 방사선 처리 전후로 살아 있는 균수나 미생물 모양의 변화를 관찰하는 효율적인 스크리닝 방법이다. CEN 표준분석법으로 제정되고 있는 DEFT/APC(Direct Epifluorescent Filter Technique/Aerobic Plate Count) 방법은 식품 내의 사균 생균을 포함한 모든 미생물을 형광 염색하고 필터에 포집하여 현미경으로 계수한 총 균 수(처리 전의 균 수)와 살아 있는 호기성 균 수(APC)와의 차이를 지표로 사용한다(EN-13783:2001).

6) 방사선 조사식품에 대한 소비자의 인지도 및 수용도

(1) 국외 소비자의 인지도 및 수용도

국외 소비자의 방사선 조사식품에 대한 인지도 및 수용도에 관한 연구를 종합해 보면 첫째, 대부분의 국가에 있어서 소비자의 인지도는 전반적으로 낮은 것으로 나타났으며(Ford and Rennie, 1987; Foster 1990; Malone 1990; Resurreccion et al., 1995), 방사선 조사식품에 대하여 들어본 적은 있어도 그에 대한 정확한 정보를 가지고 있는 소비자는 많지 않았다(김효정과 김미라, 2003). Wiese Research Associate(1984)에서 미국 내 소비자의 인지도를 조사한 결과 식품 보존의 방법으로 방사선 조사라는 용어를 들어본 사람은 성인 4명 중 1명에 불과한 것으로 나타나 낮은 인지도를 보여주었다. 또한 Resurreccion et al.(1995)의 조사에 의하면 전체 응답자 중 30%가 방사선 조사와 방사능 오염을 혼동하는 것으로 나타났다. 하지만 1990년대 이후에 방사선 조사식품에 대한 인지도는 예전과 비교하여 볼 때 높아진 것으로 나타났는데, 미국 조지아 대학의 연구소에서 시행된 연구(Bruhn, 1995)에 의하면 방사선 조사에 대한 소비자 인지도가 1984년에는 23%였던 것이 1993년에는 70%인 것으로 나타났다.

둘째, 방사선 조사식품에 대해 잘 알고 있지 못하고 그에 대해 부정적인 견해를 가지고 있는 소비자의 경우 방사선 조사의 처리기법이나 장점에 대한 정보를 접한 후에는 방사선 조사식품에 대해 보다 긍정적인 태도를 갖는 것으로 나타나서 방사선 조사식품의 수용에 있어서 교육의 중요성을 보여주고 있다(김효정과 김미라, 2003). Bruhn et al. (1986)의 연구를 살펴보면 처음에는 "조사 처리한 식품을 구매하지 않겠다."고 대답한 대부분의 소비자들이 방사선 조사의 유익한 점을 교육 받은 후 응답자들의 견해가 방사선 조사 처리식품을 보다 많이 선호하는 것으로 나타났다.

(2) 국내 소비자의 인지도 및 수용도

우리나라의 경우 방사선 조사식품에 대한 소비자 수용성을 조사한 연구는 드문 편이다. 1988년 한국부인회의 조사(권중호와 김광수, 1996)에 의하면 전체 응답자의 41%가 "식품의 방사선 조사에 대해 들어본 적이 없다."고 응답하였고 "비록 FAO나 WHO 등의 국제기구에서 안전하다고 발표했더라도 방사선 조사식품을 구입하지 않겠다."고 응답한 사람의 비율이 66%나 되어 당시 방사선 조사식품에 대한 소비자의 수용도는 낮게 나타났다. 한편 Kwon et al.(1992)은 원자력 분야 종사자 342명과 비종사자 376명을 대상으로 방사선 조사

식품에 대한 인지도를 조사한 결과, 종사자의 94%, 비종사자의 72%가 "살균, 살충 등을 목적으로 방사선이 이용된다는 말을 들어 본 적이 있다."라고 응답하여 방사선 조사식품에 대한 높은 인지도를 보여주었다. 1998년 411명의 영남 지역 소비자를 대상으로 수행한 김효정과 김미라(1998)의 연구 결과, 방사선 조사식품에 대해 "들은 적이 있고 그것에 대해 조금 알고 있다."고 응답한 경우가 전체 응답자의 4.1%였고, "방사선 조사에 대해 잘 알고 있다."고 응답한 경우는 7.1%였다. 응답자의 50.4%가 "들은 적은 있으나 잘 모르겠다."고 응답하였고 방사선 조사에 대해 "들은 적이 없다."고 응답한 사람은 38.4%였다. 또한 방사능 오염과 방사선 조사를 혼동하는 응답자들이 많았고, 전체 응답자의 83.7%가 우리나라에서 방사선 조사를 법적으로 허가한 사실을 모르고 있는 것으로 나타났다.

김효정과 김미라(2003)의 조사에 의하면 "방사선 조사식품을 섭취할 의도가 있는냐?"는 질문에 대해 응답자의 60.4%가 "섭취하겠다."고 응답하였고, 39.6%가 "섭취하지 않겠다."고 응답하여 1988년 한국부인회 조사 결과와 비교해 보았을 때 국내 방사선 조사식품에 대한 소비자의 수용도는 높아진 것으로 볼 수 있다.

6. 조리·가공 중 생성 가능한 유해물질

1) 다환방향족탄화수소

음식물을 300℃ 이상 고온으로 가열하면 음식물을 구성하는 지방, 탄수화물 및 단백질이 탄화되어 여러 가지 새로운 화학물질이 생성된다. 이렇게 새롭게 만들어지는 물질 중 한 부류가 다환방향족탄화수소(polycyclic aromatic hydrocarbons, PAHs)이다. 다환방향족탄화수소는 2개 이상의 벤젠고리가 선형으로 각을 지어 있거나 밀집된 구조의 방향족탄화수소이다(그림 5-14). 이는 유기물이 탈 때 생성되며, 미량으로도 암을 유발시킬 수 있는 발암물질이거나 돌연변이원성을 가진다. 우리 국민의 식품 섭취를 통한 PAHs 노출량 기여도는 소시지, 햄, 돼지고기 숯불구이 등의 육류와 육류가공품(54.4%), 채소(19.2%), 곡류(11.5%), 과일류(5.3%), 감자와 감자가공품(5.1%), 식물성 식용유(3.6%), 생선(0.7%), 어패류(0.2%)의 순서로 나타나 육류 섭취로 인한 PAHs의 노출 기여도가 가장 큰 것으로 나타났다.

벤조피렌은 다환방향족탄화수소 그룹에 속하는 황색의 결정성 고체이며, 300~600℃에서 불완전연소 생성되기 때문에 오염원은 매우 다양하다. 식품의 경우 주성분인 탄수화물,

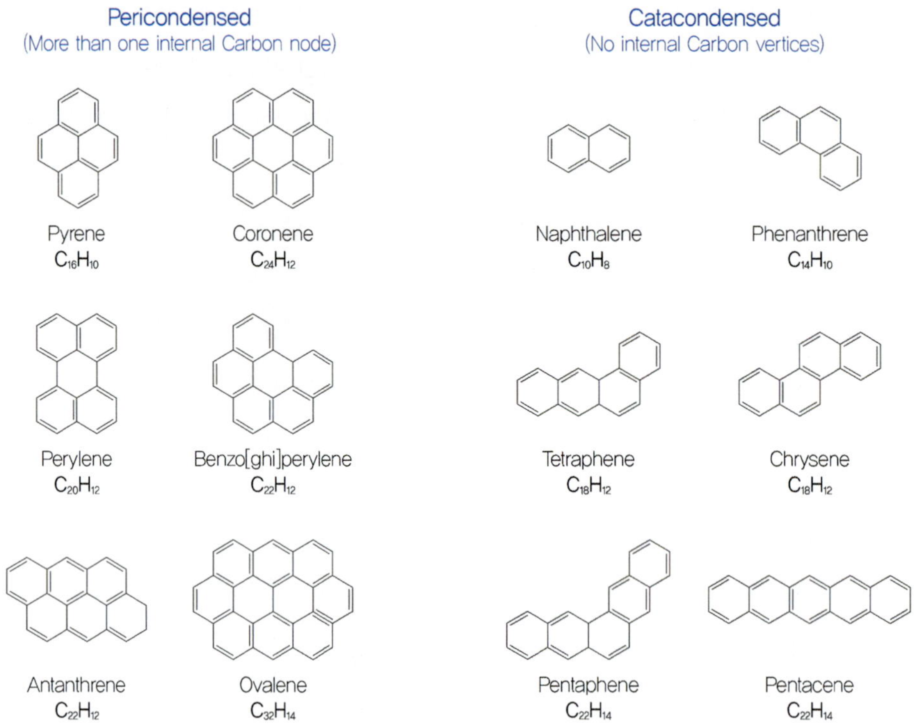

그림 5-14 다환방향족탄화수소 구조

단백질, 지질 등이 분해되어 생성되기도 한다. 유기물이 탈 때 생성되는 독성 물질로 알려진 화합물은 benzo(a)pyrene 외 50종의 다환방향족탄화수소(PAHs)가 있다고 한다. 지방 함유식품과 불꽃이 직접 접촉할 때 가장 많이 생성되므로 식품이 검게 탄 부위에는 벤조피렌이 있다고 보면 된다. 그러므로 식품이 타지 않도록 주의해야 한다. 벤조피렌 섭취를 예방하려면 불꽃이 직접 고기에 닿지 않도록 석쇠보다는 불판을 사용하고 가능하면 검게 탄 부분이 생기지 않도록 조리한다. 검게 탄 부분은 반드시 제거하는 식습관으로 벤조피렌 섭취를 줄일 수 있고, 구이, 튀김, 볶음보다는 삶기, 찌기 등의 식습관으로 개선이 가능하다. 또한 숯불 가까이서 고기를 구울 때 연기를 마시지 않도록 주의한다.

2) 나이트로사민

나이트로사민(nitrosamines)은 식품 가공 시 육류 등에 존재하는 아민(amine)과 아질산 이온의 나이트로소화 반응에 의해 생성되는 발암성 물질로, 햄, 베이컨, 소시지 등 식육제품은 발색제로 아질산염이 첨가되므로 나이트로사민이 생성될 가능성이 높다. 아질산은 가공육의 발색 및 보존을 목적으로 첨가하는 화합물이다. 이처럼 나이트로사민은 암을 유발하는 성분으로 일부 식품 속에 함유되어 있거나 혹은 질산염이나 아질산염이라는 다른 화학물질을 섭취 시 체내에서 생성되는 경우도 있다. 나이트로사민은 아민기에 나이트로소기(-N=O)가 결합된 형태로 아민기에 연결된 탄소 수와 구조에 따라 매우 다양한 종류의 나이트로사민이 형성된다(그림 5-15).

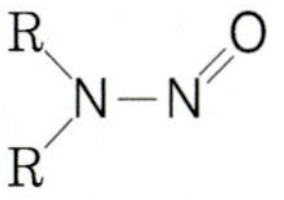

그림 5-15 나이트로사민 구조

3) 아크릴아마이드

아크릴아마이드(acrylamide)는 주로 Maillard Reaction을 통한 열처리 중 글루코스(glucose)나 과당(fructose)과 같은 환원당과 아스파라진(asparagine)의 반응에 의해 생성되는 것으로 보고되고 있다(그림 5-16).

아크릴아마이드는 전분질이 많은 식품(감자, 곡류 등)을 높은 온도에서 조리·가공할 때 생성되며, 열처리 온도, 시간이 증가하면 아크릴아마이드 생성량이 증가하는 경향이 있다. 감

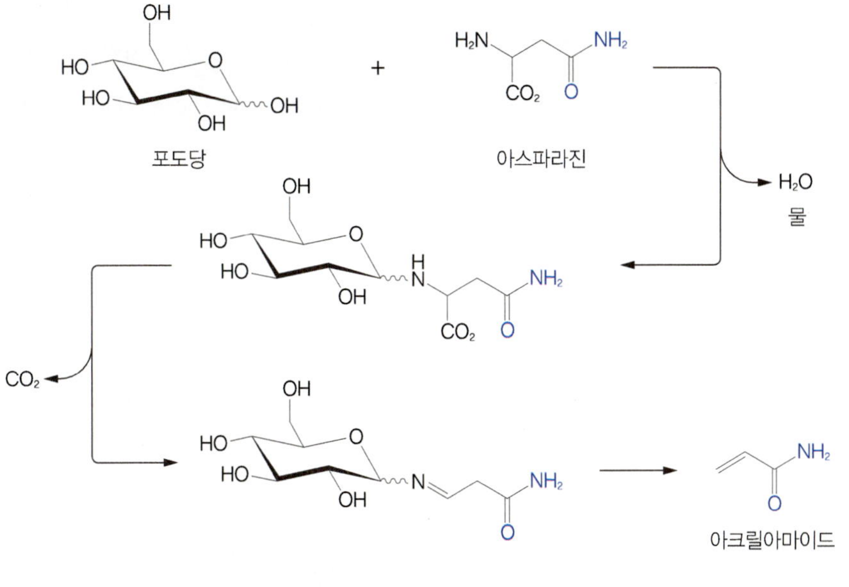

그림 5-16 아크릴아마이드 생성경로

자스낵과 같이 감자와 설탕을 함께 100℃ 이상의 고온으로 가열하게 되면 감자의 아미노산인 아스파라진에서 아크릴아마이드가 생성된다. 아크릴아마이드는 동물실험에서 발암을 일으키는 것으로 알려져 있으나, 사람의 발암성에 관해서는 현재로서는 확인되고 있지 않아 발암유력물질(Group 2A)로 알려져 있다. 식생활에서 아크릴아마이드의 섭취를 줄이기 위해서는 식품을 고온에서 장시간 조리하지 않아야 하며, 튀기거나 기름진 식품의 섭취를 줄이고 대신 120℃보다 낮은 온도에서 찌거나 삶아서 익힌 식품을 섭취하는 것이 좋다. 식품을 튀겨야 할 경우 튀김온도는 160℃를 넘지 않게 하고, 오븐에서도 200℃를 넘지 않도록 해야 하며, 튀김의 색은 황금색 정도로 튀기거나 굽고, 갈색으로 변하지 않도록 조리하는 것이 좋다.

4) 에틸카바메이트

에틸카바메이트(ethyl carbamate)에 대한 인체 노출은 주로 발효된 식품과 음료의 섭취를 통해서 일어나며, 식품 중에 풍부한 아미노산 중 하나인 아르지닌(arginine) 또는 시트룰린(citrulline)을 이용한 효모의 대사과정에서 생성된 요소(urea)가 알코올과 반응하여 에틸카바메이트가 생성되는 것으로 알려져 있다(그림 5-17). 1970년대 초기에 식품 및 알코올성 음료에서 에틸카바메이트의 존재가 확인되었고, 단기간 동안 일정 농도 이상 노출되면 구토, 의식 불명, 출혈을 일으키고 신장과 간에 손상을 일으키는 것으로 알려져 있다. 동물 대상 실험에서, 간과 심장에 혈관종을, 유선과 난소, 피부에서는 종양을 발생시키는 것으로 연구되었다. 현재 국제암연구소(International Agency for Research on Cancer, IARC)에서는 인간에게 암을 일으키는 것으로 추정되는 물질인 Group 2A로 분류하고 있다.

에틸카바메이트는 식품 저장 및 숙성 과정 중 화학적인 원인으로 자연 발생하여 알코올 음료와 발효식품에 함유될 수도 있다. 에틸카바메이트가 존재할 수 있는 알코올성 음료에는 포도주, 청주, 위스키 등이 있으며, 발효식품인 일본식 된장 미소, 일본식 청국장 낫토,

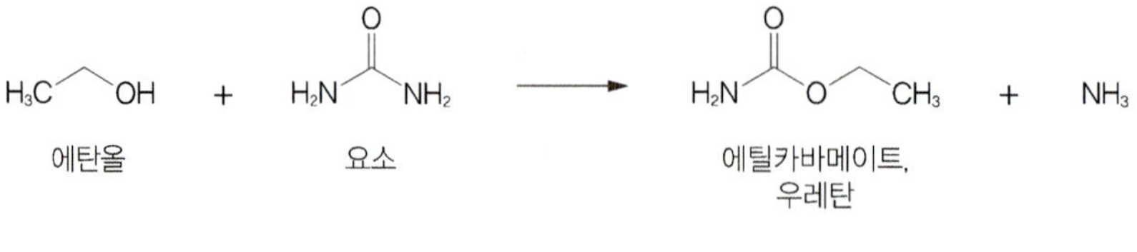

그림 5-17 에틸카바메이트 생성

요구르트, 치즈, 김치, 간장 등에도 함유되어 있는 것으로 알려져 있다. 우리나라 국민의 경우 발효식품의 섭취량이 많고, 성인 남성의 경우 주류 소비량이 높기 때문에 에틸카바메이트의 섭취량에 대한 관심이 매우 높다.

5) 3-MCPD

3-MCPD(3-monochloropropane-1,2-diol)는 단백질 등이 함유된 식품에서 맛을 좋게 하기 위해 단백질을 아미노산으로 산분해하는 과정에서 얻어지는 부산물로 알려졌다. 식품 중 3-MCPD는 염소와 지방이 반응하여 생성되는데, 이는 곡류 및 맥아 등을 볶는 등 열가공 중에 많이 발생한다. 최근 식품 중 3-MCPD를 분석하는 기술이 발전함에 따라 그 위해성이 제기되고 있다.

산분해간장 제조과정에서 생성되는 3-MCPD는 대두의 기름 성분인 triglyceride의 glycerol(propanetriol) backbone에 붙은 3개의 지방산 중 1~2개의 지방산에 염산의 염소기가 치환되어 만들어진다(그림 5-18). 화학적으로 110℃에서 초산 존재하에 글리세롤에 염산가스와 반응시키면 3-MCPD가 얻어진다. 그러나 3-MCPD의 생성률은 glyceride보다 triolein이 3-MCPD 생성에 약 4배 정도 높다. 최근 연구보고에 의하면 3-MCPD는 산분해간장 외에도 빵, 크래커, 비스킷, 치즈, 도넛, 훈제살라미 등 다양한 식품에서 검출되었다. 실험동물에 장기간 섭취시켰을 때 발암 가능성이 있는 것으로 나타났다.

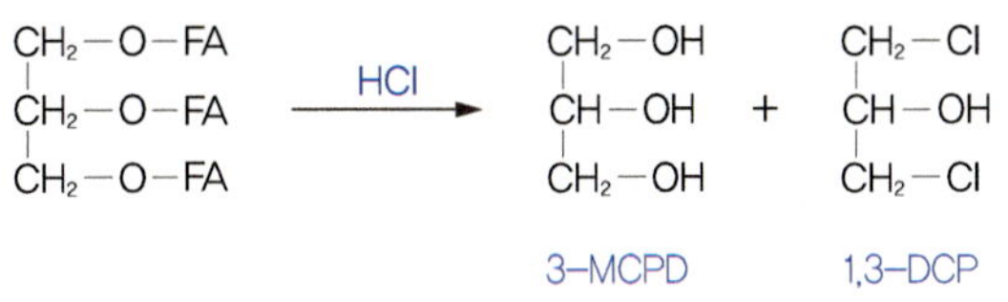

그림 5-18 트라이글리세리드로부터 3-MCPD 생성 메커니즘

6) 바이오제닉아민

바이오제닉아민(biogenic amines, BAs)은 식품의 저장, 발효 과정 중에 존재하는 미생물에 의한 유리아미노산의 탈탄산반응을 통해 생성되는 생물학적 활성을 지니는 저분자 물질이다. BAs은 단백질 함유식품 속에서 미생물이나 생화학적 활성에 의해 발생할 수 있으며, 체

내에서 신경전달물질로서 직간접적으로 작용하고 혈압 조절 및 혈류 등의 심혈관계에도 영향을 미치므로, BAs 함유식품의 섭취로 여러 가지 약리적 현상이 나타날 수 있다. BAs 중 우리에게 가장 잘 알려진 물질은 히스타민(histamine)으로, 고등어·꽁치·정어리·참치 등의 어종을 비위생적으로 처리하여 부패가 발생하면 발진, 국소적 피부염증, 구토, 오심, 설사 등을 증상으로 하는 'scombrotoxicosis'가 유발된다. 유익균으로 알려져 있는 젖산균(lactic acid bacteria)은 상당량의 푸트레신(putrescine), 카다베린(cadaverine), 히스타민과 티라민(tyramine)을 생성한다. 바이오제닉아민은 어류제품, 육류제품, 낙농제품, 포도주, 맥주, 채소, 과일, 견과류 및 초콜릿 등 다양한 식품에 함유되어 있다. 특히 비발효식품 중 고등어, 청어, 참치 등에서 히스타민, 푸트레신, 카다베린, 티라민, 스페르민이 검출되고 있다. 국내 유통 식품 중 BAs 함유량 조사 결과, 우리나라 전통식품인 된장, 간장, 청국장, 멸치 및 까나리 액젓 등에서 함량이 높았다. 하지만 모두 식품의 부재료로서 소량 섭취하기 때문에 건강한 사람에게 유해한 수준은 아닌 것으로 보고되었다.

히스티딘(histidine), 타이로신(tyrosine), 트립토판(tryptophane), 라이신(lysine) 등과 같은 아미노산의 CHCOOH 말단기로부터 효소적 탈탄산반응에 의하여 CO_2가 빠져 생성된다(그림 5-19). BAs 생성은 식품의 위생적 측면뿐만 아니라 발효기술 등의 제조방법에 따라 좌우되기 때문에 최근의 국내외 연구들은 각종 식품 중의 이들 함량조사와 함께 성분을 최소화하는 방향으로 진행되고 있다.

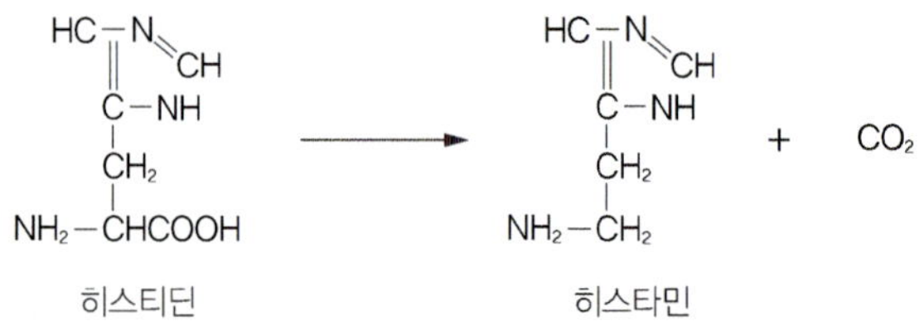

그림 5-19 바이오제닉아민의 생성 메커니즘

7. 곰팡이독

농산물이 곰팡이에 오염되면 곰팡이독(mycotoxin)을 생성할 수 있어 식품위생상 문제가 된다. 곰팡이독소는 곰팡이가 생산하는 2차 대사산물로서 사람과 가축에게 질병이나 이상 생리작용을 유발하며 아스퍼질러스(*Aspergillus*)속 곰팡이는 여름이나 봄철, 푸사리움(*Fusarium*)속 곰팡이는 겨울철에 많이 번식한다. 곰팡이에 의해 발생하는 질병을 곰팡이독 중독증(mycotoxicosis)이라고 한다. 곰팡이가 독소를 생산하는 조건은 수분활성도 0.93~0.98 사이이며 pH가 5.5 이상인 조건이다. 따라서 농산물을 저장할 때 건조한 상태인 낮은 수분활성도를 유지하는 것이 곰팡이 생성을 방지할 수 있는 가장 효과적인 방법이다.

1) 아플라톡신

1960년 영국에서는 브라질에서 수입한 땅콩사료를 먹은 칠면조 10만 마리 이상이 집단 폐사하는 사건이 발생하였다. 이후 원인으로 사료에 사용된 땅콩에서 *Aspergillus*속 곰팡이가 만든 유해 물질임을 밝혀내었으며 이 유해 물질을 아플라톡신(aflatoxin)으로 이름 붙이면서 알려지게 되었다. 아플라톡신은 현재 화학적 구조가 약간씩 다른 18종이 알려져 있다(그림 5-20). 그중 사람에게 유해한 영향을 줄 수 있는 것이 아플라톡신 B_1, B_2, G_1, G_2, M_1이고, 특히 아플라톡신 B_1이 가장 강한 독성을 가진다. 아플라톡신 B_1을 장기간 다량 섭취할 경우 사람에게 간암을 일으킬 수 있어 국제암연구소에서는 인체 발암성 group 1으로 분류하고 있다. 따라서 대부분의 나라에서는 아플라톡신 B_1 또는 총 아플라톡신(B_1, B_2, G_1, G_2의 합) 함량으로 식품에서의 허용기준치를 정하여 관리하고 있다.

2) 황변미독

쌀에 곰팡이가 성장하면 적홍색 또는 황색의 색소가 생성되어 황변미(yellow rice)를 만든다. Citreoviridin은 *Penicillium citreoviride*가 생성하는 독소로 1937년 타이완의 황변미에서 최초로 발견되었다. 신경독의 일종으로 신경 마비, 호흡장애, 혈액순환 이상, 경련을 유발한다. Citrinin은 *P. citrinum*을 비롯한 *P. implicatum*, *P. jensein* 등의 곰팡이와 *A. terreus*, *A. niveus* 등의 *Aspergillus*속 곰팡이에 의해 생성되는 독소이다. 신장독으로서 신장에서의 수분 재흡수를 저해하여 급성 및 만성의 신장증(nephrosis)을 유발한다. Luteoskyrin과 islanditoxin은 모두 *P. islandicum*이 생산하는 독소이다. Islanditoxin은 cyclochlorotin으로도 불리는데, 수용성이고 염소이온을 함유하는 peptide 물질로서 간경변, 간의 섬유화, 간암을 유발하는 것으로 알려져 있다(그림 5-21).

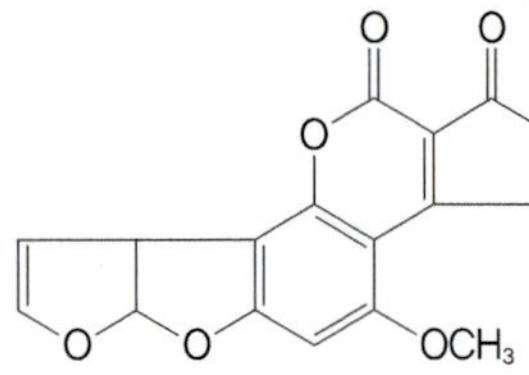

B_1

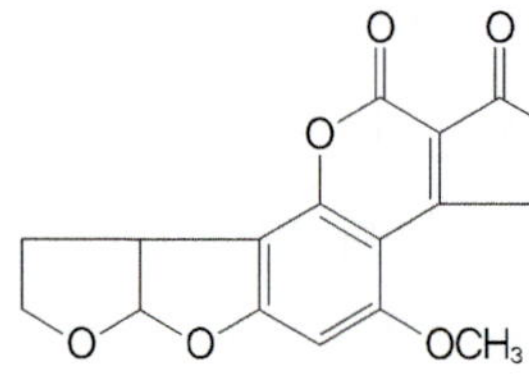

B_2

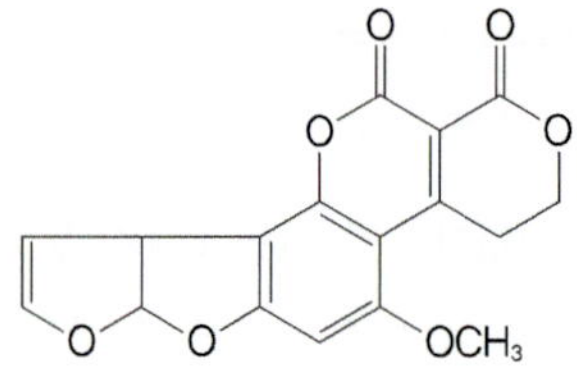

G_1

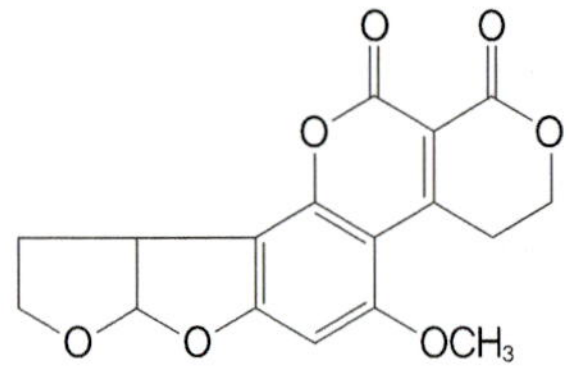

G_2

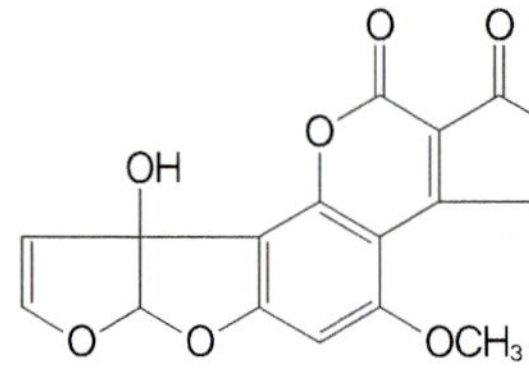

M_1

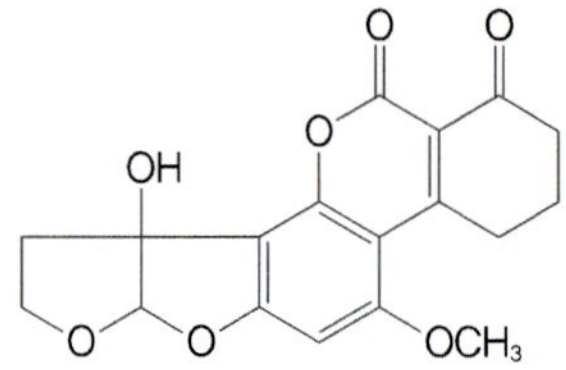

M_2

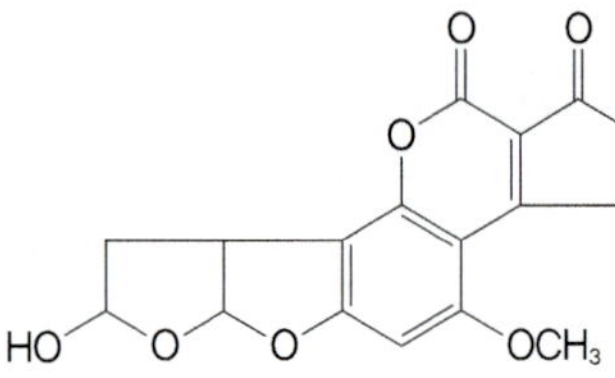

$B_{2\alpha}$

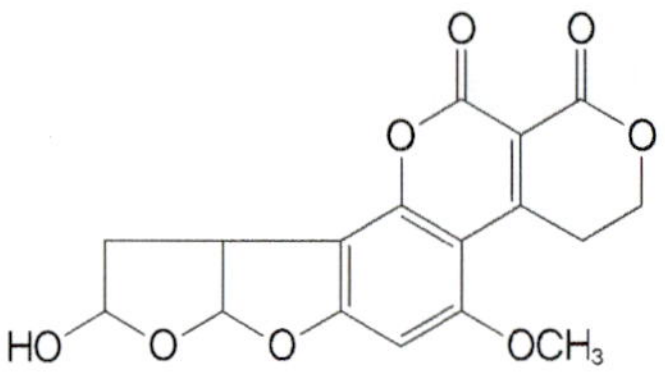

$G_{2\alpha}$

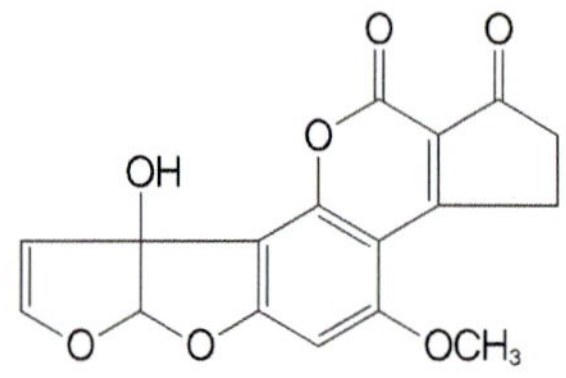

R_1

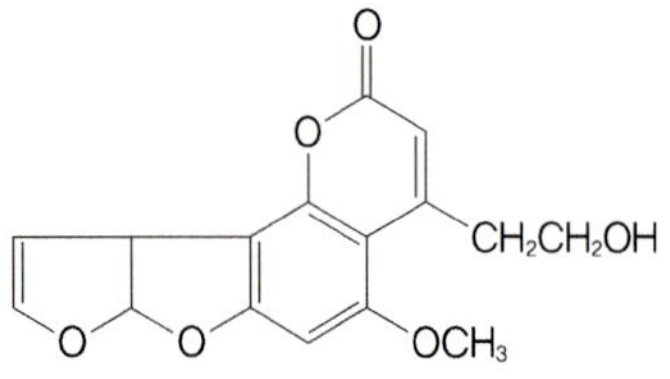

parasiticol(B_3)

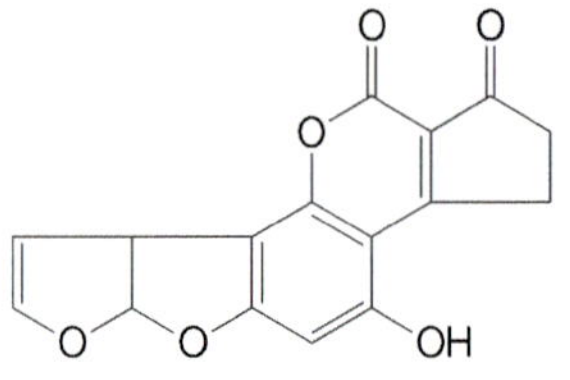

P_1

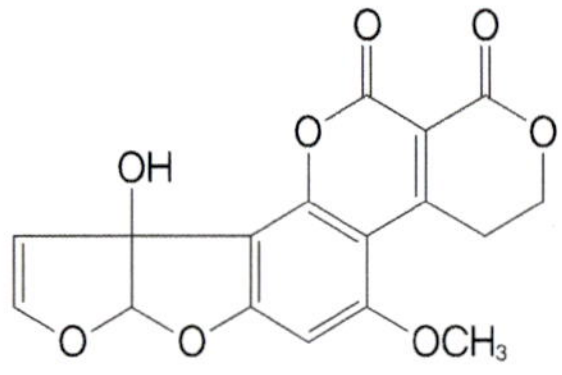

GM_1

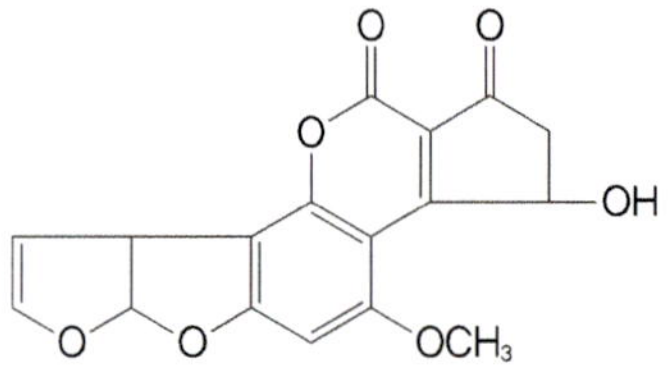

Q_1

그림 5-20 아플라톡신의 구조

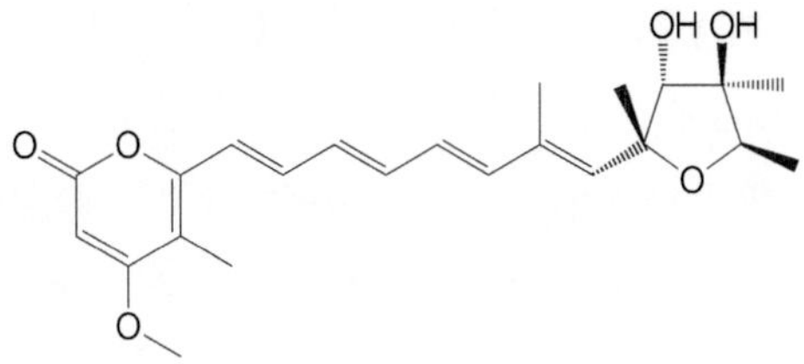

citreoviridin

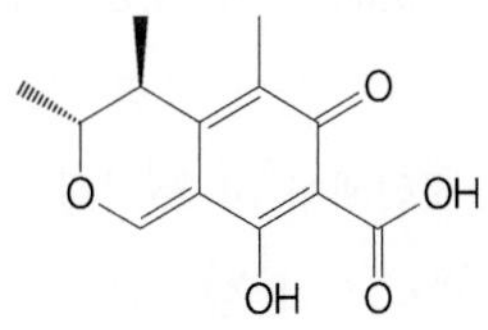

citrinin

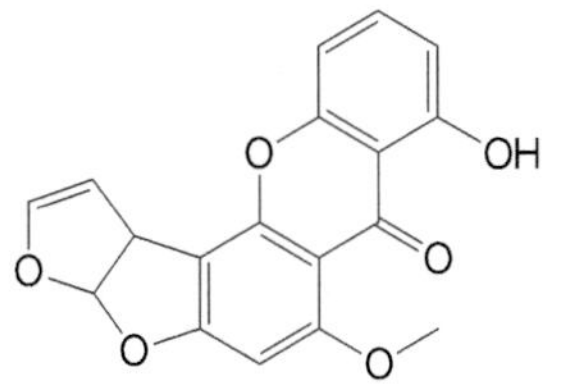

luteoskyrin

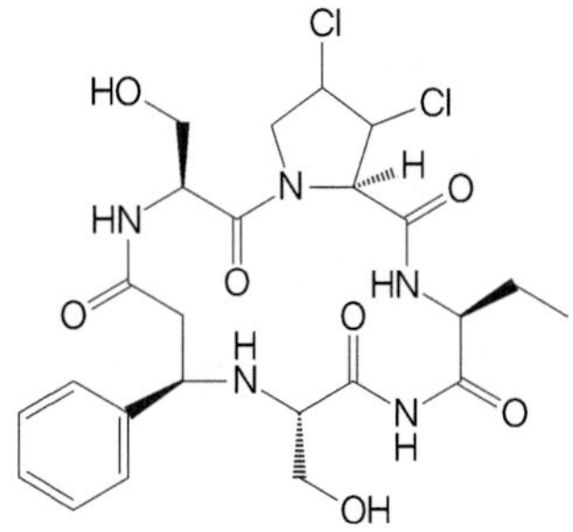

islanditoxin

그림 5-21 황변미독소의 구조

3) 맥각독

맥각독(ergot)은 진균류 중 가장 먼저 알려진 곰팡이독으로 중세 유럽에서 유행하였다. 호밀, 보리 등에 맥각균(*Claviceps purpurea*)이 기생하여 생성된 흑자색의 균핵을 맥각이라고 하며 이것이 혼입된 곡물을 섭취하며 맥각 중독이 일어난다. 맥각에는 ergotoxine, ergotamine, ergometrine 등 3군의 유독 알칼로이드가 함유되어 있다. 혈관 수축으로 인한 혈압 상승 작용이 있으며 장기간 섭취하게 되면 지나치게 혈관을 수축시켜 사지와 수족의 괴저를 유발한다. 한편, 맥각 알칼로이드에 공통으로 존재하는 물질인 lysergic acid에 diethyleneamine기가 결합한 lysergic acid diethylamide(LSD)는 환각제로서 의학적 목적으로 활용되고 있다. 곡류 중에 0.5% 이상이 혼입되면 만성중독을 일으키고 7% 이상이면 치명적이기 때문에 미국, 캐나다 등에서는 맥각의 혼입 허용치를 각각 0.3%, 0.2%로 설정하고 있다.

4) 푸모니신

*Fusarium*속 곰팡이들은 온난지역뿐 아니라 온도가 낮은 한랭지역에서도 독소를 만들어

내는데, *Fusarium*속 곰팡이독은 붉은곰팡이독으로도 불린다. 푸모니신(fumonisin)은 주로 옥수수 등의 곡물에 감염되는 *F. moniliforme*에 의해 만들어지는 곰팡이 대사체를 총칭하며, 동물실험에서 이 독성에 의해 여러 질환이 발생하는 것으로 알려져 있다. 대표적인 증상은 말에서 뇌세포를 괴사시키는 신경독성, 쥐에서의 간경화증이나 섬유종 발병, 돼지에서 폐부종 및 호흡장애 등을 유발한다.

(1) 트리코테신

트리코테신(trichothecene)류는 현재까지 확인된 곰팡이독 중 가장 복합한 것으로 알려져 있으며 *F. tricinctum*, *F. solani* 등의 각종 *Fusarium*속과 *Trichoderma*속 등의 곰팡이가 생성하는 유해대사산물이다. 50여 종의 이성질체가 알려져 있지만 특히 T-2 toxin, nivalenol, deoxynivalenol이 문제가 된다. 독소의 특징은 장관비대출혈, 간장·비장 비대 등이 있으며 간의 점막상피, 흉선, 비장, 림프조직, 골수 등의 세포 괴사를 유발한다.

(2) 제랄레논

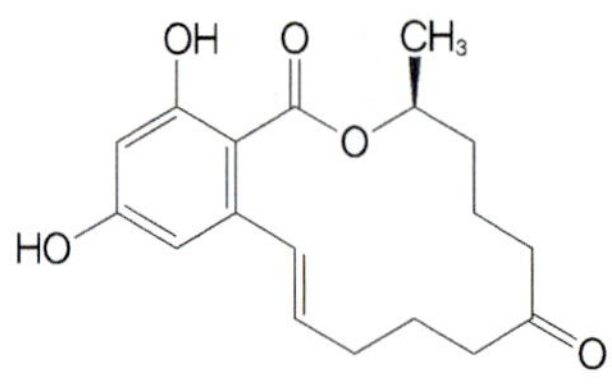

그림 5-22 제랄레논의 구조

제랄레논(zearalenone)은 *F. graminearum*, *F. roseum*, *F. culmorum* 등의 곰팡이가 생산하는 주요한 곰팡이독으로 가축의 사료나 축산물에서 빈번히 검출된다. Estrogen과 같은 기능을 가지는 제랄레논은 1962년에 *F. graminearum*으로부터 분리되었으며 1966년 화학적구조가 밝혀졌는데, 대환상의 락톤 화합물이다. 돼지 등의 가축에서 자궁 비대, 유선 비대, 외음부의 종창이나 부종 그리고 질염 등을 일으킨다. 제랄레논에 오염된 사료를 섭취한 가축에서 유산, 불임, 사산 혹은 기형 송아지 출산 등이 관찰되고 번식 능력의 저하로 가축의 생산 저하의 원인이 되고 있다. 옥수수, 보리, 밀 등의 곡류에서 주로 오염된다.

5) 오크라톡신

오크라톡신(ochratoxin)은 *A. ochraceus*가 옥수수에 기생하여 생산하는 곰팡이독으로 A, B, C 등이 알려져 있다. 오크라톡신 A가 가장 독성이 강하고, B와 C는 A의 독성에 1/1,000 정도이다. 동물에 대한 독성은 간장 및 신장 장애로 간장에 지방변성, 글리코겐 합성효소를 저해하여 신장 및 간에 암을 발생시킨다. 사람에게는 불가리아, 루마니아 및 유고슬라비아 특정 지역의 유행병인 발칸 신장염의 원인으로 의심되고 있다. 오크라톡신을 생산하는 곰팡이는 자연계에 널리 분포하며 쌀, 보리, 밀, 옥수수, 콩 등에서 발견된다.

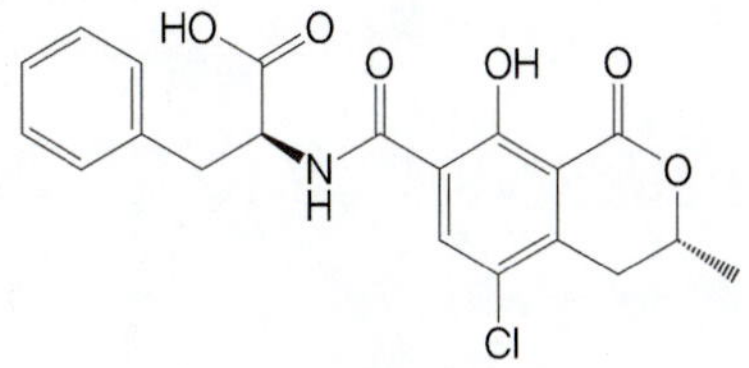

그림 5-23 오크라톡신 A의 구조

6) 스트리그마토시스틴

스트리그마토시스틴(sterigmatocystin)은 *A. versicolor*의 대사산물로서 아플라톡신과 화학구조가 비슷하다. 비교적 낮은 온도에서 생육할 수 있으므로 겨울에 오염될 가능성이 크다. 아플라톡신 B_1에 비하여 발암력은 1/250이고 급성독성은 1/20~ 1/20 수준이다. 이 독소는 약 80% 균주가 독소를 생산한다는 점, 생산균이 식품상재균이라는 점, 강력한 발암력이 있다는 점에서 앞으로 주목해야 할 곰팡이독으로 평가되고 있다. 옥수수, 잡곡류, 가축 사료에서 분리된다.

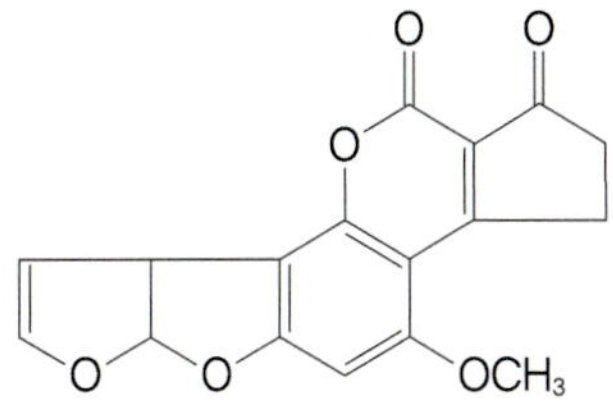

그림 5-24 스트리그마토시스틴의 구조

POISONOUS PLANTS

CHAPTER 06

식물성 자연독

1. 솔라닌
2. 시안배당체
3. 리시닌
4. 고시폴
5. 독버섯

1. 솔라닌

솔라닌(solanine, $C_{45}H_{73}NO_{15}$)은 배당체로 솔라니딘(solanidine)이라는 스테로이드(steroid)계 알칼로이드(alkaloid)에 포도당(glucose), 람노스(rhamnose), 갈락토스(galactose) 등의 당이 결합된 상태로 되어 있다. 솔라닌은 체내에 흡수되면 cholin-esterase의 작용을 억제하여 독작용을 나타내며, 특히 용혈작용(hemolysis) 및 운동중추의 마비작용을 일으킨다.

감자의 싹에는 쓴맛을 내는 천연독소인 솔라닌이 2~60 mg% 함유되어 섭취 시 식중독을 일으킬 수 있다. 특히, 발아 부위(81 mg%), 녹색 부분의 표피(48 mg%)에 많이 함유되어 있으므로 주의해야 한다. 보통 솔라닌을 20~40 mg/100 g 이상 섭취하게 되면 복통, 위장 장애, 현기증, 졸음 등의 중독증상이 나타날 수도 있다. 감자를 햇볕에 오래 노출하거나 오래 보관하면 표면이 녹색으로 변하는데 감자의 껍질을 벗겨 내면 약 70%의 솔라닌을 제거할 수 있다. 또한, 싹이 난 부분은 싹의 눈 부분이 남지 않도록 말끔히 도려내야 한다. 감자는 통풍이 잘되고 그늘진 곳에 보관하도록 한다.

감자에 싹이 나지 않도록 하려면 어떻게 보관하는 것이 좋은가?

감자 보관상자에 사과를 한두 개 정도 넣어 두면 좋다. 사과에서 감자의 발아를 억제하는 에틸렌 가스가 생성되어 함께 보관 시 감자는 싹을 틔우지 못하게 되므로 오랜 시간 보관할 수 있다. 보통 사과 한 개가 감자 10 kg 정도의 싹을 억제하는 기능을 한다.

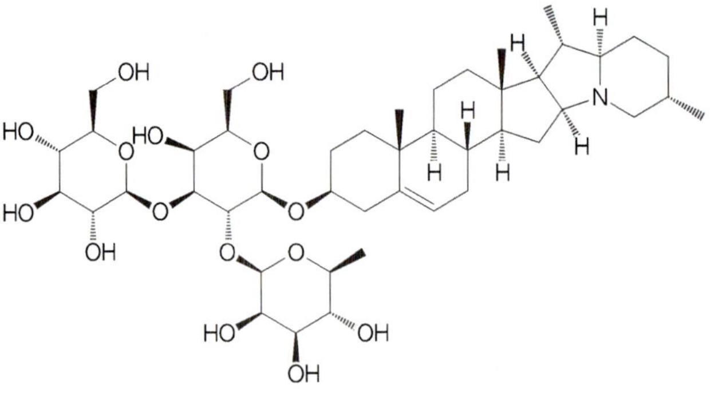

그림 6-1 솔라닌 구조

2. 시안배당체

시안배당체(cyanogenic glycosides)란 청매(미숙 매실), 은행, 복숭아씨(도인), 살구씨(행인) 등에 많이 있는 물질로서, 가수분해에 의해 청산(HCN)을 형성하는 화합물들을 총칭한다. 그림 6-2와 같이 그룹과 당분이 결합한 일종의 배당체로서 그 자체로는 유해하지 않으나, 식물체 내의 효소로 분해되어 HCN(hydrogen cyanide, 시안화수소)를 생성한다. 식물에는 20여 종 이상의 시안배당체가 존재하는 것으로 알려져 있는데 대표적인 시안배당체는 듀린, 리나마린, 아미그달린(amygdalin) 등이 있다. HCN의 치사량은 체중 1 kg당 0.5~3.5 mg이며 HCN에 중독되면 호흡효소인 사이토크롬 산화효소(cytochrome oxidase)의 작용이 억제되어 과량 섭취 시 질식성 경련이 일어나 사망하게 된다.

식물의 씨앗은 지방(불포화지방산), 단백질, 탄수화물, 비타민, 무기질 등 영양소가 풍부하지만, 일부 식물성 종자의 경우 자연독소를 함유하고 있어 날로 섭취하는 것에 주의할 필요가

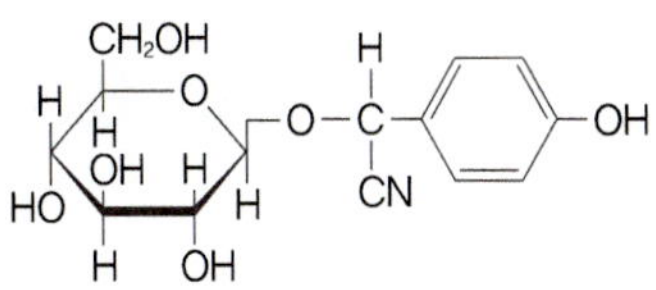

dhurrin(CAS No. 499-20-7)

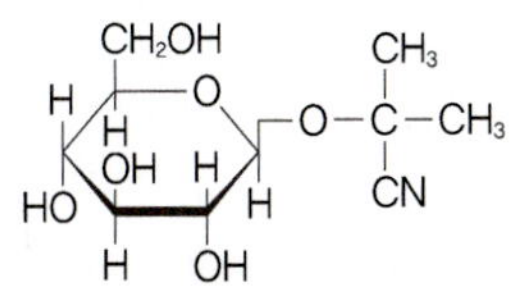

linamarin(CAS No. 554-35-8)

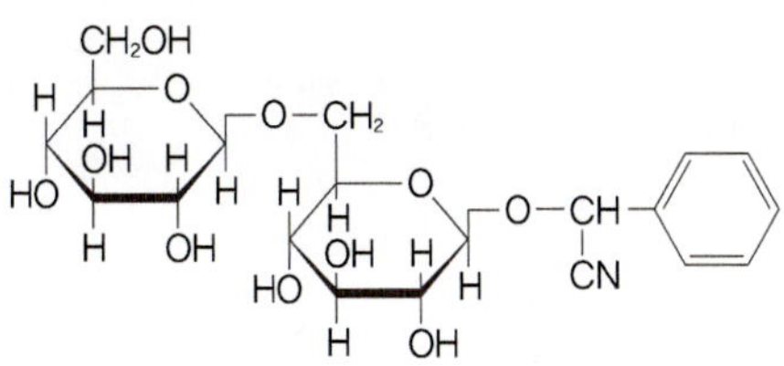

amygdalin(CAS No. 29883-15-6)

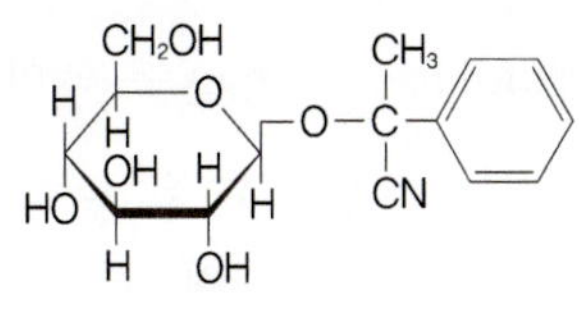

lotaustralin(CAS No. 534-67-8)

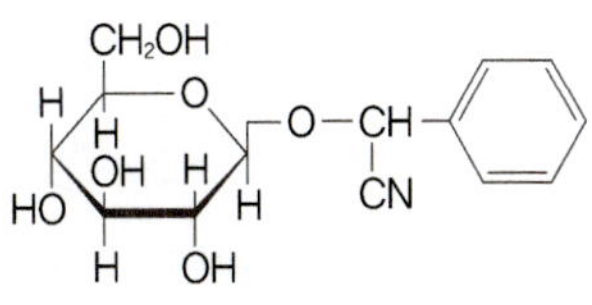

prunasin(CAS No. 99-18-3)

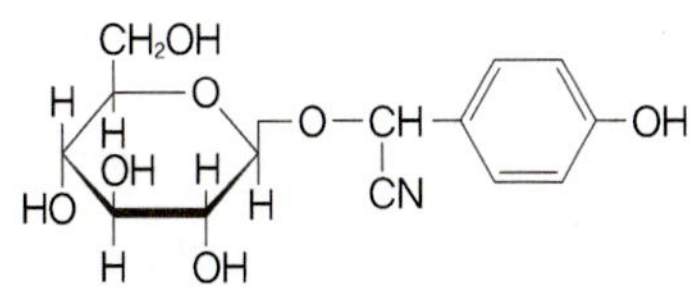

taxiphyllin(CAS No. 21401-21-8)

그림 6-2 주요 식용식물의 시안배당체(cyanogenic glycosides)

자료 : JECFA, 1993

있다(표 6-1). 청매에는 아미그달린이라는 청산배당체를 함유하고 있으며 청매 자체의 효소(emulsin)나 인체 장내세균의 글루코시데이스(β-glucosidase)에 의해 HCN을 생성시켜 두통, 소화기계 증상과 호흡 곤란, 경련 등을 일으키고 심하면 호흡중추 마비로 사망한다. 중독을 예방하려면 날것으로 먹지 말고, 술을 담그거나 설탕에 절이는 등 자체 소화과정을 거쳐 시안배당체를 분해한 후 섭취해야 한다. 또는 가열하여 효소를 불활성화시키거나 수용성이므로 물에 담가 시안배당체를 용출시키면 HCN의 생성을 억제할 수 있다.

표 6-1 식품으로 섭취할 수 없는 씨앗

종류	독성물질	독성
살구씨 속 알맹이 복숭아씨 속 알맹이 산앵도나무의 씨	시안배당체	호흡장애, 청색증 유발
피마자(아주까리)	리시닌(ricinine)	구토, 위장염, 간·신장 장애, 혈압 및 호흡 저하
나팔꽃씨(견우자)	에르골린 알칼로이드(ergoline alkaloid)	동공 확대, 수전증, 심박동 및 혈압 상승
보두(여송과) 마전자(호미카)	스트리크닌(strychnine), 브루신(brucine)	근육 경련, 중추신경마비
속수자	쿠마린(coumarin)	피부 자극, 매스꺼움, 설사, 두통, 혈압 강하

자료 : 식품의약품안전처, 2014

3. 리시닌

리시닌(ricinine, $C_8H_8N_2O_2$)은 피마자(*Ricinus communis* : 아주까리)의 잎과 씨에서 얻는 알칼로이드이다(그림 6-3). 식물체 내에 존재하는 알칼로이드는 질소를 포함하여 염기성을 나타내는 물질로 대부분 약리작용이나 독성작용을 보인다. 일반적으로 피마자유나 피마자유박에 리신(ricin), 리시닌(ricinine) 등의 유독 성분과 알레르기 항원(allergen)을 함유하고 있어 사람에 따라 복통, 설사, 알레르기 등의 중독증상이 나타난다. 리신은 콩과 식물에도 존재하는 헤마글루티닌(hemagglutinin)이라는 적혈구를 응집시키는 특수 단백질이며, 피자마유 추출에 사용된 용매를 제거하는 과정에서 제거되는 것으로 알려져 있다.

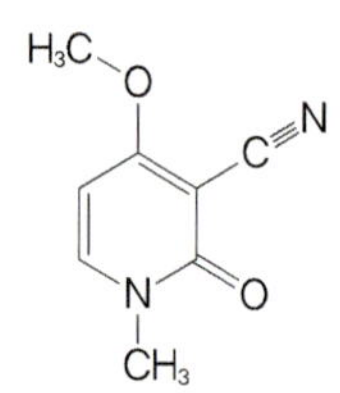

그림 6-3 리시닌

4. 고시폴

고시폴(gossypol, $C_{30}H_{30}O_8$)은 목화씨에 존재하는 폴리페놀(polyphenol) 화합물로 정제되지 않은 면실유에도 함유되어 있다. 유독하여 이것을 함유하는 사료를 소에게 주면 부종을 일으키거나, 심할 경우 사망할 수 있다. 면실유 중의 고시폴은 알칼리 처리 또는 아닐린(aniline)으로 처리하여 제거할 수 있으나, 정제되지 않은 면실유와 면실유박에는 고시폴이 존재하므로 중독을 일으킬 수 있다. 박(찌꺼기) 중에는 0.7~1.5%의 독성분이 함유되어 있다. 따라서 정제가 불충분하면 출혈성 신염(腎炎)과 신장염(신부전), 심장 비대, 그 외 간장애, 황달, 장기출혈 등이 수반된다.

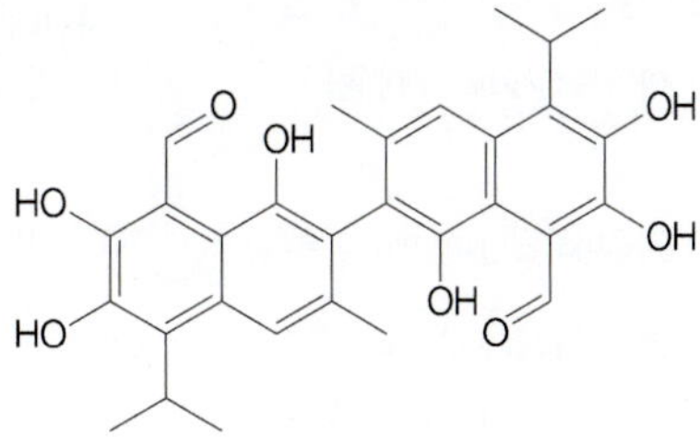

그림 6-4 고시폴

5. 독버섯

우리나라 자생버섯은 약 1,500여 종이며, 그중 식용이 가능한 버섯은 350여 종이고 독버섯은 90여 종이다. 식용 중 대부분은 야생버섯이고 상업적으로 재배되는 버섯은 느타리버섯, 팽이버섯, 표고버섯 등을 포함하여 30여 종 정도이다. 독버섯은 종류에 따라 함유하고 있는 독성분도 각기 다른데, 잘 알려진 독버섯의 종류로는 독우산광대버섯, 흰알광대버섯, 마귀광대버섯, 개나리광대버섯, 붉은사슴뿔버섯, 노란다발버섯, 화경버섯, 미치광이버섯, 굽은외대버섯 등이 있다. 이 중 광대버섯류가 가장 독성이 강하고, 복통이나 설사, 구토와 같은 위장관 증상을 주로 일으키는 준독성 버섯들도 있고, 정신신경계 독소를 내포하여 환각이나 수면을 일으키는 버섯도 있다(표 6-2).

우리나라에서 자생하는 광대버섯은 독성이 가장 강한 버섯으로 아마톡신(amatoxins)을 함유하고 있다. 독우산광대버섯은 여름과 가을철에 잡목림, 떡갈나무, 벚나무 부근의 지상에 흩어져 발생하며, 원뿔 모양에서 종 모양으로 되고, 성장하면서 흰색의 대와 갓이 나타나며 주름살은 성장한 후에도 흰색을 유지한다. 중독 시 출혈성 위염, 급성신부전 및 간부전을 초래하고 중독증상이 심하면 생명을 잃을 수도 있다. 맹독성을 나타내는 독버섯은 조리, 냉동, 절임 등 가공 처리에도 독성분이 파괴되지 않으므로 의심스러운 독버섯은 섭취하

표 6-2 중독 형태에 따른 버섯 분류

구분	종류
아마톡신(amatoxin) 중독	양파광대버섯, 흰오뚜기광대버섯, 개나리광대버섯, 흰알광대버섯, 독우산광대버섯, 턱받이종버섯, 두건포자에밀종버섯, 갈잎에밀종버섯, 황토에밀종버섯, 밤색갓버섯, 절구버섯아재비 등
지로미트린(gyromitrin) 중독	게딱지버섯, 마귀곰보버섯, 안장마귀곰보버섯, 곰보버섯, 와인잔버섯 등
코프린(coprine) 중독	배불뚝이깔때기버섯, 두엄먹물버섯, 갈색먹물버섯
무스카린(muscarine) 중독	잿빛깔때기버섯, 삿갓땀버섯, 바늘땀버섯, 솔땀버섯, 비듬땀버섯, 흰땀버섯
이보텐산-무시몰(ibotenic acid-mucimol) 중독	파리버섯, 마귀광대버섯
환각 중독	계란모자버섯, 노란종버섯, 갈황색미치광이버섯, 목장말똥버섯, 검은띠말똥버섯, 좀환각버섯, 검은쓴맛그물버섯
위장관 자극 중독	노란대주름버섯, 애우산광대버섯, 긴골광대버섯아재비, 암회색광대버섯, 뱀껍질광대버섯, 턱받이광대버섯, 큰우산버섯, 큰주머니대광대버섯, 흰오징어버섯, 산속그물버섯아재비, 흰갈대버섯, 붉은꼭지버섯, 밤자갈버섯, 붉은산무명버섯, 큰비늘땀버섯, 노란젖버섯, 흠집남빛젖버섯, 화경버섯, 갈색고리갓버섯, 볼록포자갓버섯, 여우갓버섯, 노란각시버섯, 용문새주둥이버섯, 흰독큰갓버섯, 맑은애주름버섯, 노란다발, 좀우단버섯, 꽃잎우단버섯, 주름우단버섯, 은행잎우단버섯, 턱받이금버섯, 비늘버섯, 침비늘버섯, 땅비늘버섯, 붉은사슴뿔버섯, 노란분말그물버섯, 황금싸리버섯, 노랑싸리버섯, 붉은싸리버섯, 자주색싸리버섯, 노란꼭지버섯, 흰꼭지버섯, 삿갓외대버섯, 애기무당버섯, 무당버섯, 깔때기무당버섯, 흰무당버섯아재비, 절구버섯, 흙무당버섯, 점박이어리알버섯, 처녀송이버섯 등

자료 : 독버섯도감, 2011

지 않도록 한다. 화경버섯은 여름부터 가을까지 활엽수의 죽은 나무와 썩은 가지 등에 겹쳐서 무리지어 자라며, 북한에서는 독느타리버섯이라고 한다. 식용 가능한 느타리버섯과 비슷한 모양을 띠지만, 절단하면 버섯의 밑부분이 검게 되는 것이 특징이다. 유독 성분인 람테롤(lampterol)을 함유하고 있다. 중독 시 구토, 설사, 복통 등 심한 위장장애가 일어나며 구토증상이 오래 지속되는 것이 특징이다. 미치광이버섯은 진한 황갈색을 띠며, 여름부터 가을까지 활엽수 고목에 무리지어 발생한다. 갓은 구형에서 자라면서 반구형이 되고, 중독 시 일시적으로 환각을 동반하는 흥분작용이 일어날 수 있다. 미치광이버섯에는 사일로시빈(psilocybin), 사일로신(psilocin) 등과 같은 유독 성분이 함유되어 있다(그림 6-5).

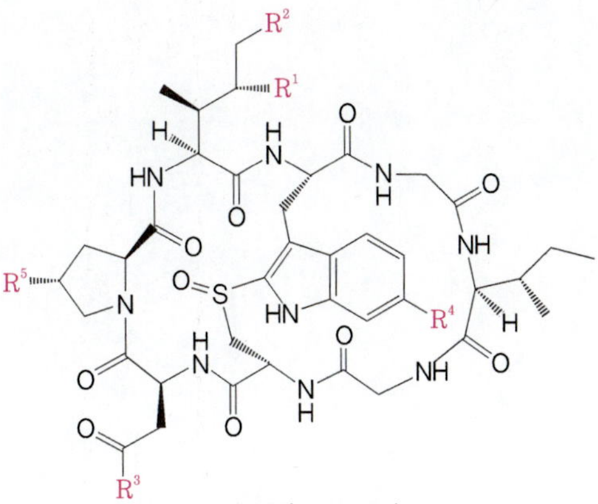

아마톡신(amatoxins)

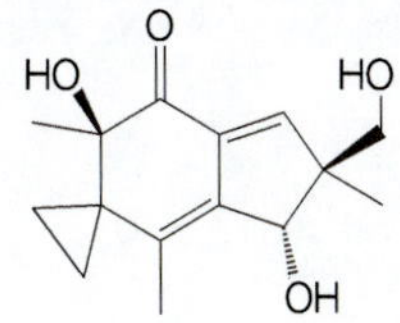

람테롤(lampterol)

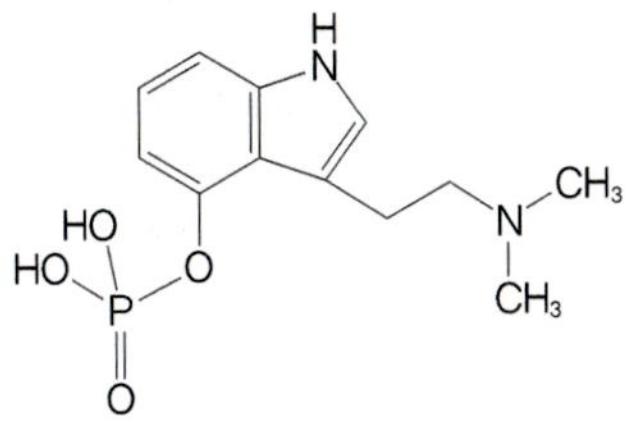

사일로시빈(psilocybin)

지로미트린(gyromitrin)

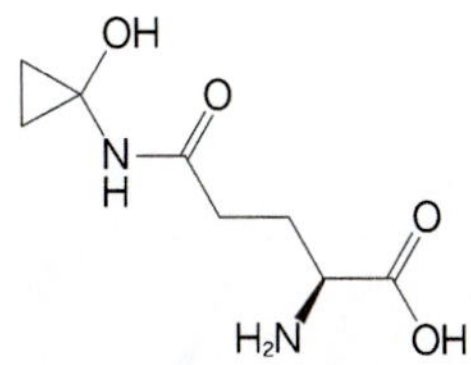

코프린(coprine)

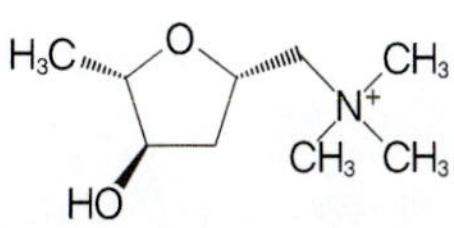

무스카린(muscarine)

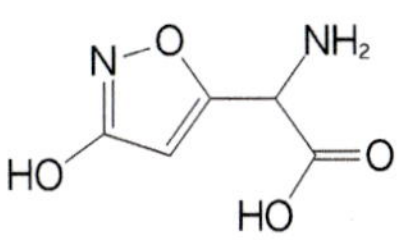

이보텐산(ibotenic acid)

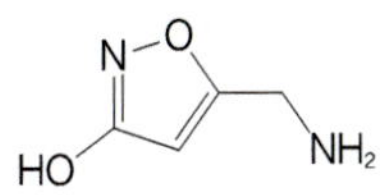

무시몰(mucimol)

그림 6-5 독버섯의 유독 성분

CHAPTER 07

기생충

1. 식품과 기생충
2. 어패류 및 수육류로부터 감염되는 기생충
3. 채소류로부터 감염되는 기생충

기생현상(parasitism)이란 어느 생물이 다른 생물에게 침입 혹은 부착하여 영양 물질을 빼앗으며 생활하는 것을 일컫는다. 이같은 기생현상을 영위하는 생물을 기생체라고 하며, 기생체가 기생하는 대상을 숙주(host)라고 한다. 숙주는 기생충의 성충이 지속적으로 기생하는 고유숙주(definitive host) 또는 종말숙주(final host)로 구분한다. 경우에 따라 중간숙주 중에서 최초의 중간숙주를 제1중간숙주라 하고 나중의 것을 제2중간숙주라 한다. 이 장에서는 기생충 감염원인이 되는 식품의 종류를 알아보고, 기생충을 분류하여 각각의 특징과 전파경로를 설명하고자 한다.

1. 식품과 기생충

기생충의 감염경로는 경구감염, 경피감염, 접종감염, 접촉감염, 태반감염 등 다섯 가지로 구분지을 수 있다. 식품위생상 중요한 감염 양식은 식품을 통한 경구감염이지만, 경구감염이라도 기생충의 종류에 따라 그 감염경로가 다르다. 감염경로를 대별하면 동물성 식품을 경유하는 것(간·폐흡충, 조충 등)과 채소 등의 일반 식품을 경유하는 것(회충·구충 등)이 있다.

식품의 종류와 그에 관련된 감염이 일어나는 기생충을 정리하면 다음과 같다.

표 7-1 기생충 감염과 관련된 식품

식품의 종류		기생충의 종류
갑각류	참게 등의 담수게 및 가재	폐흡충 *Paragonimus westermani*
어류	붕어 등의 담수어류 은어 숭어 가물치 대구, 청어, 고등어 등의 해산어	간흡충 *Clonorchis sinensis* 요코가와이형흡충 *Metagonimus yokogawai* 이형흡충 *Heterophyes heterophyes* 유극악구충 *Gnathostoma spinigerum* 아니사키스 *Anisakis simplex complex*
양서류·파충류	개구리·뱀 등	만손열두조충 *Spirometra mansoni*
수육류	소 돼지 소·돼지	무구조충 *Taenia saginata* 유구조충 *Taenia solium* 선방조충 *Echinococcus granulosum* 톡소플라스마 *Toxoplasma gondii*
채소류		장관기생원충 *Protozoa* 회충 *Ascaris lumbricoides* 구충 *Ancylostoma duodenale* 편충 *Trichuris trichiura* 요충 *Enterobius vermicularis* 동양모양선충 *Trichostrongylus orientalis*

자료 : 식품위생관리, 이용욱·김종규, 한국방송대학교출판부, 1997

2. 어패류 및 수육류로부터 감염되는 기생충

1) 흡충류

흡충류는 암수의 구별이 없는 자웅동체이며 2개의 흡반을 가지고 있으므로 디스토마(distoma)라고 불리기도 한다. 발육 시에 2개 이상의 중간숙주를 필요로 하며, 제1중간숙주는 어떠한 종류의 흡충일지라도 연체동물을 택해 무성생식을 한다. 그리고 반드시 제2중간숙주를 거쳐 마지막으로 사람에게 감염된다.

(1) 간흡충(*Clonorchis sinensis*, 간디스토마)

길이가 10~25 mm, 두께가 3~5 mm 정도로 나뭇잎처럼 납작하게 생겼으며 자웅동체이다. 간흡충 알은 27~35×12~20 ㎛의 난형이며 황갈색의 두꺼운 난각(卵殼)이 있으며, 담즙과 함께 분변에 섞여서 배출된다. 물속에 들어간 알로부터 나온 유충은 제1중간숙주인 쇠우렁이, 제2중간숙주인 담수어로 옮겨가 직경 약 100 ㎛인 구상의 피낭유충(metacercaria)으로 된다. 사람은 유충이 있는 어육을 생식하면 감염되고 인체의 십이지장에서 탈낭하여 유약디스토마가 되며 이것은 총수담관을 거쳐 담관에 기생한다.

주로 간 내 담도 중간부에 기생하며 약 1개월 후 성충이 되어 산란한다. 개나 고양이가 감염되기도 하고 심한 경우에는 간비대, 복수, 황달, 야맹증, 혈변, 장출혈 등을 일으킨다. 예방법으로는 쇠우렁이와 담수어의 생식 금지 등을 들 수 있다.

(2) 폐흡충(*Paragonimus westermani*, 폐디스토마)

폐흡충은 7~14×4~8 mm의 크기로, 두께가 두꺼우며 배쪽은 편평하고 등쪽이 불룩 올라온 형상을 하고 있는데 폐 속에 자리를 잡고 산다. 기생충 알은 80~118×50~60 ㎛의 난원형으로 난개(卵蓋)가 있고 갈색이다.

객담이나 분변과 함께 외부로 배출된 기생충 알은 25~30℃의 물속에서 2~3주 내에 유모유충을 형성하여 부화한 뒤 제1중간숙주인 다슬기 내로 들어가 무성생식을 해서 유미유충(cercaria)이 된다. 이 유충을 가진 다슬기를 제2중간숙주인 참게나 가재가 잡아먹으면 그 속에서 피낭유충이 되고 게의 아가미·간·근육에 기생하게 된다. 이 피낭유충을 사람이 먹으면 소장 상부에서 탈낭하고, 이 탈낭한 유충이 복강 내로 들어왔다가 횡격막을 관통하여 흉강으로 들어가 폐의 표면으로부터 폐실질로 침입하여 자리를 잡는다. 감염 후 약 60~90일에 산란을 시작하여 수년간 감염이 지속된다.

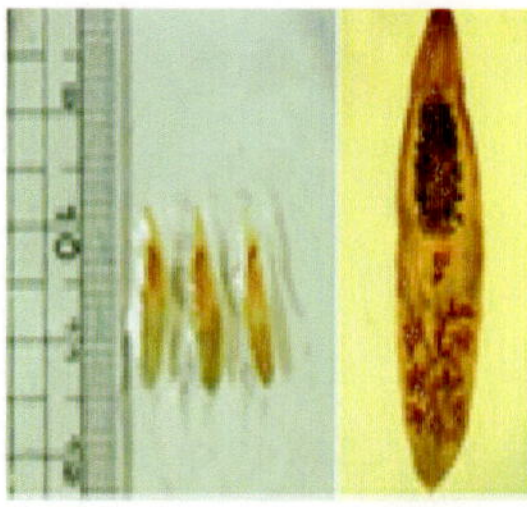

그림 7-1 간흡충의 성충

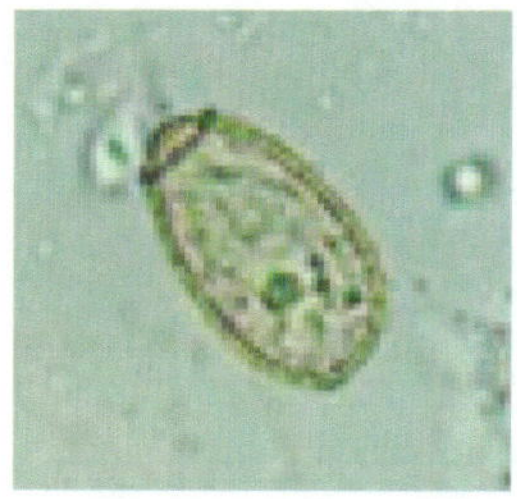

그림 7-2 분변 내의 간흡충 알

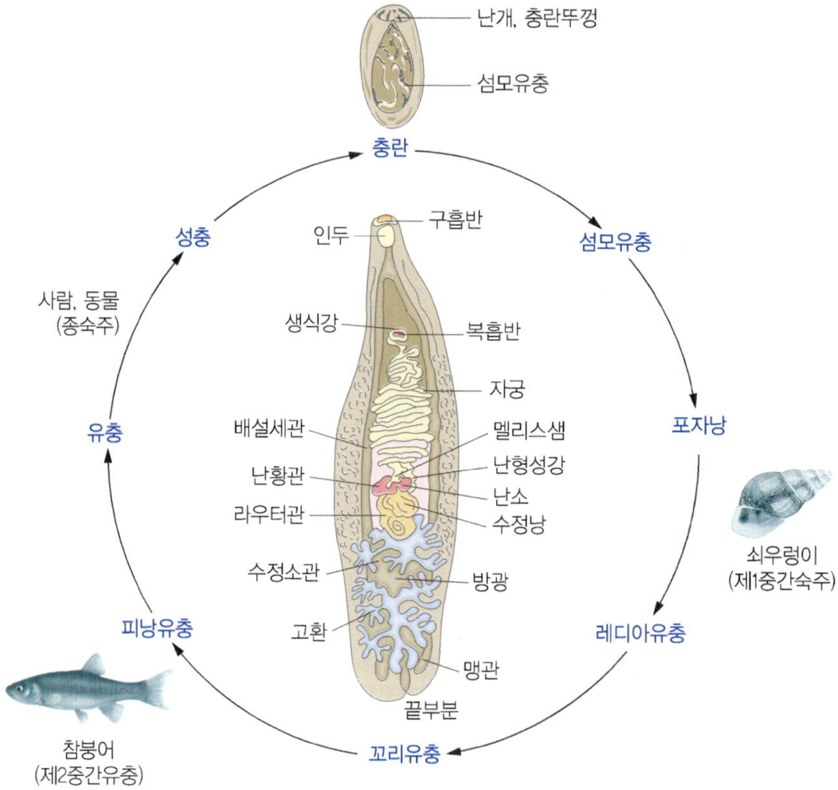

그림 7-3 간흡충의 생활사

폐에 기생할 때의 증상은 기침, 객담, 객혈 등을 일으키고 흉통을 느낀다. 폐흡충은 북한강과 일부 남부지방의 강에 서식하는 민물 게와 민물 가재에서 발견된다. 따라서 민물 게나 민물 가재의 생식을 금하는 것이 폐흡충 감염을 예방하는 방법이다.

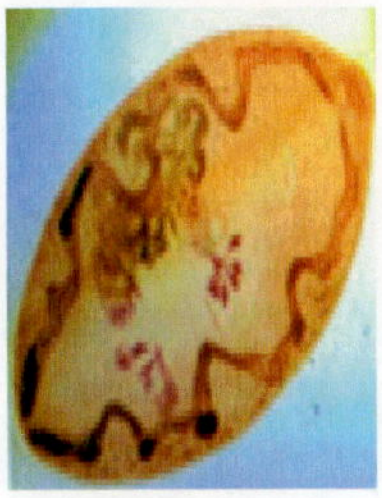

그림 7-4 폐흡충의 성충

그림 7-5 분변 내의 폐흡충 알

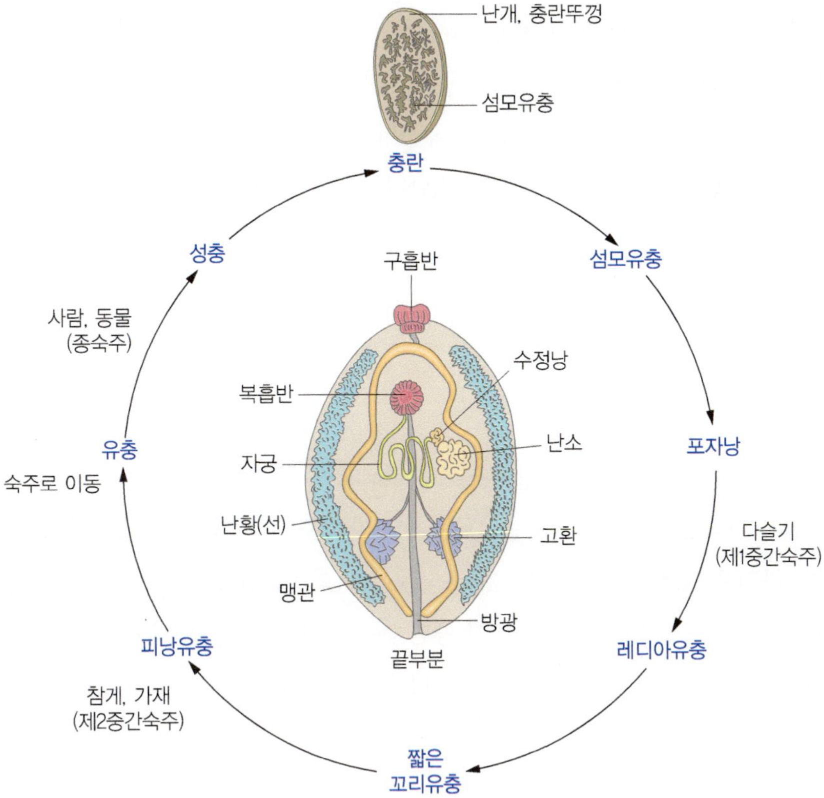

그림 7-6 폐흡충의 생활사

(3) 장흡충(*Metagonimus yokogawai*, 요코가와흡충)

장흡충의 성충은 1.0~2.0 mm 길이에 0.4~0.6 mm의 폭을 가지는 아주 작은 난원형의 흡충이다. 장흡충의 알은 담갈색이며, 크기는 28~30×16~17 μm이다. 체외로 배출된 알은 물속에서 중간숙주인 다슬기에게 섭취되어 부화한 다음 간흡충과 같은 발육과정을 거쳐

그림 7-7 장흡충의 성충

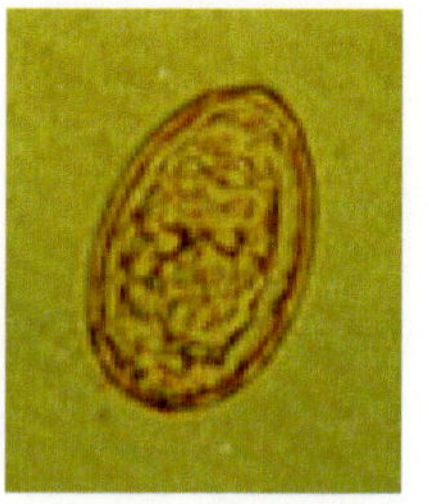

그림 7-8 분변 내의 장흡충 알

다시 물속으로 나오고, 제2중간숙주인 담수어에 침입하여 피낭유충이 된다.

사람이 은어 또는 숭어와 같은 담수어를 생식하는 경우 장흡충에 감염된다. 특히 우리나라 섬진강 유역에서 채집된 은어에서는 장흡충이 빈번하게 검출되는 것으로 알려져 있다.

장흡충은 공장 상부에 주로 기생하며 일반적으로 무증상감염을 한다. 그러나 장흡충이 심하게 감염되면 복통, 설사, 만성장염, 식욕 이상, 두통, 신경증세 등을 일으킨다. 예방을 위해서 은어를 포함한 담수어의 생식을 금하는 것이 무엇보다 중요하다.

2) 조충류

조충류는 산란을 하는 의엽조충류(pseudophyllidea)와 원엽조충류(cyclophyllidea)로 나눌 수 있다. 의엽조충류가 발육하는 데는 제1중간숙주와 제2중간숙주, 운반숙주가 필요하며, 그 과정은 조충 알→전의미충(procercoid)→의미충(plerocercoid)→성충의 순서를 따른다. 원엽조충류의 발육에는 하나의 중간숙주가 필요하며, 중간숙주의 체내에서 형성되는 유충은 조충의 종류에 따라 형태가 다르다. 종류로는 낭미충(cysticercus), 유낭미충(cysticercoid), 공미충(coenurus), 위립조충(echinococcus) 등이 있다.

(1) 광절열두조충(*Diphyllobothrium latum*)

긴촌충이라고도 하며, 성충은 길이가 8~12 m이며, 3,000~4,000개의 체절로 구성되어 있다. 각각의 체절은 길이가 2~3 mm, 폭 10~12 mm로 폭이 넓기 때문에 광절이라고 하였으며, 머리 부분이 갈라져 있기 때문에 '열두'라는 호칭이 붙여졌다. 광절열두조충 알은 60~70×45 μm 크기의 타원형이며 난개를 가진다.

알로부터 유충이 유출하여 제1중간숙주인 물벼룩, 제2중간숙주인 송어, 연어, 숭어, 농어 등으로 옮겨가며, 제2중간숙주의 근육 중에 유백색 끈 모양의 유충(plerocercoid)으로 기생

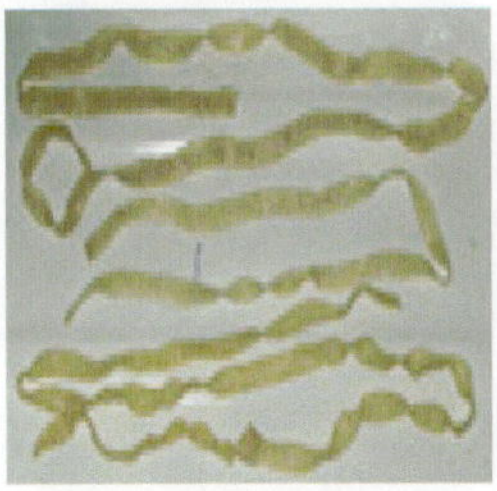

그림 7-9 광절열두조충

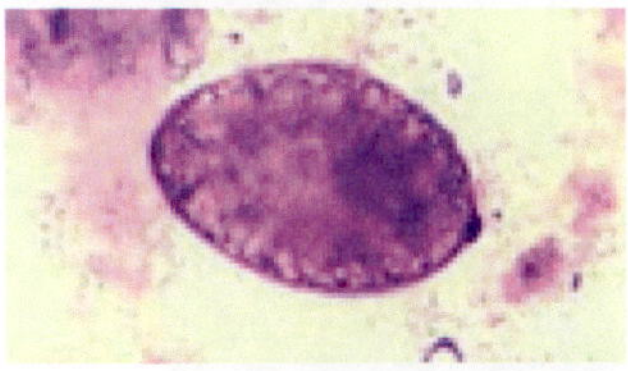

그림 7-10 분변 내의 광절열두조충 알

한다. 광절열두조충은 섭취한 사람의 장내에서 급속히 발육하고 약 1개월 후에는 산란을 개시한다.

광절열두조충에 감염되면 복통, 설사 등의 소화기장애와 빈혈, 영양장애 등을 일으키지만 특별한 증상을 나타내지 않을 수도 있다. 그러나 배변 시 충체의 일부가 항문으로 배출되면서 불쾌감을 줄 수 있다. 예방은 송어, 연어, 숭어, 농어 등의 반담수어나 담수어의 생식을 피하는 것이다.

(2) 만손열두조충의 유충

사람에게 기생하는 만손열두조충(*Spirometra mansoni*)의 유충은 유백색의 편평한 끈 모양의 알이며, 크기는 1~10 cm 정도로 여러 종류가 있다. 물벼룩을 거쳐 양서류가 제2중간숙주인 조충이지만, 사람의 경우도 제2중간숙주와 동일한 입장에 있다. 제1중간숙주인 물벼룩에 의해 오염된 물을 사람이 음용하면 감염되기도 하지만 흔한 일은 아니다. 유충이 기생하고 있는 개구리 등을 닭이 먹으면 그 피하에 유충이 기생하는데, 그 닭의 살을 회로 먹는 것이 사람에게 감염되는 주된 경로라고 생각되고 있다.

유충이 사람의 피하조직에 기생하면서 만손고충증(Mansoni 孤蟲症, Sparganosis)을 일으킨다. 기생 부위에 따라 피하기생, 안구 돌출, 현기증, 안통, 복통, 복부 팽만감, 요통, 요폐, 협심증 발작 등의 증상이 나타나는 것으로 알려져 있다. 치료는 체표 가까이에 있는 것을 외과적으로 적출하는 것 이외에 특별한 방법이 없다.

(3) 무구조충(*Taenia saginata*)

민촌충이라고 하며, 낭충은 쇠고기를 통하여 인체에 감염되므로 쇠고기촌충이라고도 부른다. 무구조충은 1,000개 이상으로 체절로 구성되어 있으며 길이가 3~8 m이다. 무구조충의 두부에는 4개의 흡반이 있고, 두정부(頭頂部)에는 갈고리가 없는 것이 특징이다.

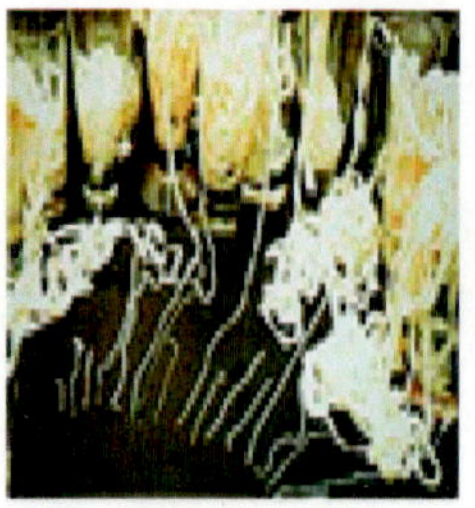

그림 7-11 무구조충의 성충

그림 7-12 쇠고기에 피낭되어 있는 무구낭충

분변과 함께 외부로 나온 무구조충 알이 풀이나 채소에 묻어 있다가 경구적으로 소에게 섭취되면 장내에서 부화하여 육구유충이 되고, 유충이 장벽을 뚫고 근육 안에 들어가 자리 잡고 피낭하여 무구낭충이 된다. 낭충은 크기가 7.5~10×4~6 mm 정도이고 사람의 입을 통해 들어가면 소화관에서 탈낭하여 약 2개월이 되면 편절 말단이 항문으로부터 탈출하기 시작한다. 이때 매우 불쾌감을 주며, 감염 시 증상이 없는 것이 보통이지만 복통, 소화불량, 오심, 구토 등이 일어나는 수가 있다.

예방은 쇠고기를 충분히 익혀서 먹고, 그 이전에 소가 먹는 사료나 목초가 분뇨에 오염되지 않도록 하여 소의 감염 기회를 차단하는 것이 필요하다.

(4) 유구조충(*Taenia solium*)

유구조충은 주로 돼지고기로부터 감염되므로 돼지고기 촌충이라고도 하며, 두부에 갈고리를 가지고 있어 갈고리촌충이라고도 부른다. 길이는 2~3 m, 폭 5~6 mm, 체절은 800~900개로 이루어져 있고 두부는 구형으로 22~32개의 갈고리가 있으며 이것을 4개의 흡반이 둘러싸고 있다.

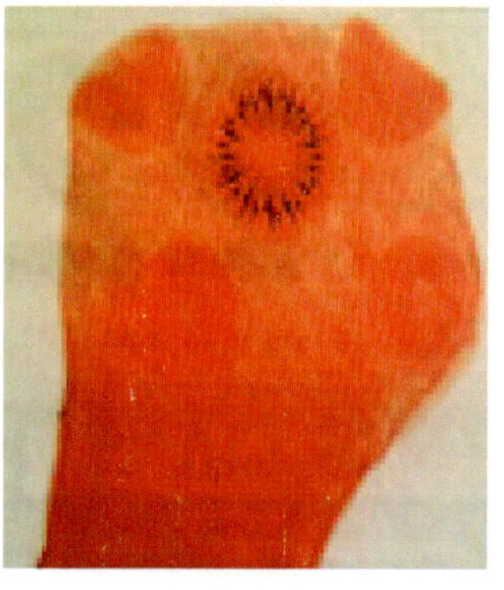

그림 7-13 유구조충의 두절

유구조충 알은 무구조충과 같이 얇은 알껍질 속에 육구유충이 들어 있는데, 이 낭충을 중간숙주인 돼지가 섭취하면 근육 속에 침입하여 유구낭충이 된다. 사람이 이 돼지고기를 섭취하면 소장 상부에서 두절이 튀어나와 장벽에 붙게 되고, 5~12주 만에 성충이 된다. 사람이 유구조충 알을 먹었을 때 낭충이 신체 각 부위에 기생하여 특유의 증상을 나타내는데, 이를 인체유구낭미충증(人體有鉤囊尾囊症)이라 한다. 심한 경우, 반신불수, 경련, 전신마비, 실명, 간질과 같은 증세를 일으키고 생명을 잃기

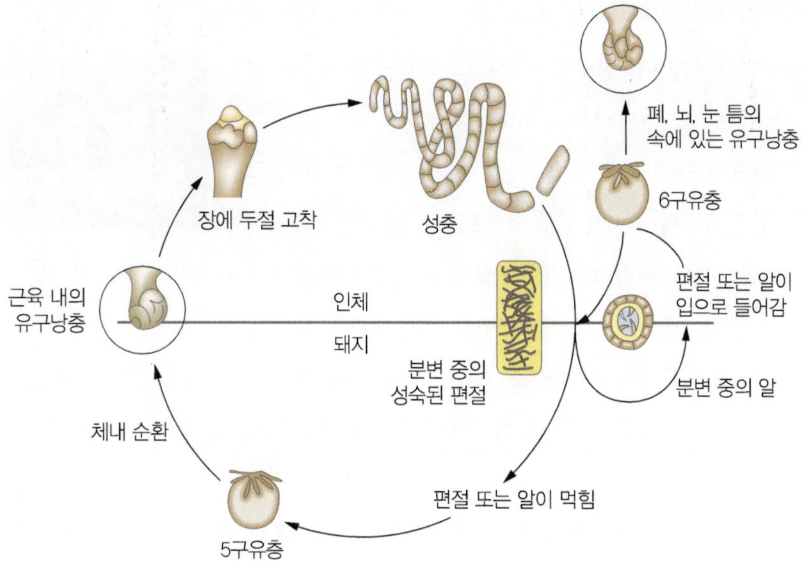

그림 7-14 유구조충의 생활사

도 한다.

예방은 돼지고기의 생식이나 불완전하게 조리된 것의 섭취를 피하며, 유구조충 알 보유자의 분변에 의한 식품 오염을 방지해야 한다.

(5) 유선조충(*Mesocestoides lineatus*)

유선조충은 개와 고양이의 장에 기생하는 조충이나, 드물게는 사람에게도 기생한다. 몸길이가 1 m 남짓한 중형의 조충이며, 분변 중에 백색의 쌀알만 한 크기의 편절이 배설되는 것으로 감염 사실을 알게 되는 경우가 많다. 현재까지 발견된 모든 증례는 강장제로 살무사, 줄무늬 뱀 등의 생간을 먹은 경험이 있는 사람에게서 나타났다.

3) 선충류

선충류는 선형동물에 속하며, 충체는 선상(線狀)이고, 체강(body cavity)이 있어 원통형이며 소화관이 있다. 자웅이체이며, 암컷은 수컷보다 크고, 크기는 대략 0.5 mm~100 cm로 다양하다.

(1) 아니사키스(*Anisakis*)

고래회충이라고 하며, 성충은 암컷 12 cm, 수컷 8 cm 정도이고, 유충은 20~25×0.3~0.6 mm 정도이다.

고래의 분변과 함께 해수 중에 배출된 아니사키스 알이 크릴새우와 같은 갑각류를 제1중간숙주로, 또 이것을 먹는 여러 가지 해산어류(고등어, 조기, 청어, 갈치, 대구, 오징어)를 제2중간숙주로 한다. 사람은 제2중간숙주를 먹음으로써 감염되는데 우리나라에서도 최근에 환자가 보고된 바 있다. 인체 내에서는 성충까지 발육하지 못하고 유충이 위장벽, 장간막 등에 침입하여 육아종(肉芽腫)을 형성하며 복통, 오심, 구토 등을 일으킨다.

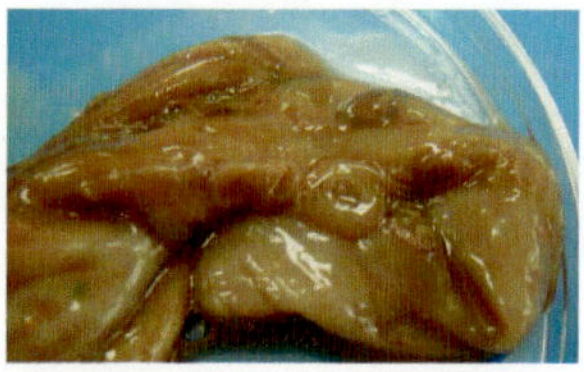

그림 7-15 아니사키스의 유충

예방은 해산 어류의 생식을 금하는 것이며, 먹더라도 내부 장기를 완전히 제거한 후 복강을 잘 씻어내고 가능한 한 복부 근육을 회로 사용하지 않는 것이 좋다. 유충은 저온에 대한 저항력이 약하므로 냉동 처리가 효과적이다.

(2) 유극악구충의 유충(*Gnathostoma spiningerum*)

유극악구충의 본래 종숙주는 고양이, 호랑이 등이며 사람에게 유충이 기생하더라도 종숙주가 아니므로 성충이 되지 못한다. 제1중간숙주는 물벼룩이며, 제2중간숙주는 민물고기(가물치, 메기 등), 개구리 등이다. 사람이 제2중간숙주에 의해 감염되면 피하조직으로 이동하여 피부 종양을 일으킨다.

예방은 가물치나 메기 등 담수어의 생식을 금하는 것이다.

(3) 선모충(*Trichinella spiralis*)

선모충은 다숙주성 기생충으로 돼지, 개, 고양이, 쥐 등의 포유동물과 사람을 숙주로 하며, 크기는 수컷이 1.5 mm, 암컷이 3~4 mm 정도이고 성충에서 태생한 유충은 0.1 mm 정도이다.

인체 감염은 덜 익힌 돼지고기 등을 섭취함으로써 일어나며, 소장에서 성충이 된 암컷은 점막층에 들어가 6주 경과 후 1,500개 혹은 그 이상의 유충을 산출한다. 이 유충은 림프선이 혈관을 통하여 횡문근으로 가서 근간 결합조직에 기생한다. 이 유충을 먹게 되면 동물의 소화기 점막에서 성충이 된다. 성충에 감염되면 장염을 일으키므로 설사, 구토, 오심이

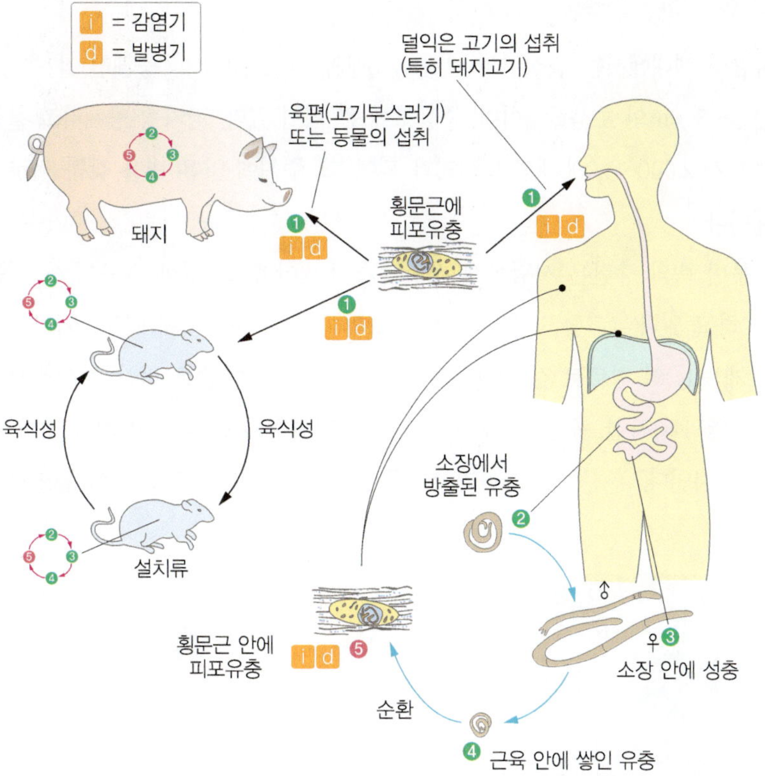

그림 7-16 선모충의 생활사

생기고 유충이 근육에 이행되면 부종, 고열, 근육통, 호흡장애 등을 일으키며 횡격막이나 심근을 침해할 때는 사망하는 수도 있다.

예방은 돼지고기의 생식을 금하고 돼지의 사육을 위생적으로 하며, 쥐는 병원체를 보유하기 때문에 가정과 축사 주변의 쥐를 박멸하는 것이 중요하다.

4) 원충류

원생동물은 단세포 또는 무세포 동물, 원시동물로 식물계와 연계되어 있다. 원충류에 속하는 인수공통 원충성 감염증은 약 17종류가 있으며, 국내에서 문제가 되는 중요한 질병으로 아메바성 이질, 톡소플라스마증, 발란티디움증 등을 들 수 있다.

(1) 톡소플라스마(*Toxoplasma gondii*)

보통 사람의 체내에서는 증식형과 낭자(cyst)형의 톡소플라스마 충체를 볼 수 있다. 증식형 충체는 3~5 μm의 초생달형이며, 중앙부에 큰 핵이 있다. 낭자형 충체라고 불리는 것은 증식형 충체가 2,000~3,000개의 덩어리가 되어, 그 주위에 얇은 벽을 갖는 직경 수십 μm의 구상체이다.

고양이 분변 속의 충란은 사람에게 감염되는 근원이며, 그 밖에 식육 중에 있는 낭자도 큰 역할을 하고 있다. 〈그림 7-19〉 ① 또는 ②의 경로로 고양이에게 전파되어, 돼지에게는 ③, 사람에게는 ④의 경로로 감염된다. 선천성 톡소플라스마증은 임신 초기에 모체에서 태아로 태반감염되어 사산, 유산 및 조산 등을 일으키며 뇌수종, 뇌의 석회화 및 전신운동 기능장애 등을 보인다. 후천성 톡소플라스마증은 대개 돼지고기나 고양이 등으로부터 감염

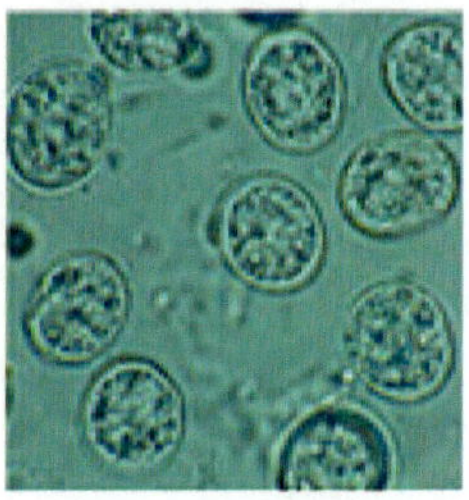

그림 7-17 톡소플라스마 알

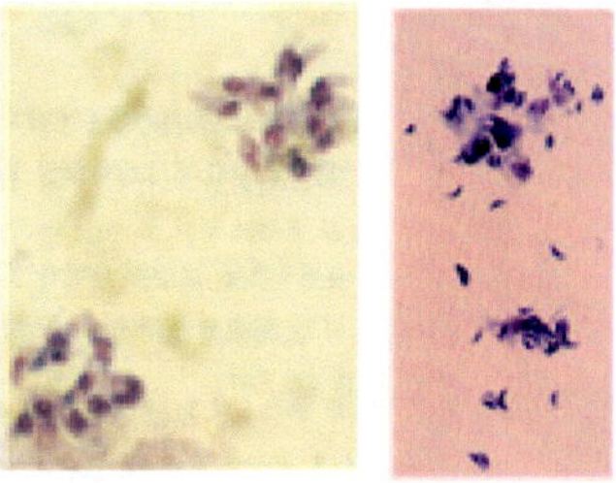

그림 7-18 톡소플라스마의 tachyzoite

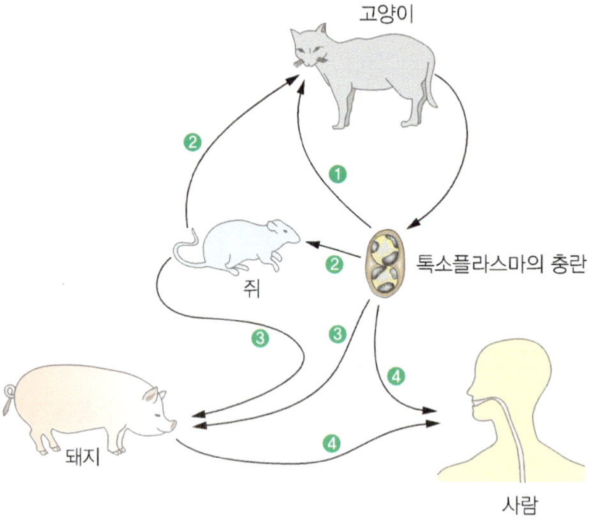

그림 7-19 톡소플라스마의 감염경로

되는데, 대부분은 불현성 감염이다. 오한, 전율, 두통, 관절통 등으로 시작해 신경증상, 약시, 실명 등을 일으킨다.

식육을 통한 감염은 도살장에서의 검사와 충분히 가열한 돼지고기를 먹는 것 등으로 예방할 수 있다. 국내에서 발생하였던 톡소플라스마 감염은 야생동물을 섭취한 사례에서 보고된 바 있다.

3. 채소류로부터 감염되는 기생충

1) 흡충류

(1) 간질(*Fasciola hepatica*)과 거대간질(*Fasciola gigantica*)

간질과 거대간질은 모두 간질증의 병원체가 된다. 간질의 크기는 20~30 cm, 폭 8~13 mm이고, 거대간질의 크기는 길이 25~50 cm, 폭 5~12 mm이다. 간질의 인체 감염은 수초에 붙은 피낭유충 또는 물에 뜬 피낭유충을 먹거나, 냉이나 미나리에 붙은 피낭유충을 먹어서 감염된다. 간질이나 거대간질의 유충이 인체에 감염되면 체내 이행을 하기 때문에 조직의 파괴로 병변이 시작된다. 간으로 침입할 때는 독성 물질을 분비해 조직을 괴사시키고 담관에 침입한 충체는 담도를 폐쇄시키기도 한다.

예방은 미나리나 냉이와 같은 수초를 깨끗이 씻어서 먹어야 하며 청결한 물을 마셔야 한다. 가축의 간질이나 거대간질은 감염률이 높고 그 피해가 크므로 광범위한 구충 대책이 실시되어야 한다.

2) 선충류

(1) 회충(*Ascaris lumbricoids*)

성충의 길이는 수컷이 15~25 cm, 암컷 25~35 cm이고 지름은 3~6 mm 정도이다. 감염경로는 채소에 부착한 회충 알을 경구 섭취한 것이 절대적인데, 분변으로부터 탈출된 회충 수정란이 자연조건에서 감염형이 되며 이것이 경구로 침입하여 위에서 부화한다. 부화된 회충은 심장, 폐포, 기관지, 식도를 거쳐 체내 이행으로 폐렴증상을 동반하며, 다시 기도를 통하여 소화관으로 이동하면 소장에 정착한다. 소장에 감염 후 50~70일이 되면 성충이 되어 매일 10만 개 이상의 알을 산란한다. 회충에 감염되면 증상을 나타내지 않는 일이 많으

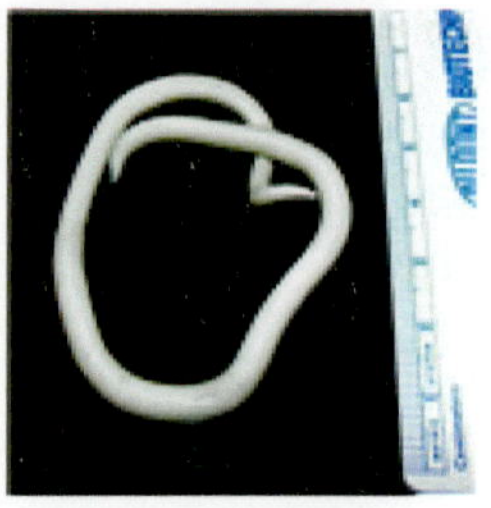

그림 7-20 회충의 성충

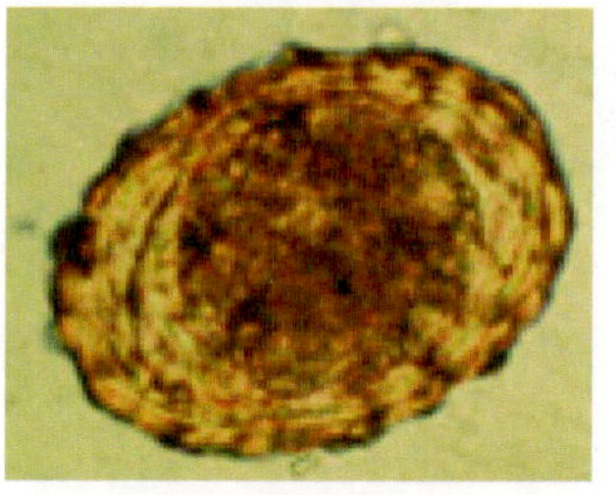

그림 7-21 회충 수정란(1세포기, 단백막 있음)

나 심한 때에는 복통, 권태, 피로감, 두통, 발열 등을 일으킨다. 또한 유충의 체내 이행에 따라서 가래, 발열 등의 폐렴증상이나 성충의 소장 내 기생에 의해 장폐색, 급성장염을 일으키기도 한다.

채소에는 회충알이 많이 붙어 있을 것으로 전제하고 채소의 세정, 손의 청결, 집단 구충 등을 철저하게 실천하는 것이 유일한 예방책이다.

(2) 구충(*Ancylostoma duodenale*)

구충에는 십이지장충과 아메리카구충이 있는데, 우리나라에서는 두 종류가 모두 유행한다. 채소를 통하여 감염되는 기생충 중 회충 이상으로 중요한 것이 십이지장충인데 회충보다 건강장애가 심하고 구제가 잘 되지 않기 때문에 감염되지 않도록 주의하여야 한다. 십이지장충은 수컷이 4~11 mm, 암컷은 10~15 mm이며 구충 알의 길이는 0.06 mm, 폭 0.03 mm이다.

구충 알이 분변과 함께 사람의 체외로 배설되면 발육을 시작하는데 30℃ 정도에서 24~48시간 후에 제1기 유충으로 부화하고 약 3일 후면 제2기 유충이 되고 다시 5~8일 자라면 껍질을 벗고 제3기 유충이 되는데, 이때부터 보호막에 싸인 유충은 인체 내에 들어가면 두 번째 껍질을 벗고 약 5~6주 만에 성충이 된다. 감염방법에 있어서 회충과 다른 점은 경피감염을 하는 점이다. 유충이 피부에 접촉되면 피하조직 내 소정맥이나 림프관을 거쳐 심장, 폐로 유입되고, 경구감염 때와 같은 경로로 감염이 이루어진다. 사람에 대한 병해로는 유충의 체내 이행에 따른 증상으로서 급성위장증상, 인두부 이상감, 가래, 객담, 천식, 발작 등이 나타난다. 또한 성충의 흡혈과 출혈에 의한 빈혈, 전신 권태, 현기증, 두통, 심비대, 식욕부진, 오심, 구토, 복통, 설사 등의 증상이 나타난다.

예방으로는 경피감염을 하므로 구충 알에 오염된 흙과 접촉하지 않도록 하고 특히 맨발

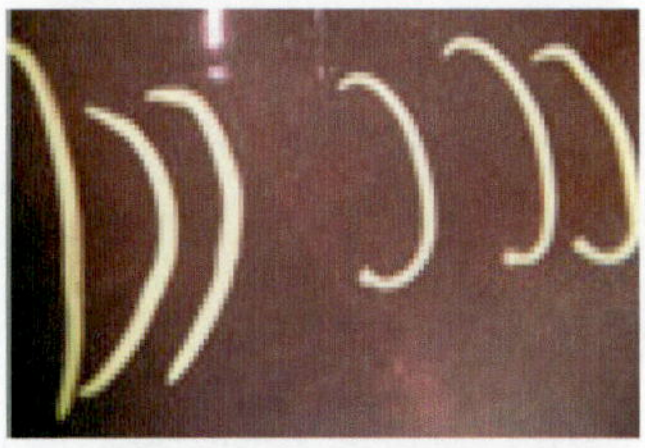

그림 7-22 구충의 성충

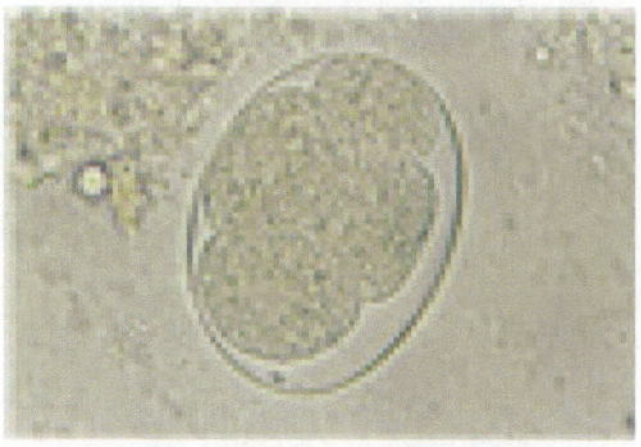

그림 7-23 분변 중의 구충 알

로 다니는 것을 피해야 한다. 구충 알은 회충 알에 비해 저항력이 약해 분변 중에서 2개월 정도 생존하는 것으로 알려져 있고, 열에 약해 70℃에서 1초 만에 사멸된다.

(3) 편충(*Trichuris trichiura*)

편충은 수컷이 30~35 mm, 암컷이 35~50 mm이고 가늘고 긴 목 부분과 머리로 되어 있으며, 주로 맹장 부분에 기생하는 선충(線蟲)이다.

편충 알은 흙 속에서 수주에서 18개월까지 생존하면서 감염형으로 변한다. 음식과 함께 경구감염되면 소장의 상부에서 부화하고 유충은 점막을 따라 맹장 근처까지 내려가 기생한다. 일반적으로 무증상이나 불면증, 식욕부진, 만성맹장염, 설사, 빈혈 등이 생기며 심한 경우 장폐색, 탈항 등이 일어난다. 예방법은 회충과 같다.

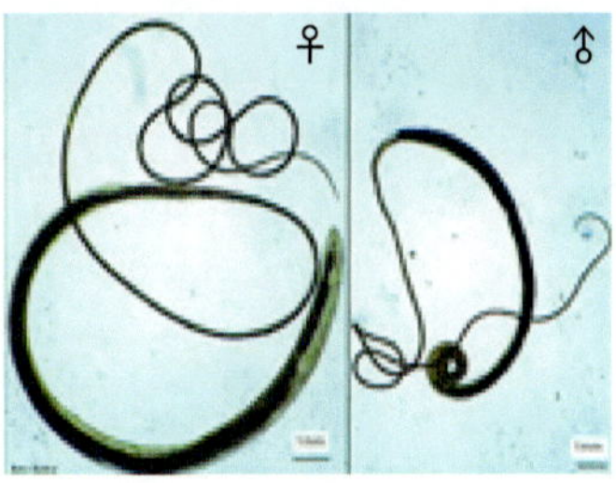

그림 7-24 편충의 성충

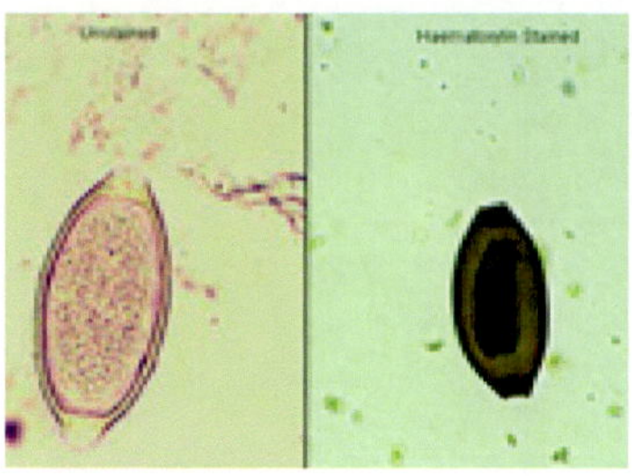

그림 7-25 편충 알

(4) 동양모양선충(*Trichostrongylus orientalis*)

우리나라를 비롯한 동양 여러 나라에 많이 기생하기 때문에 동양모양선충이라고 명명되었다. 크기는 수컷이 3.8~4.8×0.07~0.08 mm, 암컷이 4.9~6.7×0.075~0.087 mm로 털 모양의 아주 가늘고 작은 선충이다.

사람의 소장에 살면서 알을 낳는데 이것이 풀이나 채소를 통해서 사람의 몸속으로 들어가면 입에서 창자까지 내려와 성충이 된다. 감염경로는 주로 경구적이지만 경피감염이 되기도 한다. 감염이 되면 일시적으로 장점막 내에 침입하는 일은 있으나 체내 이행성은 없고 대부분은 자각하지 못하며 특별한 병변도 없다. 그러나 다수 감염된 때에는 장점막에 염증을 일으키고 장염 등의 소화기계 증상과 빈혈을 일으킨다. 예방은 십이지장충과 비슷하다.

(5) 요충(*Enterobius vermicularis*)

요충은 수컷이 2~5×0.1~0.2 mm, 암컷은 8~13×0.3~0.5 mm이며, 알은 0.95×0.02 mm 가량이다. 성충은 장에서 나와 항문 주위에 산란하는데 주로 밤에 나온다. 산란한 곳은 몹시 가려우며, 긁으면 손가락에 묻은 알이 다시 입으로 들어가서 자가감염을 일으키기도 한다. 때로는 요충 알로 오염된 음식물, 식기 등을 통하여 경구감염되기도 한다. 증상은 항문 주위의 가려움, 습진, 피부염, 불면증, 신경증 등이다.

예방으로는 집단 구충과 손, 항문 부위를 깨끗이 하고 속옷, 침구 등은 열처리로 세탁하고 햇볕에 말리는 것이 좋다. 특히, 개인의 위생관리가 중요하다.

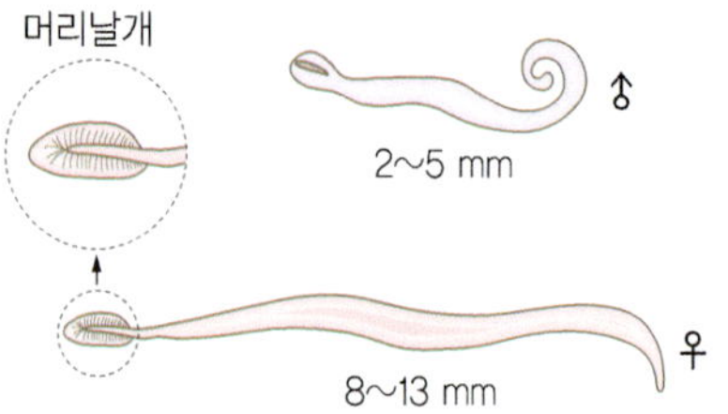

그림 7-26 요충의 성충

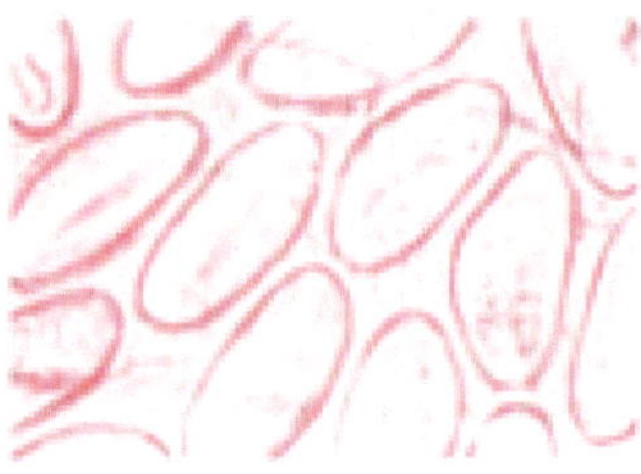

그림 7-27 요충 알

3) 원충류

(1) 이질아메바(*Entamoeba histolytica*)

이질아메바에는 영양형(trophozoite)과 포낭형(cyst)이 있으며, 외계에 배출된 4핵의 성숙낭자가 사람에게 경구적으로 침입하면 탈낭해 각각의 핵이 분열한다. 이것이 대장에 도달하여 성장하면 영양형으로 되며, 대장 내에서 2분열에 의해 증식해 조직 내로도 침입한다. 감염증상은 대장조직이 파괴되어 병해가 생기게 되는데 복통, 오심, 구토, 복부 불쾌감, 액상

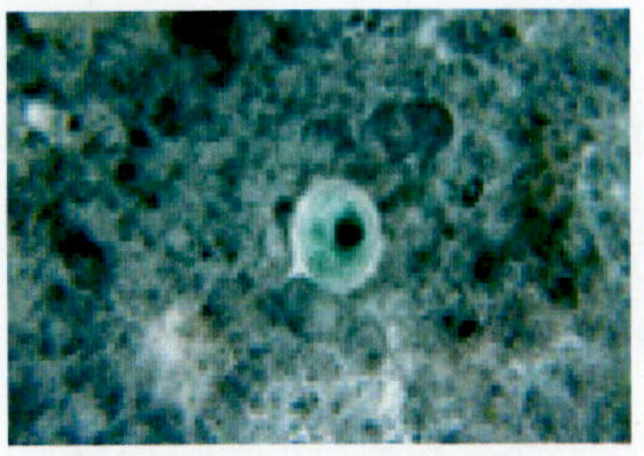

그림 7-28 이질아메바 낭자

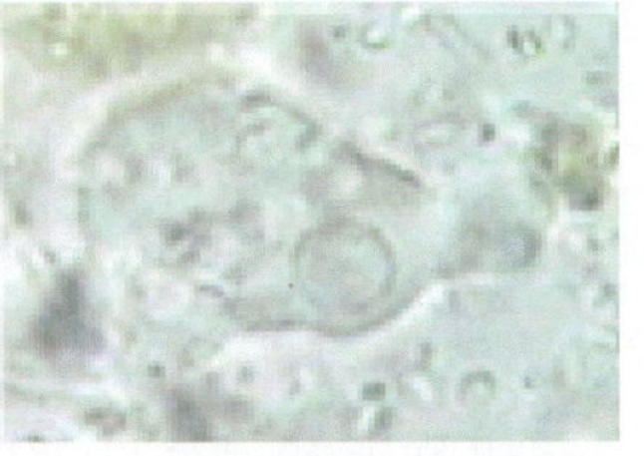

그림 7-29 이질아메바 영양형

변, 점혈변 등을 보이며, 아메바성 이질에 의한 전신 쇠약 및 탈수 등으로 사망에 이르기도 한다.

이질아메바의 포낭은 외막을 가지고 있으므로 외계의 조건에 대해 저항력이 있다. 수돗물의 소독제에 영향을 받지 않으므로 물의 위생적 처리, 주방위생, 개인위생 등 대부분의 기생충 오염 예방법에 준한다.

(2) 작은와포자충(*Cryptosporidium parvum*)

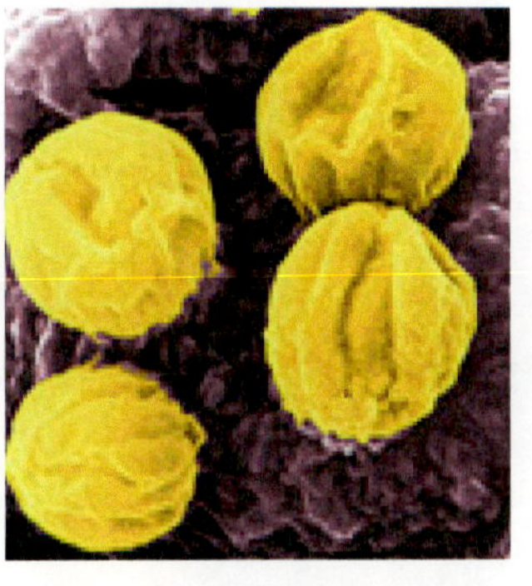

그림 7-30
큰창자에 기생하는 작은와포자충

작은와포자충은 인간의 소장 점막에 기생하는 원충으로 직경이 5~7 μm 정도로 매우 작다. 작은와포자충은 20여 종이 알려져 있으며, 사람에게서 검출되는 작은와포자충 중에는 *C. hominis*, *C. parvum*, *C. meleagridis*, *C. felis*, *C. canis* 등이 알려져 있으며, *C. hominis*와 *C. parvum*이 사람에 감염을 일으킨다. 상추, 당근, 토마토 등과 같은 채소와 굴, 모시조개, 새조개 등의 수산물, 육류와 애플사이다 등에서도 작은와포자충이 분리된 것으로 보고된 바 있다. 해외의 경우 작은와포자충에 오염된 애플사이다, 우유, 과일, 치킨샐러드 등을 섭취하여 집단 발병한 사례가 있었으며, 중국 상하이의 경우 식수원의 오염으로 수만 명이 감염된 사례도 보고된 바 있다. 뿐만 아니라 애완동물, 가축 등과의 접촉으로도 감염되며 복통, 구토, 설사 등이 주 증상이다. 정상인은 자연히 치료될 수 있으나, 후천면역결핍증(ADIS)과 같이 면역력이 떨어진 환자에게는 치명적일 수 있다.

(3) 원포자충(*Cyclospora cayetanensis*)

원포자충은 *Cyclospora* 속에 속하는 원충성 기생충이다. 원포자충의 난포낭(oocysts)는 8×10 μm 직경을 갖는다. 원포자충은 1970년 파푸아뉴기니에서 처음 보고되었고, 1980년대 아이티, 네팔, 페루 등에서 보고될 때까지 그 중요성이 부각되지 않았으나, 1990년대 후천면역결핍증(AIDS) 환자에게서 만성적인 설사를 일으키는 병원체로 그 중요성이 인지되었다. 원포자충에 오염된 식품과 물에 포함된 난포낭의 섭취로 인하여 인간에게만 감염된다. *C. cayetanensis*는 어린이와 성인에게 설사를 일으키고, 장의 급성·만성 염증과 융모 위축증을 일으키는 것이 확인되었다.

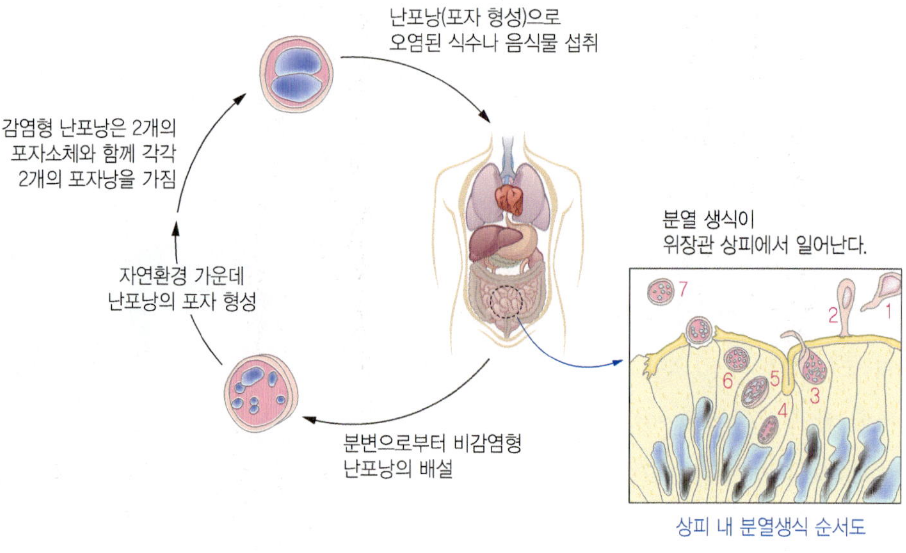

그림 7-31 원포자층의 생활사

자료 : Mansfielda LS, Gajadhar A A, *Cyclospora cayetanensis*, a food-and waterborne coccidian parasite, *Veterinary Parasitology*, 126:73-90, 2004

CHAPTER 08

식품첨가물과 이물

식품첨가물(Food additives)은 식품의 가공 및 제조 과정 또는 조리에 있어서 식품의 품질 개선, 원활한 가공 보조, 기호성 향상, 영양 가치의 증진은 물론 신선도 향상과 보존성 향상의 목적으로 첨가되는 물질이다. 식생활 패턴의 다양화와 식품 가공기술의 발달로 식품첨가물의 사용은 계속 증가하고 있으며 종류도 다양해지고 있다. 하지만 화학적 합성물이 대부분이어서 잠재적 위험성이 있기 때문에 안전성을 필요로 한다.

1. 식품첨가물의 정의

우리나라에서 '식품첨가물'이라 함은 "식품을 제조·가공 또는 보존함에 있어 식품에 첨가, 혼합, 침윤 기타의 방법으로 사용되는 물질(기구 및 용기·포장의 살균·소독의 목적에 사용되어 간접적으로 식품에 이행될 수 있는 물질을 포함한다)을 말한다."라고 정의하고 있다(「식품위생법」 제2조 제2항). 국제기구인 UN 산하기구인 FAO/WHO의 합동식품첨가물전문가위원회(The joint FAO & WHO expert committee on food additives)에서는 "식품의 외관, 향미, 조직 또는 저장성을 향상시킬 목적으로 식품에 의도적으로 보통 미량으로 첨가하는 물질"이라고 식품첨가물을 정의하고 있다. 또한 국제식품규격위원회(CODEX)에서는 "식품첨가물이란 영양가의 존재 여부와 관계없이 식품의 일반적 구성 성분이 아니고 일반적으로 사람이 섭취하지 않으며 식품의 저장, 수송, 포장, 충전, 처리, 조리, 가공, 제조를 목적으로 식품에 의도적으로 첨가하는 물질이다. 또한 식품첨가물은 물질 자체 또는 그 부산물이 직접 또는 간접적으로 식품의 구성 성분이 되거나 특성에 영향을 미칠 것으로 예견되는 물질이다."라고 정의하고 있다. 그 외 미국 국립과학학술원 산하 식품보호위원회(Food Protection Committee of the National Academy of Science/National Research Council)에서는 "생산, 가공, 저장 또는 포장의 어느 국면에서 식품 중에 첨가되는 기본적인 식량 이외의 물질 또는 혼합물로서 우발적인 오염물은 이에 포함되지 않는다."라고 규정하고 있다.

2. 식품첨가물의 분류

법적으로 허가된 식품첨가물의 종류는 천연첨가물과 화학적 첨가물로 분류된다. 천연첨가물은 "자연계에 존재하는 천연 물질을 원료로 하여 이것을 분해, 추출, 가열, 증류, 효소처리 또는 발효 등의 수단으로서 제조하여 얻어지는 물질"이고, 화학적 첨가물은 "화학적 수단에 의하여 원소 또는 화합물에 분해반응 이외의 화학반응을 일으켜 얻은 물질"이다. 그 외 식품첨가물을 2종 이상 혼합하거나, 1종 또는 2종 이상 혼합한 것을 희석제와 혼합 또는 희석한 혼합제제가 있다.

현재 우리나라에서 『식품첨가물공전』에 사용이 허가된 종류로는 대략 600여 품목이 있으며 당시의 과학과 시대 상황에 따라 첨가물 사용에 있어 허용품목이 늘어나거나 금지되기도 한다. 즉 사용되고 있는 식품첨가물은 그 유해성이 증명되면 언제든지 사용 금지될 수 있다. 또한 허가된 식품첨가물을 잘못 사용하거나 정해진 양을 넘어 사용할 때에는 식품 위해 사고를 일으킬 수 있다. 그러므로 식품첨가물은 정해진 방법, 사용량 등에 따라 적정량 또는 최소량을 첨가해야 한다.

따라서 식품첨가물로써 갖추어야 할 요건은 먼저 인체에 해가 없어야 한다. 아무리 뛰어난 기능을 가지고 있어도 인체에 해롭다면 식품첨가물로 사용할 수 없다. 식품첨가물은 목적에 맞는 가장 적합한 품목을 선택해야 하고, 사용량은 항상 필요최소량을 넣어야 하며, 알맞은 환경에 저장해야 한다. 그리고 정기적으로 식품첨가물 사용에 지정된 것인지 확인한다.

식품첨가물을 사용 목적에 따라 분류해 보면 다음과 같다.

- 식품의 보존을 위한 첨가물 : 살균제, 보존료, 산화방지제
- 기호성 증진을 위한 첨가물 : 착색제, 표백제, 감미료, 조미료, 소백분 처리제
- 식품의 품질 개량 및 유지 등 제조에 관한 첨가물 : 밀가루 개량제, 품질 개량제, 품질 유지제, 팽창제, 호료, 유화제, 용제, 소포제, 보습제
- 영양 강화에 관한 첨가물 : 강화제
- 기타

3. 식품첨가물의 기준 및 규격

식품첨가물의 사용은 대상 식품, 사용 목적, 잔존량, 사용방법 등 효과 및 안전성에 기초를 두고 최소한의 양을 사용해야 하며 규정된 내용에 따라 사용하여야 한다. 사용기준은 식품의 1일 섭취허용량(average daily intake, ADI), 식품의 섭취량, 유효농도 등을 고려하여 결정된다. 식품의약품안전처장이 고시한 식품첨가물(천연품 또는 화학적 합성품)은 원료 자체가 완전 무해하더라도 불순물 또는 기타 유해물이 혼입되어 있으면 위생상 위해를 일으킬

수 있으므로 첨가물의 성분 규격이 정해져 있다. 이처럼 식품첨가물은 표시기준이 규정되어 있으며, 특히 허위표시를 해서는 절대로 안 된다. 식품 가공 및 제조 또는 저장 중의 문제점을 감추기 위한 수단이나 방법으로 오용되어서는 안 되며, 식품첨가물의 사용으로 심각한 영양상의 손실을 초래할 경우에도 그 사용은 고려되어야 한다.

식품첨가물의 제조기준에서 천연첨가물의 제조에 사용되는 추출용매는 『식품첨가물공전』에 등재된 것으로서 개별규격에 적합한 것이어야 한다. 천연첨가물은 천연의 동식물 및 광물에서 추출한 것으로 첨가물로서의 유효 성분만 분리, 정제하여 얻어지며 발효에 의해 생산된 효소류도 포함된다.

식품 가공기술의 발달과 더불어 식품첨가물의 사용이 늘어나는 추세이며 그 종류 또한 늘어나고 있어 이들 식품첨가물의 안전성에 대한 관심이 증대되고 있다. 각 나라마다 기준과 규격이 있지만 우리나라는 1973년 11월에 『식품첨가물공전』이 처음 작성되어 공포되었고 그 이후 여러 번 개정, 발간되었으며 식품첨가물에 관한 기준과 규격이 상세히 수록되어 있다.

4. 각종 식품첨가물

1) 감미료

감미료(non-nutritive sweeteners)는 천연감미료와 인공감미료로 나뉜다. 인공감미료는 천연감미료인 설탕에 비하여 값이 싸고 갈변에 의한 식품의 품질 변화를 최소화할 뿐만 아니라 감미도가 크기 때문에 그 사용이 증가하는 추세이다. 인공감미료는 대부분 물에 잘 녹는다. 인공감미료 중 사카린의 독성에 대해 많은 논란이 있었지만 식품의약품안전처에서 인체에 무해하다고 발표한 바 있다. 허가된 감미료로는 사카린나트륨(sodium saccharin), 글리실리진산2나트륨(disodium glycyrrhizinate), 글리실리진산3나트륨(trisodium glycyrrhizinate), 감초 추출물(licorice extract), D-소르비톨(D-sorbitol), D-말티톨(D-maltitol), 아이소말트(isomalt), 자일리톨(xylitol), 락티톨(lactitol), 만니톨(mannitol), 아스파탐(aspartame), 스테비오사이드(stevioside), 아세설팜칼륨(acesulfame), 수크랄로스(sucralose) 등이 있다.

2) 밀가루 개량제

밀가루의 표백과 숙성 기간을 단축시키고 제빵에 있어서 저해 물질인 카로티노이드를 파괴함으로써 밀가루의 가공 적성 등을 단기간에 향상시키기 위하여 사용되는 첨가물이다. 일반적으로 밀가루 개량제(maturing agents, dougs conditioners)는 산화반응에 의해 표백작용과 숙성작용을 함께하지만 종류에 따라 숙성작용만 하기도 한다.

과산화벤조일(diluted benzoyl peroxide)은 밀가루의 표백과 글루텐의 질을 개선하여 제빵적성을 향상시키기 위하여 사용되는 첨가물로 명반, 인산칼슘염류, 황산칼슘, 탄산칼슘, 탄산마그네슘 및 전분에서 1~3종을 배합, 희석시켜 만든다. 과량 사용하면 영양소를 파괴하거나 제빵성을 저하시킨다. 과황산암모늄(ammonium persulfate)은 밀가루의 표백과 품질개선을 위하여 사용되는 첨가물로 수용액 중에서 황산수소암모늄과 산소로 가열 분해 시 생성되는 산소의 산화작용에 의하여 진행된다. 스테아릴젖산칼슘(calcium stearoyl lactylate)과 스테아릴젖산나트륨(sodium stearoyl lactylate)은 표백 작용은 없지만 글루텐의 품질을 개량하거나 노화 방지를 위하여 사용된다. 아조디카본아미드(azodicarbonamide)는 적색의 결정으로 숙성 및 표백 작용이 있다. 염소(chlorine) 및 이산화염소(chlorine dioxide)는 케이크

표 8-1 허용된 밀가루 개량제의 종류 및 사용기준

밀가루개량제명	사용식품	첨가
스테아릴젖산나트륨	스테아릴젖산나트륨은 아래 식품에는 사용하고 다른 식품에는 사용 금지 ① 빵류 및 이의 제조용 믹스 ② 면류 ③ 식물성 크림 ④ 소스류 ⑤ 자연치즈, 가공치즈 ⑥ 과자(한과류 제외)	기준 없음
스테아릴젖산칼슘	스테아릴젖산칼슘은 아래 식품에는 사용하나 다른 식품에는 사용 금지 ① 빵류 및 이의 제조용 믹스 ② 식물성 크림 ③ 난백 ④ 과자(한과류 제외)	기준 없음
과산화벤조일(희석)	밀가루	과산화벤조일 : 0.3 g/kg 이하
과황산암모늄	밀가루류(과황산암모늄은 밀가루만 사용하나 다른 식품에는 사용 금지)	과황산암모늄 : 0.3 g/kg 이하
아조디카르본아미드	밀가루류(밀가루 이외의 식품에는 사용 금지)	아조디카본아미드 : 45 mg/kg 이하
염소	밀가루류(밀가루류 이외의 식품에는 사용 금지)	염소 : 1.25 g/kg 이하
이산화염소(수)	빵류 제조용 밀가루(과실류, 채소류 등 식품의 살균 목적으로 사용하여야 하며, 최종 식품의 완성 전에는 제거해야 함)	이산화염소 : 30 mg/kg 이하

및 카스텔라 제조용 소맥분에만 사용되는 첨가물이다. 허용된 밀가루 개량제의 종류와 사용기준은 표 8-1과 같다.

3) 보존료, 보존제(preservatives, antimicrobial agents)

보존료, 보존제(preservatives, antimicrobial agents)는 식품의 부패 및 변질의 원인이 되는 미생물의 증식을 억제하여 식품을 단기, 장기간 보존할 목적으로 사용되는 물질이다. 식품 속의 미생물을 죽이는 것이 아니라 증식을 억제하는 정균작용을 하여 보존기간을 연장시킨다. 보존제의 사용에 영향을 주는 요인으로는 초기 미생물의 오염 수준, 대상 제품의 pH, 가열, 용해도 등이다. 또한 이러한 요소는 병용 여부에 따라 보존료의 효과를 높일 수 있다. 현재 허용된 보존료는 데히드로초산류(dehydroacetic acid), 소르빈산류(sorbic acid), 안식향산류(benzoic acid), 프로피온산류(propionic acid), 초산나트륨(sodium diacetate) 등이다. 『식품첨가물공전』에 허용된 보존료의 종류와 사용기준은 표 8-2와 같다.

표 8-2 허용 합성보존료의 종류 및 사용기준

보존료	사용식품	첨가량
데히드로초산나트륨	버터류 및 마가린류, 자연치즈, 가공치즈	데히드로초산으로서 0.5 g/kg 이하
소르빈산 소르빈산칼륨 소르빈산칼슘	① 건조과실류, 토마토케첩, 식초 절임, 당절임(건조당절임 제외) ② 과실주 ③ 발효음료류(살균한 것은 제외) ④ 식육 가공품(포장육, 양념육류, 분쇄 가공육제품, 갈비 가공품, 식육 추출 가공품, 식용 우지, 식용 돈지 제외), 경육제품, 어육 가공품, 성게젓, 땅콩버터, 모조치즈, 저지방 마가린(지방스프레드)	소르빈산으로서 ① 0.5 g/kg 이하(안식향산, 안식향산나트륨, 안식향산칼륨, 안식향산칼슘, 파라옥시안식향산메틸, 파라옥시안식향산에틸, 프로피온산, 프로피온산나트륨 또는 프로피온산칼슘과 병용할 때에는 소르빈산, 안식향산으로서 사용량의 합계가 1.5 g/kg 이하이어야 하며, 그중 안식향산으로서의 사용량은 1.0 g/kg 이하) ② 0.2 g/kg 이하 ③ 0.05 g/kg 이하 ④ 2.0 g/kg 이하(단, 콜라겐케이싱을 사용한 소시지류의 경우, 소르빈산으로서 사용량의 합계가 2.0 g/kg 이하)

(계속)

보존료	사용식품	첨가량
소르빈산 소르빈산칼륨 소르빈산칼슘	⑤ 염분 함량 8% 이하의 젓갈류, 된장, 고추장, 춘장, 청국장(단, 비건조제품에 한함), 혼합장, 어패 건제품, 팥 등 앙금류, 절임류(식초 절임 제외), 알로에전잎(겔 포함) 건강기능식품(단, 두 가지 이상의 건강기능식품 원료를 사용하는 경우에는 사용된 알로에전잎(겔 포함) 건강기능식품 성분의 배합비율을 적용), 플라워페이스트, 드레싱, 마가린, 잼류, 당류가공품(당류를 주원료로 하여 제조한 것으로 과자, 빵류, 아이스크림류 등 식품에 도포, 충전 등의 목적으로 사용되는 시럽상 또는 페이스트상에 한함), 농축과실즙 ⑥ 자연치즈, 가공치즈 ⑦ 콜라겐케이싱	⑤ 1.0 g/kg 이하(안식향산, 안식향산나트륨, 안식향산칼륨, 안식향산칼슘과 병용 시는 소르빈산으로서 사용량의 합계가 1.0 g/kg 이하) ⑥ 3.0 g/kg 이하(프로피온산, 프로피온산나트륨 및 프로피온산칼슘과 병용 시는 소르빈산 및 프로피온산의 사용량의 합계가 3.0 g/kg) ⑦ 0.1 g/kg 이하
안식향산 안식향산나트륨 안식향산칼륨 안식향산칼슘	① 과실·채소류 음료(비가열제품 제외), 탄산음료류(탄산수 제외), 기타 음료(분말제품 제외), 인삼음료, 홍삼음료, 한식간장, 양조간장, 산분해간장, 효소분해간장, 혼합간장 ② 식용알로에겔 농축액 및 알로에겔 가공식품(식용알로에겔 포함) ③ 식초 절임, 마요네즈, 잼류, 마가린 ④ 저지방 마가린 ⑤ 망고처트니	안식향산으로서 ① 0.6 g/kg 이하 ② 0.5 g/kg 이하(소르빈산, 소르빈산칼륨 또는 소르빈산칼슘과 병용 시 안식향산 및 소르빈산으로서 사용량의 합계가 1.5 g/kg 이하이어야 하며, 그중 소르빈산으로서의 사용량은 1.0 g/kg 이하) ③ 1.0 g/kg 이하(소르빈산, 소르빈산칼륨, 파라옥시안식향산메틸, 파라옥시안식향산에틸, 프로피온산, 프로피온산나트륨 또는 프로피온산칼슘과 병용 시는 안식향산, 소르빈산 및 파라옥시안식향산, 프로피온산의 사용량의 합계가 1.0 g/kg 이하) - 잼류 (소르빈산, 소르빈산칼륨과 병용 시 안식향산 및 소르빈산 사용량의 합계가 1.0 g/kg 이하) - 마가린 ④ 2.0 g/kg 이하(소르빈산, 소르빈산칼륨 또는 소르빈산칼슘과 병용 시 안식향산 및 소르빈산 사용량의 합계가 2.0 g/kg 이하이어야 하며, 그중 소르빈산의 사용량이 1.0 g/kg 이하) ⑤ 0.25 g/kg 이하

(계속)

보존료	사용식품	첨가량
프로피온산 프로피온산나트륨 프로피온산칼슘	① 빵류 ② 잼류 ③ 가공치즈, 자연치즈	프로피온산으로서 ① 2.5 g/kg 이하 ② 1.0 g/kg 이하(소르빈산 및 소르빈산칼륨, 안식향산, 안식향산나트륨, 안식향산칼륨, 안식향산칼슘, 파라옥시안식향산에틸, 파라옥시안식향산메틸과 병용 시는 소르빈산, 안식향산, 파라옥시안식향산 및 프로피온산의 사용량의 합계가 1.0 g/kg 이하) 다만, 착향의 목적으로 사용하는 경우는 제한받지 않음. ③ 3.0 g/kg 이하(소르빈산 및 소르빈산칼륨 또는 소르빈산칼슘과 병용 시는 소르빈산 및 프로피오산의 사용량의 합계가 3.0 g/kg 이하)
파라옥시안식향산메틸 파라옥시안식향산에틸	① 과일·과채류 음료 ② 과일·채소(표피 부분에 한함) ③ 망고처트니, 한식간장, 양조간장, 산분해간장, 효소분해간장, 혼합간장 ④ 소스류 ⑤ 잼류, 캡슐류	파라옥시안식향산으로서 ① 0.1 g/kg 이하 ② 0.012 g/kg 이하 ③ 0.25 g/kg 이하(안식향산나트륨, 안식향산, 안식향산칼륨 또는 안식향산칼슘과 병용 시 파라옥시안식향산 및 안식향산으로서 사용량 합계가 0.6 g/kg 이하이어야 하며, 그중 파라옥시안식향산으로서의 사용량은 0.25 g/kg 이하) ④ 0.2 g/kg 이하 ⑤ 1.0 g/kg 이하
2초산나트륨 (sodium diacetate)	① 스프, 과자 ② 빵류 ③ 소스류 ④ 식용유지, 식육 가공품(식육 추출 가공품 제외), 캔디류, 알가공품	2초산나트륨으로서 ① 0.05% 이하 ② 0.4% 이하 ③ 0.25% 이하 ④ 0.1% 이하

자료 : 식품첨가물공전 고시 제2012-10호, 2012.3.27 개정고시

4) 발색제

발색제(color fixative)는 빛깔을 가지는 착색제와는 달리 자체에 색을 나타내는 것이 아니라 식품 중에 존재하는 색소단백질과 결합함으로써 그 색을 보다 안정화시키고 선명하게 하는 역할로 사용된다. 발색제로는 육류 발색제로 아질산염과 질산염이 있다. 사용이 허가된 발색제 및 사용기준은 표 8-3과 같다.

표 8-3 허용 발색제의 종류 및 사용기준

발색제	사용식품	첨가량
아질산나트륨 질산나트륨 질산칼륨 (육류 발색제류)	아래의 식품은 사용하나 그 이외 식품에는 사용 금지 ① 대구알염장품 ② 식육 가공품(포장육, 식육 추출 가공품, 식용 우지, 식용 돈지 제외) 및 경육제품 ③ 어육소시지, 자연치즈, 가공치즈 ④ 명란젓 및 연어알젓	아질산이온으로 잔존량이 아래 기준 이상 남지 않아야 함 ① 0.2 g/kg ② 0.07 g/kg ③ 0.05 g/kg ④ 0.005 g/kg(아질산나트륨의 경우에 한함)

5) 산미료

식품에 신맛을 부여하기 위하여 사용되는 첨가물로 사용 허가된 산미료(acidulants)는 인산을 제외하고는 모두 유기산류이다. 뿐만 아니라 산미료는 소화액의 분비를 촉진하여 식욕을 향상시키는 효과가 있으며 부패세균이나 병원균과 같은 세균의 증식을 억제하는 항균작용도 한다. 식품첨가물로 허용된 산미료는 사용기준이 없다. 허용 산미료는 구연산(citric acid), 글루코노-δ-락톤(glucono delta lactone), DL-사과산(DL-malic acid), 아디핀산(adipic acid), 이산화탄소(carbon dioxide), 인산(phosphoric acid), 젖산(lactic acid), DL-주석산, L-주석산, 푸마르산, 푸마르산1나트륨(fumalic acid & monosodium fumarate), 호박산, 호박산2나트륨(succinic acid & disodium succinate), 이타콘산(itaconic acid), 글루콘산(gluconic acid) 등이 있다.

6) 산화방지제

식품 속의 지방 성분은 공기 중의 산소와 결합하여 산화물을 만든다. 이 산화물이 불쾌한 냄새를 생성하며, 산화된 식품을 섭취하면 인체 내에서 독성을 일으킬 수도 있다. 즉, 산화방지제(antioxidant)는 식품의 가공이나 저장 중 일어나는 지질 또는 지질을 함유하는 식품의 산패에 의한 변색, 이미, 이취 퇴색 등을 방지하거나 지연시킬 목적으로 사용되는 첨가물이다. 산화방지제는 용해 특성에 따라 수용성과 지용성으로 나눌 수 있는데, 수용성 산화방지제는 주로 색소의 산화를 방지하기 위한 목적으로 사용되며 erythorbic acid와 ascorbic acid 등이 속한다. 지용성 산화방지제에는 디부틸히드록시톨루엔(dibutyl hydroxy toluene, BHT), 부틸히드록시아니솔(butylhydroxy anisole, BHA) 및 몰식자산프로필(propyl gallate) 등이 속하며 유지의 산화방지를 위하여 사용된다. 지용성 산화방지제의 경우는 단독으로 사용하는 것보다 두 종류를 병용하는 것이 산화방지 효과를 증대시킨다.

산화방지제 이외에 자신은 항산화 효과가 없으나 산화방지제와 함께 사용하면 산화방지제의 효과를 증대시키는 작용이 있는 물질을 상승제(synergist) 또는 효력 증강제라고 한다. 이러한 상승제에는 구연산, 말레인산과 같은 유기산류와 폴리인산염 및 메타인산염 등과 같은 축합인산염 등이 속한다. 천연산화방지 물질도 있지만 주로 합성산화방지제를 많이 사용한다. 현재 사용 허가된 산화방지제는 표 8-4와 같다.

표 8-4 허용 산화방지제의 종류 및 사용기준

산화방지제	사용식품	첨가량
디부틸히드록시톨루엔 (dibutyl hydroxy toluene, BHT) 부틸히드록시아니솔 (butylhydroxy anisole, BHA) 터셔리부틸히드로퀴논 (tert-butylhydroquinone, TBHQ)	① 추잉껌 ② 마요네즈 ③ 어패냉동품(생식용 냉동 선어패류 및 생식용 굴은 제외)의 침지액, 고래냉동식(생식용은 제외)의 침지액 ④ 식육유지류, 식용 우지, 식용 돈지, 버터류, 어패건제품, 어패염장품 ⑤ 체중 조절용 조제식품, 시리얼류	① 0.4 g/kg 이하(부틸히드록시아니솔 또는 터셔리부틸히드로퀴논과 병용 시 디부틸히드록시톨루엔 및 부틸히드록시아니솔로서 사용량 및 터셔리부틸히드로퀴논으로서 사용량 합계가 0.4 g/kg 이하) ② 0.06 g/kg 이하(디부틸히드록시아니솔로 마요네즈 : 0.14 g/kg 이하) ③ 0.1 g/kg 이하(BHA와 TBHQ 병용 시는 BHT, BHA 및 TBHQ로서 사용량의 합계가 0.2 g/kg 이하) ④ 0.2 g/kg 이하(BHA와 TBHQ 병용 시 사용량의 합계가 0.2 g/kg 이하) ⑤ 0.05 g/kg 이하
몰식자산프로필 (propyl gallate)	식용유지, 식용 우지, 식용 돈지 및 버터류	0.1 g/kg 이하
에리소르빈산 (erythorbic acid) 에리소르빈산나트륨 (sodium erythorbate)	산화방지 이외의 목적에는 사용 금지	
비타민C(L-ascorbic acid) L-아스코르빈산나트륨 (sodium L-ascorbate)	사용 제한 없음	사용 제한 없음

(계속)

산화방지제	사용식품	첨가량
아스코르빌팔미테이트 (ascorbyl palmitate) L-아스코르빌스테아레이트 L-(ascorbyl stearate)	① 식용유지, 식용 우지, 식용 돈지 ② 마요네즈 ③ 조제유류, 영아용 조제식, 성장기용 조제식 ④ 영·유아용 곡류조제식, 기타 영·유아식 ⑤ 기타 식품	① 0.5 g/kg 이하(L-아스코르빌스테아레이트나 아스코르빌팔미테이트와 각각 병용 시 사용량의 합계가 0.5 g/kg 이하) ② 0.5 g/kg 이하(아스코르빌팔미테이트에만 해당) ③ 0.05 g/kg 이하(표준조유 농도에 대하여)-아스코르빌팔미테이트에만 해당 ④ 0.2 g/kg 이하(표준조유 농도에 대하여)-아스코르빌팔미테이트에만 해당 ⑤ 1.0 g/kg 이하(다만, 건강기능식품의 경우는 해당기준 및 규격에 따름)-아스코르빌팔미테이트에만 해당
비타민E(DL-α-tocopherol)	사용 제한 없음	사용 제한 없음
이.디.티.에이.2나트륨 (disodium ethylenediamine tetraacetate) 이.디.티.에이.칼슘2나트륨 (calcium disodium EDTA)	① 드레싱, 소스류, 마요네즈 ② 통조림 또는 병조림 ③ 캔 또는 병 포장된 음료 ④ 마가린류 ⑤ 오이초절임, 양배추초절임 ⑥ 건조과실류(바나나에 한함) ⑦ 서류 가공품(냉동감자에 한함) ⑧ 땅콩버터	무수이디티에이2나트륨으로 ① 0.075 g/kg 이하(이디티에이칼슘2나트륨과 병용 시 합계가 0.075 g/kg 이하) ② 0.25 g/kg 이하(이디티에이칼슘2나트륨과 병용 시 합계가 0.25 g/kg 이하) ③ 0.035 g/kg 이하(이디티에이칼슘2나트륨과 병용 시 합계가 0.035 g/kg 이하) ④ 0.1 g/kg 이하 ⑤ 0.22 g/kg 이하 ⑥ 0.265 g/kg 이하 ⑦ 0.365 g/kg 이하 ⑧ 0.1 g/kg 이하

7) 살균제

미생물을 사멸시키는 목적으로 사용하는 첨가물로 음료수, 채소 및 과일류, 식기류 및 손을 소독하는 데 사용하지만 식품에 직접 사용하는 일은 거의 없다. 식품에 사용 시 독성이 낮고 대상식품에 영향을 주지 않으면서 살균력이 강한 것을 선택해야 한다. 현재 사용 허가된 살균제(antimicrobial agents)는 표백분(bleaching powder), 고도표백분(calcium hypochlorite), 차아염소산나트륨(sodium hypochlorite)이 있다. 이 중에서 차아염소산나트륨은 액체라 그대로 사용하지만, 나머지는 분말이므로 물에 풀어서 사용한다. 차아염소산나트륨을 제외한 살균제는 염소계 살균제로 유효 염소의 산화력에 의해 살균 효과를 나타낸다. 차아염소산나트륨은 표백 효과도 동시에 가지고 있어 표백제로 분류되기도 한다. 염소계 살균제의 살균력은 pH의 영향을 받으며 비해리형이 살균 효과를 나타내기 때문에 pH가 낮아질수록 살균력이 증가한다. 허용 살균제의 기준은 표 8-5와 같다.

표 8-5 허용 살균제의 종류 및 기준

종류	기준
고도표백분(calcium hypochlorite) 차아염소산나트륨(sodium hypochlorite)	과실류, 채소류 등 식품의 살균 목적 이외에는 사용을 금하며, 최종 식품의 완성 전에 제거해야 함(다만, 차아염소산나트륨은 참깨에 사용을 금함)

8) 소포제

식품의 제조공정 중에 발생하는 거품을 제거하기 위하여 사용되는 첨가물로 소포제(deforming agent)라 하며 규소수지(silicon resin)만 허용되어 있다. 규소수지는 무색 또는 엷은 회색의 끈적한 풀 모양의 상태로 냄새가 거의 없다. 사용기준은 거품을 없애는 목적에 사용되며 다른 목적에는 사용이 금지되어 있고, 규소수지로서 식품 1 kg에 대하여 0.05 g 이하로 사용하도록 규정되어 있다. 규소수지는 잼, 엿, 과즙 등의 농축공정이나 양조공정에 사용되는데 적가, 살포, 유화 등으로 한다.

9) 영양강화제

원래 식품에는 이들 성분이 함유되어 있으나 제조·가공, 조리 또는 저장 중에 파괴되기도 하고, 또 식품의 종류에 따라서는 함유되어 있지 않거나 부족한 것도 있으므로 그러한 영양소를 첨가하여 기능성 강화식품으로 영양가를 높여줄 필요가 있다. 영양강화제(dietary supplements)는 식품의 특성에 적합한 것을 선택해야 하며 주로 식품에 영양을 강화하기 위하여 사용되는 아미노산, 비타민, 무기질 등의 물질을 강화제로 첨가한다. 영양강화제를 사용한 식품에는 '영양강화식품'이라는 표시를 하고 제품검사를 받아야 한다.

이들 강화제는 사용기준이 있는 것과 사용기준이 없는 것으로 구분된다. 사용기준이 있는 강화제류는 L-시스테인염산염, 아스코르빌파르미테이트, 니코틴산, 니코틴산아미드, 비타민 K_1, 제1인산칼슘, 제2인산칼슘, 제3인산칼슘, 판토텐산칼슘, 글리세로인산칼슘, 글루콘산칼슘, 글루콘산철, 황산동, 황산아연, 글루콘산동, 글루콘산아연, 글루콘산망간, 비오틴(biotin) 등이 있다. 사용기준이 없는 강화제는 아미노산류, 비타민류, 칼슘제, 철제 등이 있다.

10) 용제

식품에 식품첨가물을 균일하게 혼합하기 위해서는 적당한 용제(solvents)에 녹여서 첨가하는 것이 효율적이다. 흔히 사용되는 물, 알코올이 여기에 해당되나 식품첨가물에서 사용되는 용제로는 글리세린과 품질 유지제로 쓰이는 프로필렌글리콜이 지정되어 있다. 용제는 독성이 낮고 식품첨가물은 물론 물, 유지에 잘 녹으며 식품의 풍미에 영향을 주어서는 안 된다.

글리세린(glycerin)은 무색, 무취이나 약한 단맛과 점성이 있다. 하지만 흡습성이 있어 보존 시 밀봉을 철저히 하여야 하며 염소산 등 산화제와 접촉 시 폭발성이 있다. 글리세린은 주로 착향료, 착색료의 용제로 사용되고 청주, 합성주의 점조성 향상, 과자류의 결정 석출 방지 등에 사용된다. 또한 프로필렌글리콜은 사용기준이 정해져 있는데, 견과류 가공품에 5% 이하, 아이스크림류에 2.5% 이하, 만두 및 만두피에 1.2% 이하, 기타 식품에 2% 이하로 사용해야 한다.

11) 유화제

유화제(emulsifiers)는 물과 기름 같이 서로 잘 섞이지 않는 액체를 혼합시켜 잘 분리되지 않도록 함으로써 가공식품의 제조 시 유화성과 안정성을 부여하고자 사용하는 첨가물로 계면활성제라고도 한다. 조직의 균일성 및 형태를 유지하거나 식감의 개선, 유동성 개선, 유화 상태의 지속 등을 위하여 사용된다. 유화제는 유화의 특성에 맞는 HLB(hydrophilic lipophilic balance) 값을 갖는 것을 사용해야 한다. 수중에 기름을 분산시키는 수중유적형(O/W, 마요네즈)과 기름 중에 물을 분산시키는 유중수적형(W/O, 버터)이 있는데 이는 유화제의 분자에 양성(+이온과 -이온)을 가지고 있기 때문에 H^+와 OH^-가 유화를 가진다. HLB가 4~6이면 친유성, 10~18이면 친수성으로 사용한다. 천연유화제로는 레시틴(lecithin)이 있고 합성유화제로는 글리세린지방산에스테르(Monoglycerine fatty acid ester), 소르비탄지방산에스테르(sorbitan fatty acid ester), 자당지방산에스테르(sucrose fatty acid ester), 프로필렌글리콜지방산에스테르(propylene glycol fatty acid ester), 폴리소르베이트20(polyoxyethylene), 젖산칼륨용액(potassium lactate solution), 염기성 알루미늄 인산나트륨(sodium Al.phosphate acid), 메틸 에틸 셀룰로스(methyl ethyl cellulose)가 있다. 그리고 유화제는 안정제(stabilizer, forming agent)로도 이용된다.

12) 이형제

빵의 제조, 가공 과정에서 빵 반죽을 분할기에서 분할할 때나 구울 때 달라붙지 않게 하고, 모양을 원래대로 유지하기 위하여 사용되는 첨가물을 이형제(release agent)라고 한다. 이형제로는 유동파라핀(paraffin)만이 허용되어 있다. 밀가루 반죽 시 손으로 면발을 만드는 과정에서 달라붙지 않게 하기 위하여 밀가루를 자주 바르는데 바로 이 밀가루가 이형제에 해당하는 것이다.

유동파라핀의 사용기준은 빵 0.15% 이하(이형제로서), 캡슐류 0.6% 이하(이형제로서), 건조과실류 및 건조채소류 0.02% 이하(이형제로서), 과실류 및 채소류의 표피 피막제로서만 사용할 수 있고 다른 식품에는 사용이 금지되어 있다.

13) 조미료

조미료(seasonings)는 식품첨가물 중에서 가장 많이 사용되는 첨가물로 식품 본래의 맛을 증진시키거나 소비자의 기호에 맞게 조절하여 식욕을 촉진할 목적으로 사용되는 첨가물로 핵산계, 아미노산계 및 유기산계로 나누어진다. 사용기준은 마련되어 있지 않으나 조미료의 과다 사용에 대한 문제가 제기되고 있다. 최근 식품의약품안전처에서 조미료의 유해성 문제에 대해서 무해하다는 결론을 보고하였지만 아직도 많은 소비자들 사이에서 논란이 되고 있어 사용량을 최소화하는 것이 바람직하다.

현재 허용된 조미료 중 특성이나 제한이 되어 있는 것은 아래와 같다(표 8-6).

- 핵산계 조미료 : 사용기준은 조제유류에 0.142 g/kg 이하로 규정되어 있으며, 이 식품 이외에는 사용이 금지되어 있다. 그리고 5'-유리딜산이나트륨은 조제유류의 첨가량이 0.099 g/kg 이하로 규정되어 있으며, 이 식품 이외에는 사용이 금지되어 있다.
- 아미노산계 조미료 : L-글루타민산나트륨(MSG)은 1957년 국내에서 최초 생산되어 대표적으로 사용되었던 감칠맛의 조미료로 소위 '미원'이라는 상품명으로 불려왔으나 앞으로는 글루타민산나트륨으로 불러야 할 것이다. 최근 L-테아닌(theanine)도 조미료로 지정되었다.
- 유기산계 조미료 : 유기산계는 특징에서 보듯이 감칠맛보다는 오히려 특이한 짠맛이나 신맛을 가지는 조미료가 대부분이다.

표 8-6 허용 조미료의 종류 및 특성

분류	조미료명	특성 등
아미노산계 조미료	L-글루타민산 L-글루타민산나트륨 (monosodium L-glutamate, MSG) 및 칼륨 L-글루타민산암모늄	결정성 분말, 밀, 콩, 옥수수 등의 단백질을 가수분해하여 다량 생산, 다시마의 감칠맛 성분
	L-알라닌 DL-알라닌(alanine)	무색·백색 결정성 분말, 단백질 분해, 단맛성 지미, 합성 청주에 이용
	L-아스파르트산 (L-aspartic acid)	아스파라긴산(L-asparaginic acid)이라고도 하며 백색의 결정성 분말을 얻음. 상쾌한 신맛과 감칠맛을 가지는 천연아미노산으로 물에는 잘 녹지 않고 산 및 알칼리에는 녹음. 과즙음료나 청량음료의 맛을 조절하는 데 사용
	L-아르기닌(L-arginine)	백색 결정성 분말로서 약간 특이한 냄새와 맛이 있음. 물에는 잘 녹고 에탄올에는 녹지 않음. 녹차의 감칠맛 성분으로, 강화제로 수산 가공식품, 영양 드링크, 건강식품 등에 사용
	L-티로신(L-tyrosine)	백색의 결정성 분말로서 냄새는 없고 약간 쓴 듯함. 물의 용해가 어렵고 알칼리 수용액에 녹음. 생체호르몬의 강화제, 유유아식 강화제 등에 사용
	L-세린(L-serine)	백색의 결정성 분말로서 냄새는 없고 약간의 감미를 가짐. 물에는 녹으나 알코올에는 녹지 않음. flavor의 원료나 풍미 개선, 영양제로서 영양음료, 건강음료 등에 사용
	L-로이신(L-leucine)	백색 광택의 박편상 결정의 분말로서 약간의 쓴맛과 독특한 풍미를 가짐. 물에는 약간 녹으나 알코올에는 녹지 않음. flavor의 원료나 풍미 개선, 영양강화제로 사용
	L-프롤린(L-proline)	백색의 결정성 분말로서 냄새가 없으며 약간의 쓴맛을 곁들인 단맛을 가짐. 물과 알코올에 모두 잘 녹는 유일한 아미노산임. 각종 식품의 맛 및 풍미 개선, 과즙음료, 청량음료, 영양강화제로 사용
	L-시스틴(L-cystine)	백색의 결정성 분말이며 냄새가 없고, 알코올에는 녹지 않고 묽은 염산, 수산화나트륨 용액에는 녹음. 영양 강화의 목적으로 조제분유 등에 첨가. 각종 식품의 풍미 개선 조미료 또는 flavor의 원료로 사용
	글리신(glycine)	백색 결정성 분말, 단백질 분해, 단맛성 지미, 합성 청주, 식초, 간장, 과자 등에 사용
	타우린(taurine)	백색 결정성 분말, 오징어, 문어의 정미 성분, 어패 가공품의 맛, 풍미 증진
	베타인(beatine)	백색 결정성 분말, 오징어, 문어의 정미 성분, 어패 가공품의 맛, 풍미 증진
	L-글루타민(L-glutamine)	백색 결정성 분말, 단맛성 감칠맛, 강화제로 사용
	DL-페닐알라닌(DL-phenylalanine)	백색의 분말, 약한 쓴맛을 가미한 단맛, 알코올에 녹지 않고 영양 강화로서, 특히 쌀과자에 첨가함

(계속)

분류	조미료명	특성 등
아미노산계 조미료	L-테아닌(L-theanine)	백색의 결정성 분말, 단맛을 가진 감칠맛 성분으로, 특히 녹차의 고유한 아미노산임
유기산계 조미료	구연산삼나트륨 (trisodium citrate)	시원한 짠맛 함유, 안정제, 완충제, 유화제, 당화 촉진제로도 이용
	DL-사과산나트륨(sodium DL-malate)	소금 같은 짠맛 함유
	D- 및 DL-주석산나트륨 (sodium D-&DL-tartarate)	짠맛 함유, 합성 청주, 청량음료수 등에 사용
	호박산2나트륨(disodium succinate)	약한 신맛 함유, 산성식품에 효과 강함
	호박산(succinic acid)	조개류의 정미 성분, 특이한 신맛, 물에 난용, 합성 청주에 이용
	젖산나트륨(Na lactate)	무색 투명한 시럽상 액체, 합성 청주 등에 사용
핵산계 조미료	5'-이노신산2나트륨 (disodium5'-inosinate)	결정성 분말, 가쓰오부시(가다랑어포)의 감칠맛 성분, 효모의 핵산을 효소분해하여 다량 생산
	5'-구아닐산2나트륨 (disodium5'-guanylate)	표고버섯의 감칠맛 성분, 효모의 핵산을 효소분해하여 다량 생산, 결정성 분말단백질 분해
	5'-리보뉴클레오티드2나트륨 및 칼슘 (5'-ribonucleotide-diNa)	결정성 분말, 감칠맛 성분, 효모의 단백질에서 다량 생산, 단일 사용보다는 MSG와 병용하면 좋음
	5'-시티딜산2나트륨 (disodium5'-cytidylate)	무색·백색의 결정성 분말, 조제유류에 한하여 0.42 g/kg 이하로 사용할 것
	5'-유리딜산2나트륨(disodium5' -uridylate)	무색·백색의 결정성 분말, 조제유류에 한하여 0.099 g/kg 이하로 사용할 것

14) 착색제

식품에 인위적으로 색을 보완하거나 인공적으로 착색시켜 식품의 기호적 가치를 향상시키기 위해 사용되는 색소를 착색제(coloring matters)라 한다. 식품의 가공 중에 탈색되는 것을 방지하거나 무색에 다양한 색을 부여하여 식품의 기호성을 높이는 역할도 한다. 착색제는 착색제가 가지는 색깔이 식품에 부여된다는 점이 발색제와는 다르다. 착색제로 사용되는 색소는 천연물로부터 추출한 천연색소와 인공적으로 만든 합성색소가 있다. 합성색소는 천연색소에 비하여 품질이 균일하며 가공상의 안정성은 뛰어나지만 안전성에 의문이 제기되고 있어 최근에는 천연색소의 사용이 증가되고 있는 추세이다. 그러나 천연색소는 합성색소에 비하여 색이 자연스럽고 안전성이 우수한 반면에 품질이 균일하지 못하거나 변색이 쉽고 다양한 색을 내지 못하는 단점이 있다. 현재 사용되고 있는 합성착색제는 타르계 색소가 8종, 타르계 색소 알루미늄레이크 7종 및 비타르계 색소 등이 사용 허가되어 있다(표 8-7).

표 8-7 허용 착색제의 종류와 기준

착색료명	사용식품 제한	첨가량
식용색소 녹색 제3호(Fast green FCF) 식용색소 녹색 제3호 알루미늄레이크 식용색소 적색 제2호(Amaranth) 식용색소 적색 제2호 알루미늄레이크 식용색소 적색 제3호(Erythrosine) 식용색소 적색 제40호(Allura red) 식용색소 적색 제40호 알루미늄레이크 식용색소 적색 제102호(Food red No.102) 식용색소 청색 제1호(Brilliant blue) 식용색소 청색 제1호 알루미늄레이크 식용색소 청색 제2호(Indigo carmine) 식용색소 청색 제1호 알루미늄레이크 식용색소 황색 제4호(Tartarzine) 식용색소 황색 제4호 알루미늄레이크 식용색소 황색 제5호(Sunset yellow) 식용색소 황색 제5호 알루미늄레이크	다음의 식품에는 사용 금지 ① 면류 ② 단무지 ③ 특수 영양식품(정제의 제피 또는 캡슐류 제외) ④ 건강기능식품(정제의 제피 또는 캡슐류 제외) ⑤ 유가공품(아이스크림류, 아이스크림 분말류, 아이스크림 믹스류 제외) ⑥ 두유류 ⑦ 발효음료 ⑧ 과실·채소류 음료(희석과즙음료, 희석채소음료, 희석과실·채소류 혼합음료 제외) ⑨ 인삼제품류(캡슐류 및 인삼과자류 제외) ⑩ 두부 또는 묵류 ⑪ 젓갈류 ⑫ 김치류 ⑬ 절임류(밀봉 및 가열살균 또는 멸균 처리한 절임식품은 제외) ⑭ 조림류 ⑮ 천연식품[식육류, 어패류(경육 포함), 채소류, 과실류, 해조류, 콩류 및 그 단순 가공품(탈피, 절단 등)] ⑯ 벌꿀 ⑰ 장류 ⑱ 식초 ⑲ 소스류 ⑳ 토마토케첩 ㉑ 잼류(시럽 제외) ㉒ 고춧가루 또는 실고추 ㉓ 후춧가루 ㉔ 향신료 가공품[고추냉이 가공품(와사비) 및 겨자 가공품 제외] ㉕ 향미유 ㉖ 카레 ㉗ 식육 가공품(소시지류 제외) ㉘ 어육 가공품(소시지류 제외) ㉙ 식용유지 ㉚ 버터류 ㉛ 마가린류 ㉜ 다류 ㉝ 식빵 ㉞ 드레싱 ㉟ 카스테라 ㊱ 레토르트식품 ㊲ 즉석건조식품 ㊳ 복합조미식품 ㊴ 메주 ㊵ 코코아버터 ㊶ 땅콩 및 견과류 가공품 ㊷ 수프류 ㊸ 코코아분말 ㊹ 조미김 ㊺ 과·채 가공품류 ㊻ 추출 가공식품 ㊼ 알 가공품 ㊽ 인삼제품류(정제의 제피 또는 캡슐, 인삼과자는 제외)	
동클로로필(copper chlorophyll) 동클로로필린나트륨 및 동클로로필린 칼륨 (sodium & potassium copper chlorophyllin)	다음의 식품에는 사용하나 다른 식품에는 사용 금지 ① 채소류 또는 과실류의 저장품 ② 다시마(무수물로서) ③ 추잉껌 및 캔디류 ④ 완두콩 통조림 중의 한천	사용량은 동으로 ① 0.1 g/kg 이하 ② 0.15 g/kg 이하 ③ 0.05 g/kg 이하 ④ 0.0004 g/kg 이하
철클로로필린나트륨 (sodium iron chlorophyllin)	다음의 식품에는 사용 가능하나 다른 식품에는 사용 금지 ① 천연식품[식육류, 어패류(경육제품 포함), 과실류, 채소류, 해조류, 콩류 등 및 그 단순 가공품(탈피, 절단 등)] ② 다류 ③ 커피 ④ 고춧가루, 실고추 ⑤ 김치류 ⑥ 고추장, 조미고추장 ⑦ 식초	

(계속)

착색료명	사용식품 제한	첨가량
삼이산화철(iron sesquioxide)	바나나(꼭지의 절단면), 곤약은 사용하나 다른 식품에는 사용 금지	
수용성 안나토(annatto, water soluble) β-카로틴(β-carotene) β-m아포-8′카로티날(β-apo-8′carotenal) 카르민(carmine)	천연식품[식육류, 어패류(경육 포함), 과실류, 채소류, 해조류, 콩류 등 및 단순 가공품(탈피, 절단 등)], 다류, 커피, 고춧가루 및 실고추, 김치류, 고추장, 조미고추장, 식초, 향신료 가공품(고추 또는 고춧가루 함유제품에 한함)	
이산화티타늄(titanium dioxide)	허용 tar 색소 및 tar 색소 Al-lake의 사용 식품의 제한에서 ①번부터 ㊼번까지 ㉔번 향신료 가공품, ㉕번 향미유, ㊺번 과·채 가공품, ㊻번 추출 가공식품을 제외하고는 모두 같고, 그 대신 천연 향신료가 추가되어 사용이 금지	

15) 착향료

착향료(flavoring agents)는 식품에 향기를 부여하거나 원래 식품이 가지고 있는 고유의 냄새를 증대 또는 감소시켜 기호성을 향상하기 위하여 첨가하는 향기 물질이다. 식품에 사용되는 향료인 착향료(flavor)는 천연향료와 합성향료로 나누어지며, 이 두 가지를 일정 비율로 섞은 조합향료도 있다. 식품 향료의 형태는 천연의 정유 또는 합성향료를 조합한 유용성의 유성향료(oil), 향료에 유화제를 사용하여 물속에 분산 유화시켜 휘발성인 향료의 휘발을 방지하고자 만든 유화향료(cloudy&conc), 향료를 유당이나 포도당과 같은 수용성 부형제의 용액과 유화액으로 만든 다음 건조한 분말향료 및 페이스트상 향료, 물에 녹지 않는 유성의 방향 성분을 알코올, 글리세린, 물 등의 혼합용액에 녹여 물에 잘 녹도록 한 수용성 향료(essence)로 나누어지며, 사용용도에 따라 빙과용 및 청량음료, 식품 가공용, 알코올음료용, 제과용 등으로 나눌 수 있다.

천연향료는 대부분 식물로부터 추출한 정유의 형태이고 동물성 또는 미생물성 기원으로 구분된다. 합성향료는 인공적으로 합성한 향료로 식품첨가물로 현재 식품첨가물로 허용된 합성향료는 개별표시품이 73종이며, 유별표시품이 18종이다.

(1) 개별표시품

개미산, 개미산게라닐, 개미산시트로넬릴, 개미산아이소아밀, 제라니올, 계피산, 계피산메틸, 계피산에틸, 계피산알데하이드, 계피알코올, 낙산, 낙산부틸낙산에틸, 낙산아이소아밀, γ

-노나락톤, 데실알코올, 데카날, 데카논산에틸, 데카놀, 디카논산에틸, 리날로올, 말톨, 메틸 β-나프틸케톤, N-메틸안트라닐산메틸, DL-멘톨, 바닐린, 벤즈알데하이드, 벤질알코올, 살리실산메틸, 시클로헥산프로피온산알릴, 시트랄, 시트로넬랄, 시트로넬롤, 아니스알데하이드, α-아밀신나믹알데하이드, 아세토초산에틸, 아세토페논, 안트라닐산메틸, 에틸바닐린, 옥타논산에틸, n-옥틸알데하이드, γ-운데칼락톤, 유제놀, 유칼리프톨, 아이소길초산에틸, 아이소길초산아이소아밀, 아이소유제놀, 아이소티오시안산알릴, α-이오논, β-이오논, 초산게라닐, 초산리나릴, 초산벤질, 초산부틸, 초산시트로넬릴, 초산신나밀, 초산에틸(초산비닐수지의 용제로 사용하는 경우는 예외), 초산아이소아밀, 초산페네틸, 카프론산알릴, 파라메틸아세토페논, 페닐초산에틸, 페닐초산아이소부틸, 프로피온산벤질, 프로피온산에틸, 프로피온산아이소아밀, 피페로날, 헥사논산에틸, 하이드록시시트로넬랄, 하이드록시시트로넬랄디메틸아세탈, 헵타논산에틸, 트라이아세틴으로, 사용기준은 착향의 목적 이외에 사용하여서는 안 된다(단, 초산에틸만은 '초산비닐수지의 용제로 사용하는 경우는 예외로 한다.'로 규정되어 있다). 그리고 변성 홉 추출물(modified hop extract)은 맥주 양조에 한하여 사용할 것이며, 황산칼륨(potassium sulfate)은 착향의 목적으로만 청량음료에 0.015% 이하로 사용하도록 규정되어 있다.

(2) 유별표시품

락톤류, 방향족 알데하이드류, 방향족 알코올류, 에스터류, 에테르류, 아이소티오시아네이트류, 인돌 및 그 유도체, 지방산류, 지방족 고급 알데하이드류, 지방족 고급 알코올류, 지방족 고급 탄화수소류, 싸이오알코올류, 싸이오에스터류, 테르펜계 탄화수소류, 케톤류, 페놀류, 페놀에테르류, 푸르푸랄 및 유도체로 이 유별표시품의 사용기준 또한 개별표시품과 같다.

16) 추출제

식품의 어떤 성분을 용해 추출하기 위해 사용되는 추출물로는 n-헥산(n-hexane), 아이소프로필알코올(isopropyl alcohol)이 지정되어 추출제(extracting agents)로 허용되고 있다. n-헥산은 유지 성분의 추출에 사용되는 특이한 냄새를 가지는 무색 투명한 휘발성의 액체이다. 식용유지 및 건강기능식품에 사용되는 원유에 0.005 g/kg 이하로 사용되어야 한다. 식품에서 유지 성분의 추출 목적으로만 사용하여야 하며 잔류량은 최종 제품 완성 전에 제거하도록 규정되어 있다. 아이소프로필알코올의 사용기준은 설탕에서 잔존량이 아이소프로필알코올로서 0.01 g/kg 이하로 규정되어 있고 그 외의 식품에는 사용이 금지되어 있다. 오직 제당 시 정제의 목적으로만 사용해야 한다.

17) 팽창제

밀가루를 부풀려 조직을 향상시키고 적당한 형체를 갖추게 하려고 사용되는 첨가물을 팽창제(blowing agents, leavening agents, baking power)라고 한다. 팽창제는 발효에 관여하는 천연물의 효모(yeast)와 합성팽창제가 있다. 반죽과 함께 혼합된 합성팽창제는 가열하면 분해되어 CO_2 가스, NH_3 가스 등이 조직을 뚫고 나오는 과정에서 반죽이 부풀어 빵이 되는 것이다.

팽창제에는 탄산수소나트륨(중탄산나트륨 일명 중탄산소다), 탄산수소암모늄(중탄산암모늄), 탄산암모늄, 황산알루미늄암모늄, 명반, 소암모늄명반, 황산알루미늄칼륨 등이 있다(표 8-8).

표 8-8 허용 합성팽창제의 종류와 대상식품

팽창제명	대상식품	작용목적
탄산수소나트륨(sodium bicarbonate, $NaHCO_3$)	빵, 전병, 비스킷 등	CO_2
탄산마그네슘(magnesium carbonate)	빵, 과자 등	CO_2
탄산수소암모늄(ammonium bicarbonate)	과자, 비스킷 등	CO_2, NH_3
탄산암모늄(ammonium carbonate)	과자, 비스킷 등	CO_2, NH_3
염화암모늄(ammonium chloride)	비스킷, 전병 등	NH_3, 산제
소암모늄명반(burnt ammonium alum)	빵, 과자 등	NH_3, 산제
D-및 DL-주석산수소칼륨(potassiumD-&DL-bitartrate)	빵, 과자 등	산제
산성피로인산나트륨(disodium dihydrogen pyrophosphate)	빵, 과자 등	산제
제1인산칼슘(calcium phosphate monobasic)	빵, 과자, 비스킷 등	산제
글루코노델타락톤(glucono delta lactone)	케이크, 식빵, 도넛, 비스킷	
산성알루미늄인산나트륨(sodium Al. phosphate acidic)	빵, 과자 등	
염기성알루미늄인산나트륨(sodium Al. phosphate basic)	프로세스치즈, 유화제	

18) 표백제

표백제(beaching agents)는 산화작용 또는 환원작용에 의하여 식품 중의 색소를 파괴하여 탈색시켜 식품을 희게 만들거나 가공 저장 중의 갈변 및 착색 등을 방지하기 위하여 사용하거나 착색 전에 먼저 표백한 다음 착색시킴으로써 제품이 완성되었을 때의 색을 아름답게 하기 위해서 사용하기도 한다. 표백제는 화학반응에 따라 산화형 표백제와 환원형 표백제로 나눌 수 있다. 산화형 표백제는 산화작용으로 탈색시키는 것으로 한번 탈색되면 복원되지 않고 과도하게 사용하면 색이 진해지거나 비타민 등이 파괴된다. 대표적인 산화형 표백제로는 과산화수소, 과산화벤조일, 차아염소산나트륨 등이 있다. 환원형 표백제는 환원작용에 의해 탈색시키는 것으로 환원표백제의 효능이 없어지면 공기 중의 산소와 결합하여 다시 색이 복원되는 단점이 있다. 환원형 표백제로는 메타중아황산칼륨, 무수아황산, 아황산나트륨, 산성아황산나트륨, 차아황산나트륨, 메타중아황산나트륨 등이 허용되고 있다. 이들은 표백제가 남아 있는 동안에만 표백작용을 나타내며 식품에 잔존하는 아황산량에 의하여 규제를 받는다.

사용기준은 이산화황으로서 아래 기준 이상 남지 말아야 한다.

- 박고지(박의 속을 제거하고 육질을 잘라 건조시킨 것) : 5.0 g/kg
- 당밀 및 물엿 : 0.3 g/kg
- 엿 : 0.4 g/kg
- 과실주 : 0.35 g/kg
- 과실주스(5배 이상 회석시켜 사용하는 것) : 0.15 g/kg
- 건조과실류 : 2 g/kg
- 곤약분(구약나물의 뿌리줄기를 가공하여 만든 것) : 0.9 g/kg
- 새우살 : 0.1 g/kg
- 설탕 : 0.02 g/kg
- 양조식초 : 0.17 g/kg
- 기타 식품[참깨, 콩류, 서류, 과실류, 채소류 및 그 단순가공품(탈피, 절단 등) 제외] : 0.03 g/kg

19) 품질개량제

햄, 소시지 등의 축육 및 어육연제품의 제조에서 결착성 및 탄력을 증대시키고 보수성을 향상시켜 조직의 개선, 식감 향상을 위하여 사용되는 첨가물로서 결착제(binder)라고도 한다. 품질개량제(texturizers, texture modifying agents)로는 인산염 및 축합 또는 중합 인산염 등이 이용되는데 단일로 사용하는 것보다는 몇 종을 혼합하여 사용하면 더 좋은 효과를 보인다. 인산염류로는 제1인산나트륨(sodium phosphate monobasic), 제2인산나트륨(-dibasic), 제3인산나트륨(-tribasic) 및 제3인산칼륨이 허용되어 있다. 중합인산염류에는 메타인산나트륨(sodium metaphosphate), 메타인산칼륨(이상 메타인산염), 폴리인산나트륨(sodium polyphosphate), 폴리인산칼륨(이상 폴리인산염), 피로인산나트륨(sodium pyrophosphate), 피로인산칼륨(이상 피로인산염), 그 외 폴리덱스트로스(polydextrose) 등이 허용되어 있다.

20) 품질 유지제

품질 유지제(quality keeping agents)는 식품에 습윤성과 신전성을 가지게 하여 그 식품에 대한 품질의 성질을 유지하기 위하여 첨가되는 물질을 말하며, 프로필렌글리콜(propylene glycol)이 지정되어 있으며 용제로서도 쓰인다. 프로필렌글리콜의 사용기준은 만두 및 만두피 1.2% 이하, 견과류 가공품 5% 이하, 아이스크림류 2.5% 이하, 기타 식품류 2% 이하로 규정되어 있다.

21) 피막제

피막제(coating agents)는 과채소류의 표면에 피막을 형성하여 외관을 보기 좋게 하고, 호흡작용을 억제함으로써 수분 증발을 방지하여 신선도를 장시간 유지하거나 또는 외관을 좋게 하기 위하여 사용되는 첨가물이다. 허용된 첨가물로는 몰포린지방산염(morpholine fatty acid salt)과 초산비닐수지(polyvinyl acetate), 폴리비닐피로돈(polyvinyl pyrrolidone), 셀락(shellac), 유동파라핀 등이 있다.

22) 호료

식품의 가공이나 저장 중 제품의 형상을 유지하며 점성과 유화성을 좋게 하고 나아가 입안에 미끄러운 감각을 부여함으로써 미각을 개선하기 위하여 사용하는 첨가물로 호료 또는 증첨제(thickners, gelling agents)라고도 한다. 호료는 천연품과 합성품이 있는데 대표적인 천연품은 해조류에서 만든 한천(agar-agar), 카세인(casein)이 있으나, 카세인은 화학 처리를 거치기 때문에 화학적 합성품으로 지정된 것으로 본다. 호료의 사용기준을 보면 폴리아크릴산나트륨, 카복시메틸셀룰로스칼슘, 카복시메틸스타치나트륨은 식품의 2% 이하로 사용하고 알긴산프로필렌글리콜, 메틸셀룰로스, 카복시메틸셀룰로스나트륨, 알긴산나트륨, 카세인나트륨은 사용기준이 없다.

5. 사용 금지된 유해성 식품첨가물

1) 유해성 감미료

- Cyclamate : 이 물질이 발암성 물질이라는 것을 1969년 미국 위스콘신 주립대학 연구소에서 FDA에 보고함으로써 1970년에 사용 금지되었다. 청량한 단맛을 가진 백색 결정성 물질로 감미도는 설탕의 30~50배 정도이다.
- Dulcin : 사람의 위 속에서 소화 기능장애 및 중추신경계 이상을 유발하며 혈액독으로 적혈구의 생성 억제 및 간종양을 나타내는 것으로 알려져 1966년 사용 금지되었다. 감미도는 설탕의 약 250배 정도이며 열에 안정하며 뜨거운 물에는 잘 녹는다.
- Ethylene glycol : 부동액으로 사용되는 점조성 액체인 ethylene glycol은 흡습성이 있어 물과 잘 섞이며 단맛을 가지고 있으나 사람의 체내에서 산화되면 수산(oxalic acid)을 생성하여 구토, 호흡 곤란에 이어 뇌와 신장에 장애를 일으킨다. 설탕의 약 300배 단맛으로 온수에 잘 녹고 독성은 dulcin보다 강하다.
- *p*-Nitro-*o*-toluidine : 다량 섭취 시 위에 통증을 수반하고 구토와 황달, 혼수 상태를 야기하여 2~3일에 사망하여 살인당이라고도 불린다. 설탕의 200배의 단맛을 가진 물질로 상쾌한 단맛 때문에 감미료 대용품으로 부정하게 사용되었다.
- Perillartin : 설탕의 약 2,000배의 단맛을 가진 백색의 결정성 물질로 섭취 시 신장장애를 유발하게 된다.

2) 유해성 살균제와 보존제

- Nitrofurazone(5-Nitrofural semicarbazone) : 어육연제품 등에 살균제로 사용되었으나 간장장애, 구토 및 식욕부진 등의 증상을 나타내어 1972년에 사용 금지되었다.
- Nitrofurylacrylamide : 강한 살균력으로 어묵, 어패류 건제품, 팥앙금 및 두부 등의 방부제로 사용되었으나 강한 독성과 안전성 문제로 1972년에 사용 금지되었다.
- β-Naphthol : 백색 결정으로 물에는 난용성이며 알코올과 에테르와 같은 유기용매에

는 잘 녹는다. 0.005%의 농도로 곰팡이의 생육을 억제하기 때문에 간장 등의 방부제로 사용되었으나 강한 독성 때문에 사용이 금지되었다.

- 불소화합물 : 불화수소(HF), 불화나트륨(NaF) 등의 불소화합물은 강력한 방부 효과를 가지고 있다. 과거 육류, 우유 등에 있어서 보존제로 사용하였고 알코올음료에서 이상발효 억제 등의 목적으로 사용되었으나 강한 독성 때문에 사용 금지되었다.
- 붕산, 붕사, 과붕산나트륨 : 보존제로서 햄, 베이컨과 같은 육제품, 그리고 과자류에 사용된 것으로 방부작용은 약하지만 그 독성이 인정되어 사용 금지되었다.
- 살리실산(salicylic acid) : 방부작용이 강하며 약산성 조건에서 곰팡이, 효모, 세균 등의 발육을 억제하며 유산균 및 초산균 등에 대하여 항균작용을 나타내어 청주, 과실주 및 식초 등에 보존료로 사용되었으나 강한 독성으로 1973년 사용 금지되었다.
- 승홍 : 살균력과 방부력이 강하여 주류 등에 사용되었으나 독성이 강하여 식품에는 사용이 금지되었다.
- Utropin : 포름알데하이드와 암모니아가 결합하여 생성되는 백색의 비늘 모양 결정으로 물에 녹아 formaldehyde가 유리되어 방부 효과를 나타낸다. 피부 발진이나 신장염, 방광염 등을 일으킨다. 식품에 사용은 금지되었다.
- 포름알데하이드, 포르말린 : 포르말린은 살균력과 방부력이 강한 성질로 육가공품, 주류, 간장 등에 사용된 적이 있었으나 독성으로 인하여 현재 사용이 금지되었다.
- Halazone : 과거 살균제로 지정되어 사용되었으나, 강한 독성과 안전성 문제로 1972년 모두 사용 금지되었다.

3) 유해성 착색료

식품에서 선명한 색을 내기 위하여 사용되는 첨가물로 인공착색제는 값싸고 색이 선명하며, 그 사용이 편리하므로 많이 사용되고 있으나 식품첨가물로 허용되지 않은 착색제의 사용에 의하여 중독이 발생하기도 한다. 유해성 착색제는 대부분 독성이 강한 염기성 타르색소로 이들에 의한 중독은 그 사용량이 소량이기에 만성중독인 경우가 많다. 화학구조에 따라 독성의 강약이 달라지나 대개 색소 자체에 기인하거나 체내대사에 의해 간, 신장, 신경계 등에 독으로 작용하는 것으로 알려져 있다. 종류는 다음과 같다.

- 갈색계 : bismark brown
- 녹색계 : Light green S. F. yellowish, Malachite green

- 적색계 : rhodamin B, SudanⅢ
- 등적색계 : silk scarlet, orange I, orange II
- 자색계 : methyl violet, gentian violet, crystal violet

4) 유해성 표백제

- Rongalite : Rongalite(sodium formaldehyde bisulfide)는 과거 물엿의 표백제로 사용되었다. 하지만 수용 상태에서 발생되는 아황산에 의하여 표백작용을 나타내지만 이때 발생되는 formaldehyde가 식품에 독성을 나타내는 것으로 밝혀져 1967년 사용 금지되었다.
- 삼염화질소(Nitrogen trichloride) : 과거 밀가루 표백제로 사용되었으나, 개를 대상으로 한 실험에서 히스테리 증상을 나타내 사용 금지되었다.
- 형광표백제(Diaminostilben sulfonate) : 국수, 우유병의 종이마개, 생선묵의 표백 등에 사용되었으나 독성으로 사용 금지되었다.

5) 증량제

과거 설탕, 조미료(MSG), 고춧가루, 향신료, 곡분, 어분 등이 귀하고 값이 비쌀 때 양을 불리어 판매한 불량업자가 있었다. 그 증량물질로는 산성백토, 규조토, 백도토, bentonite, 탄산칼슘, 탄산마그네슘, 규산알루미늄, 규산마그네슘, 석회 등으로 다양하였다. 이들을 과량 섭취하면 소화 불량, 복통, 구토, 설사 등의 위장염 증상을 일으킨다.

6. 식품 중의 이물

이물은 여러 의미로 쓰이고 있지만 식품 중의 이물은 특정 이물질을 의미한다. 식품 중 이물의 혼입은 생산자 측면에서 볼 때 상품은 물론 기업의 이미지를 실추시키고, 소비자 입장에서 보면 품질에 대한 불안, 불평과 더불어 식품 안전성에 문제가 된다.

1) 이물의 정의와 종류

식품 중의 이물은 식품의 표면에 확실히 볼 수 있는 벌레나 티끌 등은 물론이고 눈에 보이지 않는 이물도 많다. 눈에 보이지 않는다는 것은 두 가지 의미로 하나는 너무 작아서 확대경이나 현미경을 쓰지 않으면 볼 수 없는 것과 다른 하나는 눈으로 볼 수 있는 충분한 크기를 갖지만 식품 속에 감춰져 있어 볼 수 없는 경우이다. 그렇기 때문에 이물이 보이지 않는다 하여 안심할 수 없다. 「식품위생법」상 식품에 이물이 혼입되었을 경우 위해식품 등의 판매나 금지 기준과 규격의 위반사항으로 행정처분을 받도록 되어 있다.

겉보기에 깨끗한 식품도 이물검사를 하면 여러 가지 이물이 검출되기도 한다. 이물의 유입은 원료로부터 생산, 저장, 유통 과정에서 부적절한 환경이나 취급으로 제품에 유입되는 물리적인 이물이 대다수이다. 위해 해충이나 설치류의 분변 같은 이물도 있고, 곰팡이나 세균 증식에 의한 미생물도 있다. 이물의 분류(표 8-9)는 성질에 따라 크게 동물성, 식물성 그리고 광물성으로 분류할 수 있다.

표 8-9 이물의 분류

성질에 따른 분류	특징
광물성 이물	천연 광물 조각(흙, 모래, 돌 등), 동물 유래 광물 조각(조개껍질 등), 광물성 가공품(유리, 도자기, 시멘트, 금속, 플라스틱, 합성섬유 등)의 파편 등
동물성 이물	절족동물(곤충, 거미, 진드기 등)의 성충, 번데기, 유충, 알 및 이들의 파편, 배설물, 포유동물의 체모, 조류의 털, 포유동물 및 조류의 배설물, 기생충 및 알, 쥐나 대형 곤충 갉아 놓은 흔적이나 족적 등
식물성 이물	이종 식물종자(곡류 중 잡초의 종자 등), 불가식성 식물체 및 그 조각(나뭇조각, 지푸라기, 겨 등), 식물섬유 가공품의 조각(종이류 포함), 곰팡이 등

2) 이물과 식품위생

사람에게 경구 섭취된 식품 중의 이물은 식품위생상으로 가볍게 취급되고 있다. 하지만 식품위생상의 실제의 위험성은 식품의 종류, 이물의 종류, 혼입 시기 등에 따라 위험의 정도가 다르다. 먼저 이물이 오염된 식품이 직접 그대로 입으로 들어가는 최종 제품인지, 반제품 혹은 원재료에 의한 것인지에 따라 다르다. 원재료 단계의 것이라면 다소의 토사나 티끌이 들어가는 것은 허용될 수 있을 것이다(단지 곰팡이가 생긴 것은 위험). 또 혼입 시기가 가열 공정의 전에 있었다면 비교적 안전하다고 생각된다. 검출된 이물질이 유해하거나 위험하다고 생각되는 경우와 그렇지 않은 경우는 위험성의 평가 또한 다르다.

식품위생상 유해 또는 위험하다고 생각되는 이물은 병원미생물 및 기생충을 전파 매개시킬 우려가 있는 동물(쥐, 박쥐, 비둘기, 파리, 바퀴 등)의 털, 깃털, 충체, 동물의 배설물, 기생충의 유충 및 알, 살아 있는 곤충 및 진드기류, 가축의 배설물 및 해체 시에 나온 장 내용물, 유독 성분을 함유한 식물체 및 종자, 곰팡이, 중금속편, 유리조각, 예리한 금속조각이나 플라스틱조각 등이다.

곰팡이류는 외견상 불결할 뿐만 아니라 곰팡이독(mycotoxin)을 생성시키는 곰팡이가 번식될 가능성이 있기 때문에 식품이 위험하다고 하는 것이다.

3) 이물의 혼입경로

- 가정 : 보관·유통의 경우와 거의 마찬가지로 동물성 이물의 혼입이 많다. 특히 포장이 열린 채로 방치하거나 뚜껑을 덮는 것을 잊어 발생하기 때문에 곤충, 진드기류가 자유로 침입하거나 쥐, 바퀴에 의한 피해가 크다.
- 원재료 : 제조 생산단계에서 혼입되었다고 생각되는 식품 이물은 원재료 중에 이미 존재하고 있는 경우가 적지 않다. 곡류, 곡분 등에는 바구미 등의 곤충, 대두 등에는 이종 식물의 종자, 기타의 식물 조직, 채소에서는 토사, 곤충 등의 여러 가지 이물이 혼입되고 있다.
- 보관·유통 과정 : 창고 등에서 보관하는 식품 중에 동물성 이물, 특히 쥐, 식품에 침입하는 곤충, 진드기 등에 의한 피해가 많다. 이들은 용기, 포장의 틈으로부터 침입하거나 포장을 망가뜨리고 침입하며 때로는 그 안에서 산란하기도 한다.
- 제조공정 : 창이나 출입문으로 곤충 등이 들어오거나 작업 종사자의 모발, 의류의 섬유, 작업용 기구 등에서 떨어진 볼트, 너트, 때로는 손에 붙였던 반창고, 귀금속 등 그 종류도 다양하다.

4) 주요 이물의 방제

(1) 위해 곤충류

식품에 피해를 주는 곤충은 식품을 섭취할 목적으로 침입하지만, 바퀴 등과 같이 살모넬라균을 보균하고 있는 경우도 있기 때문에 특히 주의가 필요하다. 위해 곤충의 방제에는 작업장, 창고 등의 정리, 정돈, 청소를 철저히 하여 곤충 등이 살 수 없는 환경을 만드는 것이 중요하며 출입구의 문, 창 등을 정비하고 철망 등을 사용하여 방충 효과를 얻도록 한다.

곤충의 방제에는 일반적으로 살충제를 살포하거나 훈증 등의 방법을 실시하고 있지만, 불가피하게 사용해야 할 때는 식품에 약품의 오염이 일어나지 않도록 충분한 주의를 기울여야 한다. 또 원재료를 구매할 때 곤충의 부착 여부를 엄격히 검사하는 일도 식품 중에 곤충의 침입을 막는 중요한 수단이 될 수 있다.

(2) 금속성 이물

각종 기계, 기구 외에 원재료의 포장재료나 서류 등에서 떨어진 스테이플러 핀, 클립 등이 들어올 수 있으므로 주의를 필요로 한다. 제조 기기에서 발생하는 기기의 부서진 조각이나 금속 물질, 못 등도 혼입될 수 있다. 작업 전후에는 사용 기기의 점검을 충분히 하고 부품의 탈락이나 파손의 여부, 녹이나 윤활유 등이 식품에 오염되었는지 유의하여야 한다.

(3) 모발

모발은 식품에 혼입되는 이물 중에서 그 방제 대책이 곤란한 것 중의 하나이다. 사람의 모발은 하루에 약 100개 정도가 빠지거나 떨어져 나올 뿐 아니라, 두발 이외의 다른 부분에서도 나올 수 있으므로 이들 전부를 식품 이물의 대상으로 생각하여야 한다.

보통 두발에서 떨어지는 것을 방지하기 위하여 작업모 또는 위생모를 쓰고 작업실 내에서는 벗지 않도록 한다. 작업장 내 휴게실 등도 모발이 실내에 방치되지 않도록 흡인청소기로 청소하며 흡인 솔로 어깨, 소매 등도 청결히 청소하여야 한다.

CHAPTER 09

위해 평가와 예측미생물학

1. 위해 평가
2. 예측미생물학

1. 위해 평가

1) 위해 평가의 정의

위해 평가는 식품에 존재하는 위해 요소를 확인하고 이를 섭취할 가능성과 섭취함으로써 질병이 발생할 가능성을 정량적으로 평가하는 과학적인 과정으로 크게 화학적 위해 평가와 미생물학적 위해 평가로 구분된다. 위해 평가는 일반적으로 그림 9-1과 같이 4단계에 걸쳐 실시한다(김현정 외, 2010).

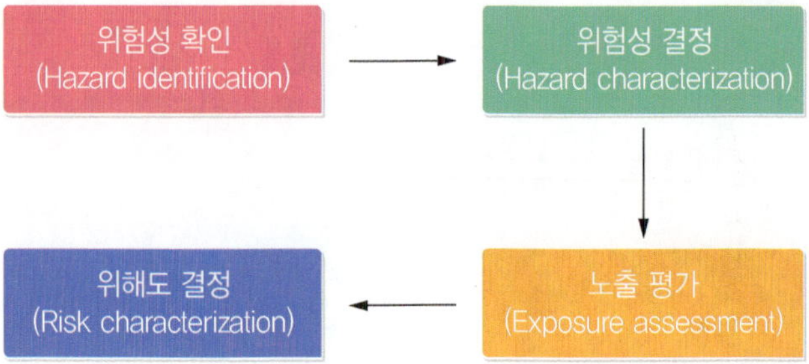

그림 9-1 위해 평가과정

2) 위해 평가 순서

위해 평가는 위험성 확인(Hazard identification), 위험성 결정(Hazard characterization), 노출 평가(Exposure assessment), 위해도 결정(Risk characterization)의 4단계로 나뉜다. 1단계 위험성 확인은 건강에 위해를 주는 위해 요소가 무엇이며 이것의 물리·화학적 특성 및 생체에 대한 영향을 규명하는 것이다(AC/GL-30, 1999). 2단계 위험성 결정은 위해 요소의 노출량과 유해 발생과의 관계를 정량적으로 규명하는 단계이다. 3단계 노출 평가는 일상생활 및 식품문제 발생 상황에서 위해 요소가 사람에게 얼마나 노출되는지에 대한 평가이다. 4단계 위해도 결정은 인체 섭취허용량과 인체 노출량을 비교하여 인체에 대한 위해 요소의 위해성을 정량적, 확률적으로 산출한다. 위해도 결정의 결과들은 일반적으로 위해 평가자들에 의해 분석되어 위해 관리자들에게 필요한 정보를 효과적으로 전달한다(Dennis et al., 2001).

3) 위해 평가방법

(1) 화학적 위해 평가

화학적 위해 평가는 그림 9-2에서 보는 바와 같이 위험성 확인, 위험성 결정, 노출 평가, 위해도 결정의 4단계로 이루어진다(식품의약품안전평가원, 2011).

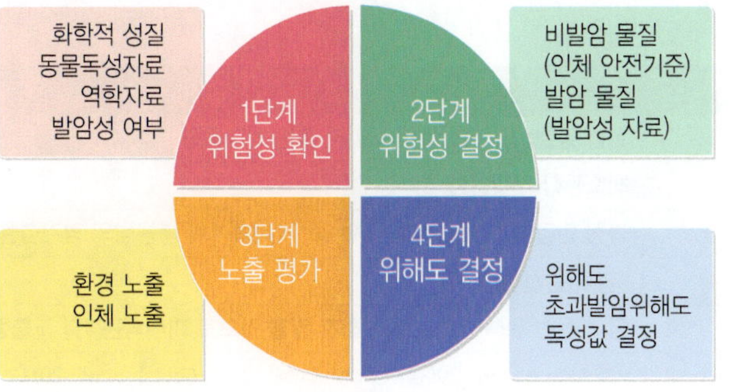

그림 9-2 화학적 위해 평가

① 위험성 확인

위험성 확인이란 특정 인자의 직접적 또는 잠재적인 건강에 대한 영향성을 확인하는 단계로(USFDA-CFSAN, 2002) 유해 물질에 대해 보고된 최근 국내외 정보를 조사하고 분석하여 위험성을 확인하는 것이다. 물리·화학적 성질, 사용 용도, 사용량, 사용 현황, 제조과정, 노출원, 노출기간, 인체 영향 여부 및 생물학적 자료(흡수, 분포, 대사, 배설, 체내 축적성), 동물독성자료, 역학자료, 발암성 여부 등을 조사하여 위험성을 확인한다. 발암성이 있는 경우, 임상 및 동물실험 결과 등을 검토하고 발암성 판단 근거 자료를 확보하여 산출하도록 한다(식품의약품안전평가원, 2011). 국제기구인 WHO(World Health Organization), FAO(Food and Agriculture Organization of the United Nations), IPCS(International Programme on Chemical Safety), IARC(International Agency for Research on Cancer) 및 관련 기관인 EPA(Environmental Protection Agency), FDA(Food and Drug Administration), EU(European Union)에서 규정한 방법을 참고하여 검토하도록 하고, 임산부나 어린이 등 민감 집단에 노출이 우려될 경우 더욱 신중하게 자료를 검토해야 한다.

② 위험성 결정

위험성 결정은 위해 요소의 노출량과 유해 영향 발생과의 관계를 정량적으로 결정하는 것으로, 인체 혹은 동물독성 자료를 이용하여 독성값(NOAEL : No observed adverse effect level, BMDL : Benchmark dose lower confidence limit) 및 인체안전기준(ADI : Acceptable daily intake, RfD : Reference dose 등)을 설정하는 단계이다(Greish et al., 2011)(표 9-1).

표 9-1 독성값 및 인체 안전기준

안전기준	정의
NOAEL	실험 물질의 유해작용이 보이지 않는 최대용량
LOAEL	최소관찰 부작용량
BMDL	가장 민감한 biochemical marker에 대해 1회 복용량의 임계점을 추정
ADI	1일 허용섭취량
RfD	평생 동안 유해 영향이 발생하지 않을 것으로 기대되는 1일 노출량

자료 : Barnes and Dourson, 1988; Akane et al., 2006; Park and Cho, 2011; Greish et al., 2011

식품의약품안전평가원의 인체안전기준위원회 규정에 따르면 물질에 대한 ADI, NOAEL, LOAEL, BMDL 등을 조사하거나 인체독성시험자료 또는 동물독성시험자료를 활용하여 각종 독성값을 산출한다. 산출 시 동물실험자료를 이용하여 사람으로 외삽 적용 시 불확실성 계수 10~10,000의 범위에서 적용하고 가장 타당한 독성시험으로부터 가장 민감한 독성종말점을 선택한다. 독성종말점 선택 시 체중 감소, 장기 무게 감소, 조직학적 그 밖의 독성시험 결과 및 인체 역학 결과 등을 활용한다(식품의약품안전평가원, 2011).

발암물질의 경우 Cancer slope factor, Unit risk 등을 이용하여 산출하고, 완전발암물질은 아니지만, NOAEL 설정을 위한 자료가 부족한 경우 용량-반응 모델에 기초하여 산출한 BMDL을 이용하여 평가한다(식품의약품안전평가원, 2011).

③ 노출 평가

노출 평가란, 사람의 위험 노출 규모와 그 자료를 파악하는 위해 평가의 한 부분으로(US FDA-CFSAN, 2002) 섭취량 등 관련 자료를 토대로 인체 노출량을 정량적으로 평가하는 과정으로 섭취를 통한 노출량을 추정할 때에는 일반 섭취군과 함께 고섭취군의 식이 노출량도 함께 평가하고, 노출 기여도가 높은 식품에 대한 평가도 포함하여 인체 노출량을 산출한다. 단, 노출 평가 자료가 불충분하거나 없는 경우 활용 가능한 통계분석프로그램을 토대

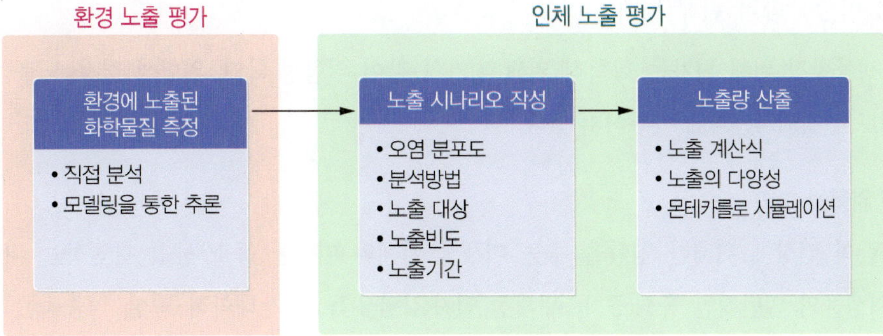

그림 9-3 노출 평가

로 노출 평가를 할 수 있다(식품의약품안전평가원, 2011).

④ 위해도 결정

위해도 결정은 위험성 확인, 위험성 결정 및 노출 평가를 근거로 인체 건강에 미치는 유해 영향의 발생과 위해 정도를 정량적 또는 정성적으로 계산하는 과정으로 수행된 결과들을 근거로 하여 인체 유해 유발 가능성의 위해도를 결정하여 위해도를 산출한다(이철호 외, 2009).

$$\text{위해도 산출(\%)} = \frac{\text{유해 물질의 노출량(mg/kg bw/day)}}{\text{인체 안전기준치(mg/kg bw/day)}} \times 100$$

발암 물질의 경우 발암력을 고려하여 초과발암위해도(cancer risk)를 산출한다. 또한, NOAEL, BMD(benchmark dose) 값과 실제 노출량을 비교하여 어떤 물질의 인체 노출이 적절하게 관리되고 있는지 결정할 때 사용하는 MOE(margin of exposure; BMD/노출량)를 산출한다. MOE가 ‘<10,000’는 possible concern이고 ‘10,000~1,000,000’는 low concern, ‘>100,000’는 negligible concern with action minimizing future exposure, ‘>1,000,000’는 negligible concern이다(식품의약품안전평가원, 2011).

식품첨가물 위해 평가는 1일 허용섭취량 대비 추정 1일 허용섭취량을 비율(%)로 표시한다.

$$\text{첨가물 위해 평가} = \frac{\text{추정 1일 허용섭취량(mg/kg bw/day)}}{\text{1일 허용섭취량(mg/ kg bw/day)}} \times 100$$

(2) 미생물학적 위해 평가

미생물학적 위해 평가는 화학적 위해 평가와 같이 위험성 확인, 위험성 결정, 노출 평가, 위해도 결정의 4단계로 이루어져 있다.

① 위험성 확인

사람의 건강에 위해한 영향을 주는 미생물 자체와 미생물 독소 등을 확인하는 과정으로 미생물의 일반적인 특성(증식), 위해성 인자(감염성 독소), 생태학적 특성, 식중독균 또는 전염병 관리 여부, 감염경로, 임상적 증상, 감수성 집단, 식중독 또는 전염병 등 발생 통계(국내외), 주요 오염원, 주요 원인식품, 유병률, 이완율을 조사하여 위험성을 확인할 수 있다(Notermans et al., 1996)(표 9-2).

표 9-2 식중독 세균의 특징을 이용한 위험성 확인

종류	특징	오염원	잠복기	임상적 증상	감염량
Salmonella spp.	• O 항원 : 세포 표층 • H 항원 : 편모 • 2,400개 serotypes • *S.* Typhi • *S.* Typhimurium • *S.* Enteritidis	생고기, 달걀, 우유, 유제품	12~ 48시간	복부 통증, 두통, 고열, 설사, 혈변	10^5~ 10^7 cell/g
Listeria monocytogenes	• 고염식품(RTE foods) • 5℃ 이하 성장 • 고위험군 • *L. monocytogenes*	생고기, 생가금류, 우유, 핫도그, 햄, 해산물	1일~ 3주	메스꺼움, 구토, 두통, 고열, 한기, 유산, 패혈증, 수막염	수 개 cell~ 많은 양
Staphylococcus aureus	• 장독소(Enterotoxin) • 내열성 : 100℃에서 60분, 가열에도 파괴되지 않음 • A-E형 • *S. aureus*	김밥, 도시락, 떡, 빵	1~ 6시간	구토, 설사, 허탈, 의식장애	10^6~ 10^7 cell/g
Escherichia coli O157:H7	• 장 출혈성 대장염	햄, 치즈, 소시지, 샐러드, 도시락, 두부	10시간~ 9일	혈변, 구토, 복통	10~ 10^2 cell/g
Clostridium perfringens	• Welchii 또는 가스 괴저균 • 약한 혐기성 • 최적온도 : 43~47℃ • Lecithinase를 생산 • 포자 : 열 저항성 강함	생우유, 생고기, 닭고기	2~5일	설사, 복통, 두통, 발열, 탈수	10^6~ 10^7 cell/g

자료 : 구난숙 외, 2010; 신동하 외, 2011

② 위험성 결정

위험성 결정은 유해 미생물이 오염된 식품 섭취 후 발생하는 인체 영향에 대한 심각도 및 기간을 정성적 또는 정량적으로 나타내어 유해 영향을 일으키는 미생물의 용량(용량-반응 모델)을 확인하는 단계로 증상 및 증세의 심각성, 개인별 차이에 대한 분석, 유해 영향 발생조건 및 상황 분석 등에 대한 설명이 필요하다(Anonymous, 1993; FAO/WHO, 1995; Kumamoto and Henley, 1996). 이는 지금까지 WHO, 미국, 일본, 호주, 캐나다 등에서 개발된 용량-반응 모델 자료와 현재까지 알려져 있는 최소 감염량 등의 자료를 활용한다(그림 9-4).

Model	Description
Exponential (model)	• 미생물 독성과 민감도가 모든 사람에서 동일하다는 가정 • $P = 1 - \exp(-r \times N)$
Beta-poission (model)	• 숙주-미생물 상관성이 beta 분포 가정 • $P_i(d) = 1 - \{1+(\alpha/\beta)\}^{-\alpha}$
Weibull-gamma (model)	• 숙주-미생물 상관성이 gamma 분포 가정 • $P = 1 - [1+(N)^b/\beta]^{-\alpha}$

Study	Year	Host	Model	Parameter
Farber	1996	Human	Weibull-Gamma	$\alpha=0.15$, $\beta=10$, $b=2.14$
Buchanan	1997	Human	Exponential	$r=1.18\times10^{-10}$
Notermans	1998	Mouse	Exponential	$r=1.18\times10^{-6}$
Lindqvis&Westoo	2000	Human	Exponential	$r=5.6\times10^{-10}$
FDA	2001	Mouse/Human	Exponential	$r=8.5\times10^{-16}$
WHO/FAO	2004	Human	Exponential	$r=1.0\times10^{-12}$
Teunis	1999	Human	Beta Poisson	$\alpha=0.15$, $\beta=7.9$
Rose	1991	Human	Beta Poisson	$\alpha=0.039$, $\beta=55$
Medema	1996	Human	Beta Poisson	$\alpha=0.145$, $\beta=7.59$
Haas	1999	Human	Beta Poisson	$\alpha=0.175$, $\beta=4.95\times10^4$
Powell	2000	Human	Beta Poisson	$\alpha=0.221$, $\beta=8722.480$
Haas	2000	Rabbit	Beta Poisson	$\alpha=0.49$, $\beta=7.9\times10^5$

그림 9-4 용량-반응 모델의 종류

자료 : 식품의약품안전평가원, 2011

③ 노출 평가

노출 평가는 유해 미생물이 사람에게 노출되는 양을 산출하는 단계로 생산에서 소비까지의 미생물 오염, 교차 오염, 증식, 사멸 등을 검토하고 섭취단계에서의 미생물을 정성 및 정량적으로 평가한다. 미생물의 오염빈도 및 농도, 교차 오염, 원인식품의 1회 또는 1일 섭취량, 미생물 오염량, 감수성 집단 등을 조사할 뿐만 아니라, 예측미생물학을 이용하여 다양한 조건에서 미생물 생장을 예측·평가한다(Cassin et al., 1998).

④ 위해도 결정

위해도 결정은 위험성 확인, 위험성 결정 및 노출 평가를 근거로 인체 건강에 미치는 위해 정도(질병 발생률, 치사율, 감염률 등)를 정량적 또는 정성적으로 결정하는 과정이며, 시나리오에 따른 환자 수 산정, 기준 설정의 타당성, 관리공정 개선 등의 대안을 제시한다(Notermans et al., 1996).

2. 예측미생물학

식중독 세균에 대한 정량적 위해 분석 및 평가의 중요성이 강조되고 있기 때문에 예측미생물학을 이용한 체계적인 위해 평가가 필요하다. 특히 예측미생물학의 활용은 식중독 발생을 사전에 예방하고 식중독 세균의 오염 분포를 파악하여 식품으로 유입될 수 있는 식중독 세균을 사전에 차단하기 위해 사용할 수 있을 뿐만 아니라 위해 평가에서도 사용될 수 있다(식품의약품안전처, 2005).

예측미생물학은 수학적 모델을 이용하여 식품의 원료로부터 소비에 이르기까지의 전 과정에서 병원성 및 부패 미생물 수의 변화를 정량적으로 예측할 수 있다(윤요한, 2010).

1) 예측미생물학의 정의

예측미생물학(predictive microbiology)이란 식품의 내부적 요인(intrinsic factor)과 외부적 요인(extrinsic factor)을 수식에 변수로 포함하여 미생물 수의 변화를 수학적 방법을 이용하여 예측하고 이 결과를 토대로 식중독을 발생시킬 수 있는 위해 요인을 사전에 예측하고 제어하여 식품의 안전을 확보하는 분야이다.

(1) 내부적 요인

내부적 요인은 식품이 가지고 있는 고유한 특성으로 수분활성도(water activity, a_w), 산화 환원 전위차, pH, 미생물이 이용 가능한 영양 성분, 초기 미생물(initial natural flora), 식품 고유의 항균적 특성이 포함된다.

(2) 외부적 요인

외부적 요인이란 식품의 생산 또는 저장기간 동안 미생물 수에 영향을 주는 요인으로 저장온도, 식품 포장방법, 저장습도, 식품에 인위적으로 적용한 항균 물질 등이 이에 속한다.

2) 예측미생물학의 구성

올바른 예측미생물학을 수행하기 위해서는 모델링에 적합한 실험계획을 수립하고 실험을 통해 얻어진 실험 결과를 분석할 수 있는 미생물학적 지식과 실험 결과를 바탕으로 적합한 수학적 모델을 선택하고 적용 및 분석할 수 있는 수학적 지식이 필요하다. 마지막으로 모델링을 통해 얻어진 변수(parameter)를 분석하기 위한 통계적 지식이 필요한 세 분야의 지식이 조화되어야만 올바른 예측미생물학을 수행할 수 있다.

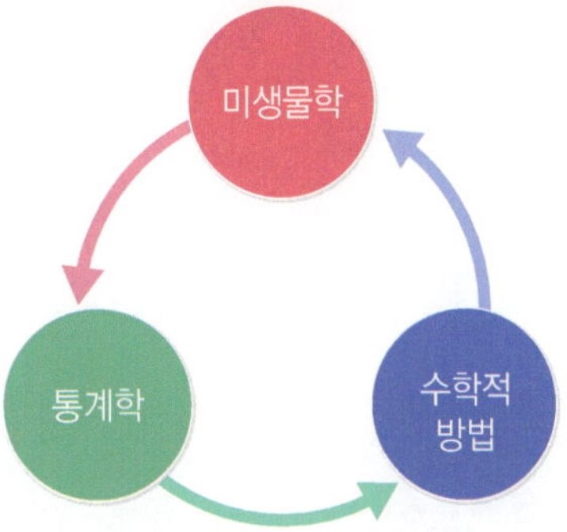

그림 9-5 예측미생물학의 구성

3) 예측 모델링의 순서

(1) 실험 디자인(experimental design)

예측미생물학을 위한 실험 디자인은 일반 미생물 실험과 다른 실험 디자인이 필요하다. 분석 대상이 되는 요인(factor)을 독립변수(independent variable)라 하는데 식품의 외부적 요인과 내부적 요인들이 이에 속하며, 여러 가지 방법으로 측정한 미생물 수는 의존변수(dependent variable)에 해당한다. 이러한 독립변수와 의존변수가 갖추어야 할 조건은 아래와 같다.

독립변수와 의존변수의 조건

- 숫자로 나타낼 수 있어야 한다.
- 변수의 level이 적정해야 한다. 변수의 level이 부적절할 경우 자유도가 너무 낮아지기 때문에 오류가 증가하여 예측값이 부정확해진다.
- 독립변수 간 상호작용을 고려해야 한다(예를 들면, 저장온도와 식품의 pH 조합이 미생물의 변화에 미치는 영향).

(2) 미생물 데이터 수집(data collection)

미생물 실험을 통해 미생물 데이터를 수집할 때 data point(sampling interval)는 10~15개 정도가 적절하고 분포는 한곳으로 치우침 없이 간격이 일정해야 한다(Bratchell et al., 1989). 단, 초기 미생물 수의 변화가 빠르게 진행될 때는 data point 간격을 가깝게 해서 예측에

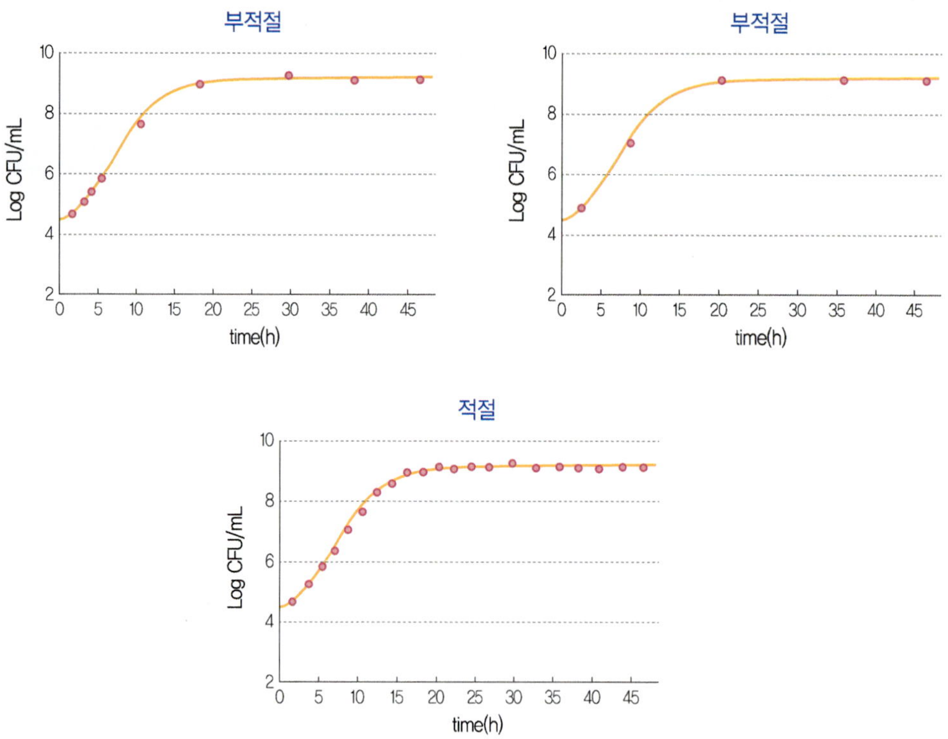

그림 9-6 적합한 미생물 데이터 수집

자료 : 윤요한, 2010

대한 오차를 줄여야 한다.

(3) 모델링

수집한 미생물 데이터를 이용하여 일차 모델링을 실시한 후 이차 모델링을 실시한다.

① 일차 모델링(primary modeling)

일차 모델링이란 저장시간 또는 반응시간의 변화에 따른 미생물 수의 변화를 예측하는 모델링을 말하고 이 과정에 사용되는 모델들은 Exponential model, Logistic model(Jason, 1983), Gompertz model(Jeffries and Brian, 1984), Baranyi model(Baranyi and Roberts, 1994) 등이 있다. 미생물의 생장을 예측할 경우, lag phase duration(미생물의 수가 변하지 않는 기간), doubling time, Y_0(초기 세균 수), Y_{max}(최대 생장 세균 수), 생장률을 계산할 수 있으며 사멸을 예측할 때는 shoulder period(미생물이 사멸하지 않고 저항하는 기간), Y_0(초기 세균 수), Y_{max}(최저 세균 수), 사멸률을 계산할 수 있다(Whiting and Buchanan, 1993, 1994; Whiting, 1995).

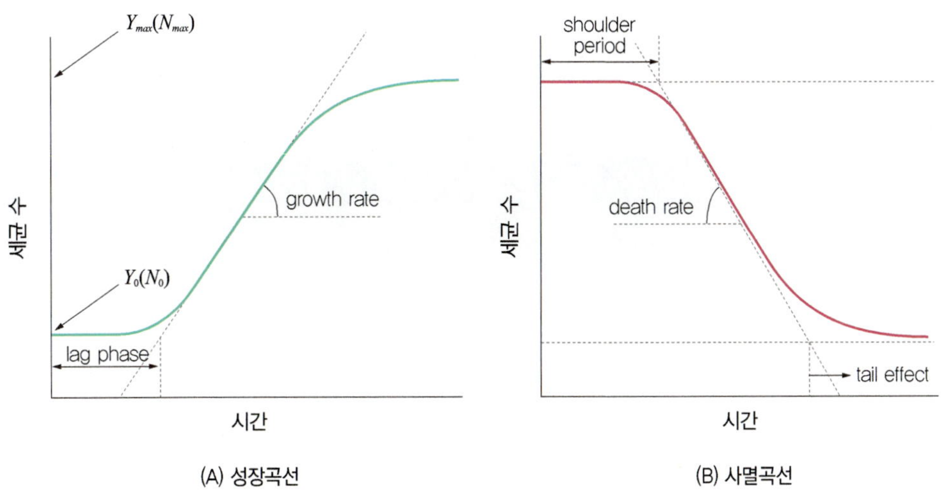

그림 9-7 일차 모델링과 변수

② 이차 모델링(secondary modeling)

이차 모델링은 일차 모델링에서 계산된 변수(lag phase duration, 생장률, 사멸률, Y_0, Y_{max})들이 환경적 변수(수분활성도, pH, 저장온도, 항균물질의 농도 등)에 따른 변화를 예측하는 과정을 말한다. 이차 모델링에서 주의할 점은 이차 모델 변수의 자유도가 최소 2 이상이어야 한다. 이차 모델링에서 주로 사용되는 모델에는 Polynomial model, Arrhenius model, Belahadek type model(Square root model), Arrhenius model, Ratkowski model(Ratkowski, 1982) 등이 있다(Dickson et al., 1992; Whiting and Buchanan, 1993, 1994, 1997; Whiting, 1995).

③ 시뮬레이션(simulation)

시뮬레이션 단계에서는 일차 모델링과 이차 모델링을 조합하여 미생물 수의 변화를 예측한다. 이차 모델에 주어진 조건(온도, pH, 수분활성도 등)을 대입하여 계산된 변수를 다시 일차 모델에 대입하여 시간의 변화에 따른 미생물 수의 변화를 예측한다.

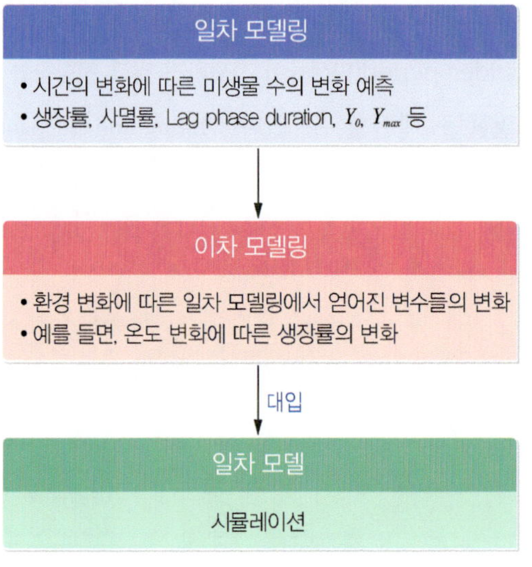

그림 9-8 시뮬레이션

자료 : 윤요한, 2010

④ 검증(validation)

검증단계에서는 개발된 모델들의 예측값을 정확히 판단하는 과정으로 모델 개발에 사용되지 않은 관찰값을 모델에 대입하여 계산된 예측값과 비교한다.

4) 예측 모델의 적용(application)

모델 개발에 이용된 독립변수의 범위 이내를 interpolation이라 하고, 그 범위 밖을

그림 9-9 예측 모델의 적용

extrapolation이라고 하는데, 예측 모델의 적용은 inter-polation에서만 이루어져야 한다. 예를 들어, 모델을 개발할 때 온도의 범위가 4℃부터 35℃까지였다면 적용도 그 범위 안에서 이루어져야 한다. 예측 모델의 예측 결과는 HACCP(Hazard Analysis and Critical Control Point), 미생물 위해 평가, 식품의 저장기간 결정, 미생물 수의 변화에 영향을 미치는 요인을 찾아내기 위한 포괄적 분석(compre-hensive analysis)에 이용된다(Buchanan and Whiting, 1996; Elliott, 1996).

HAZARD ANALYSIS CRITICAL CONTROL POINT

CHAPTER 10

HACCP

1. 왜 HACCP이 필요한가?
2. HACCP 개요
3. 선행요건 프로그램
4. HACCP
5. 단체급식 또는 외식산업에서의 HACCP 실무

1. 왜 HACCP이 필요한가?

식품에는 식중독세균, 바이러스, 화학물질 등 다양한 위해 요소가 존재할 수 있어 식중독이 발생할 수 있다. 따라서 식중독을 예방하는 가장 좋은 방법은 식중독 사고가 발생하기 전, 식품에 위해 요소가 존재하지 않게 하는 것이다. 이것은 위해 물질이 외부로부터 혼입되지 않게 하거나, 식품에 존재하는 위해 요소를 제거하거나 또는 인체에 해를 주지 않는 수준으로 감소시키면 된다. HACCP이 필요한 이유는 바로 이러한 역할을 효과적으로 담당할 수 있기 때문이다. HACCP은 식품에 존재하는 위해 요소에 대하여 과학적인 위해 평가를 바탕으로 위해 발생 가능성이 높은 과정, 공정, 단계를 선발하고 중점적으로 관리하여 식중독 사고 발생을 효과적으로 예방할 수 있는 과학적인 위생관리 체계이다.

HACCP과 달리 일반 식품안전관리체계는 주로 완제품에 대한 사후관리 위주로 시행되므로 운영하는 데 막대한 시간과 비용이 소요되지만 HACCP은 제조·가공·유통·소비까지 전 단계를 관리하는 식품안전관리체계이기 때문에 시간과 비용이 절감되어 효율적이다.

식품산업 규모가 확대됨에 따라 식품가공회사, 레스토랑 및 학교급식에 관여하는 사업체 수가 증가하고 있으며 이에 따라 종사하는 종업원의 수도 증가하고 있다. 다양한 생산방식에 의해 다양한 제품이 생산되기 때문에 다양한 개별 식품 및 식품 제공방식에 대한 식품 안전 확보가 필요한 시점이다. HACCP은 규모가 작은 소매업체, 영업장에서 적용되어 식품

표 10-1 HACCP이 필요한 이유

업체 측면	소비자 측면
1. 체계적인 위생관리체계 구축 - 기존의 정부 주도형 위생관리에서 벗어나 자율적으로 위생관리를 수행할 수 있는 체계적인 위생관리 시스템 확립 가능 2. 위생적이고 안전한 식품 제조 - 예상되는 위해 요소를 과학적으로 규명하고 이를 효과적으로 제어함으로써 위생적이고 안전성이 충분히 확보된 식품 생산 가능 3. 위생관리 집중화 및 효율성 도모 - 위해가 발생할 수 있는 단계를 사전에 집중적으로 관리함으로써 위생관리체계 효율성 제고 - 초기 추가비용이 발생할 수 있지만, 궁극적으로는 경제적임 4. 회사의 이미지 제고와 신뢰성 향상 - HACCP 마크 부착 및 광고가 가능하여 이미지와 신뢰성 향상 가능	1. 안전한 식품을 소비자에게 제공 - HACCP을 통하여 안전성과 위생이 최대한 보장되므로 소비자가 안심하고 먹을 수 있음 2. 식품 선택 기회 제공 - 제품에 표시된 HACCP 마크를 통하여 소비자 스스로 판단하여 안전한 식품을 선택할 수 있음

안전을 보장할 수 있는 최고의 방법으로 알려져 있다.

HACCP은 식품의 국제적 교류에도 이미 널리 이용되고 있다. 수입되는 식품에 존재하는 다양한 위해 요소에 의해 국민 건강을 해칠 가능성이 있어 검역이 강화되고 있다. 이미 EU, 미국 등 선진국에서는 수입되는 식품에 대해 HACCP을 적용하도록 요구하고 있기 때문에 수출 경쟁력 확보를 위해서도 HACCP이 필요하다.

2. HACCP 개요

1) HACCP 정의

HACCP은 위해 요소 분석(Hazard Analysis)과 중요 관리점(Critical Control Point)의 영문 약자로서 "해썹" 또는 "식품안전관리인증기준"이라 한다.

위해 요소 분석이란 "어떤 위해를 미리 예측하여 위해 발생 전에 그 위해 요인을 파악하여 위해도를 평가하는 것"을 의미하며, 중요 관리점이란 "식품 안전을 확보하기 위해 반드시 필수적으로 관리하여야 할 공정, 단계"를 의미한다. 즉 HACCP은 안전한 식품을 생산하기 위해서 위해 요소 발생을 사전에 예방할 수 있는 식품안전관리체계로서 소비자에게 안전하고 깨끗한 제품을 공급하기 위한 시스템 규정을 말한다.

HACCP은 식품의 원재료부터 제조, 가공, 보존, 유통, 조리 단계를 거쳐 최종 소비자가 섭취하기 전까지의 각 단계에서 발생할 우려가 있는 실질적인 위해 요소와 잠재적 위해 요소를 발굴하여 이에 대한 위험성을 평가한 후 중요 관리점을 결정하여 관리하는 체계적이고 과학적인 위생관리체계라고 할 수 있다.

HACCP은 전 세계적으로 가장 효율적인 식품안전관리체계로 인정받고 있으며, 미국, 일본, 유럽연합, 국제기구(CODEX, WHO, FAO) 등에서도 모든 식품에 HACCP을 적용할 것을

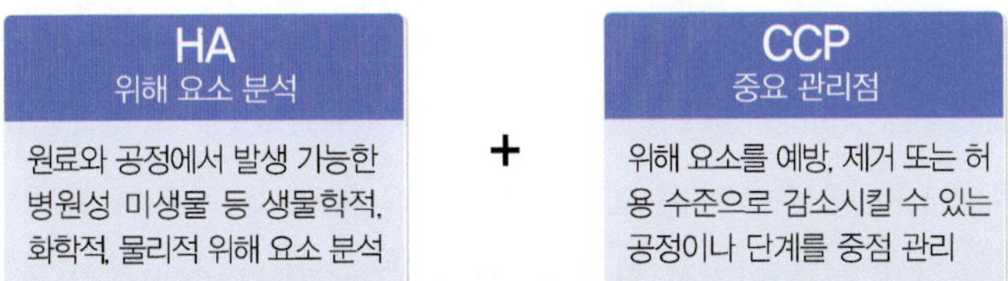

그림 10-1 HACCP의 정의

표 10-2 HACCP과 일반 식품안전관리체계의 비교

구분	일반 식품안전관리체계	HACCP
조치 단계	문제 발생 후 관리	문제 발생 전 예방적 관리
숙련 요구성	실험 결과 해석에 숙련 요구	전문적 숙련 불필요
신속성	시험 분석에 장시간 소요	필요 시 즉각적 조치 가능
소요 비용	제품 분석에 많은 비용 소요	체계 도입 이후 운영 경비 저렴
공정관리	현장 및 최종제품 관리, 검사	공정관리(CCP 관리)
평가 범위	제한된 시료만 평가	각 단계별 많은 측정 가능
위해 요소 관리 범위	규정에 명시된 위해 요소 관리	위해 분석 결과에 따라 선정된 위해 요소 관리
제품 안전성 관리자	숙련자	비숙련자도 가능

자료 : 알기쉬운 식품위생학, 도서출판 효일, 2011

적극 권장하고 있다.

2) HACCP 역사

HACCP은 1960년대 초 미국 NASA(미항공우주국)가 미생물학적으로 100% 안전한 우주식량을 제조하기 위하여 Pillsbury 사와 미 육군 Natick 연구소가 공동으로 최초로 식품에 응용하였다. 이들은 식품 제조 시 원재료 생산에서 공정, 제조환경, 종사자, 보관, 유통에 이르기까지 모든 과정의 위해 요소를 체계적으로 관리하는 방법으로 정리하였고 1971년 미국 식품보호위원회에서 처음 공표하였다.

1973년 미국 FDA가 저산성 통조림 식품 GMP에 HACCP을 도입하였으며 1985년 미국과학원(The National Academy of Sciences, NAS) 식품보호위원회가 HACCP 제도의 유효성을 평가하였으며, 식품 생산자에 대해서 위생관리와 품질관리에 이 제도를 적극적으로 도입하도록 권고하였다. 1987년에는 미국 농무부 식품안전검사국, 미 수산국, 미 FDA, 미 육군 Natick 기술개발연구소 및 대학과 민간 전문가로 이루어진 식품 미생물기준 전국자문위원회가 설치되어 1989년에 HACCP 지침 및 HACCP 7원칙을 제안하였다.

이후 선진국에서는 HACCP 도입을 추진하기 시작하였다. 1993년에는 FAO/WHO의 국제식물규격위원회(Codex Alimentarius Commission, CAC)가 HACCP 적용을 위한 지침을 제시하였다. 1995년부터 EU에 수출하는 모든 수산식품은 HACCP 적용이 의무화되었으며 특히 국제식품규격위원회가 식품 안전성 확보 수단으로 각국에 HACCP 도입을 권고함에 따라 전 세계적으로 HACCP 적용이 빠른 속도로 추진되고 있다.

3. 선행 요건 프로그램

HACCP이 성공적으로 구축되기 위해서는 우선 효과적인 선행 요건 프로그램이 운영되어야 한다. 선행 요건 프로그램은 안전하고 위생적인 식품 생산에 필요한 기본적인 환경 조건 및 작업 활동을 규정한다.

즉, HACCP을 도입하고자 하는 영업자는 「식품위생법」 등 법적 요구사항을 준수하면서 위생적으로 식품을 제조·가공·조리하기 위한 기본 시스템을 갖추기 위하여 작업 기준 및 위생관리 기준을 포함하는 선행 요건 프로그램을 먼저 개발하여 운영해야 한다. 선행 요건 프로그램은 다양한 위생 관련법규에 근거하여 규제되기 때문에 법적 준수가 필요하다.

선행 요건 프로그램에 포함되어야 할 사항은 영업장·종업원·제조시설·냉동설비·용수·보관·검사·회수 관리 등 영업장을 위생적으로 관리하기 위한 기본적이고도 필수적인 위생관리 내용이다. 영업자는 이들 분야별로 작업담당자, 작업내용, 실시빈도, 실시상황의 점검 및 기록방법을 정하여 구체적인 관리기준서를 작성하여 종업원이 준수하도록 시행하고 이에 대한 기록을 보관·유지하여야 한다.

관련 규정의 주요 내용은 「식품위생법」 제3조(식품 등의 취급) 및 동법 시행규칙 제2조(식품 등의 위생적인 취급에 관한 기준), 동법 제4조(위해식품 등의 판매 등 금지), 동법 제7조(식품 또는 식품첨가물에 관한 기준 및 규격), 동법 제9조(기구 및 용기·포장에 관한 기준 및 규격), 동법 제31조(자가품질검사 의무) 및 동법 시행규칙 제31조(자가품질검사), 동법 제36조(시설 기준), 동법 시행규칙 제36조(업종별 시설 기준), 동법 제40조(건강 진단), 동법 제41조(식품위생교육), 동법 제44조(영업자 등의 준수사항) 및 동법 시행규칙 제57조(식품접객영업자 등의 준수사항 등), 동법 제45조(위해식품 등의 회수), 동법 제48조(식품안전관리인증기준) 및 동법 시행규칙 제62조~제68조, 식품 및 축산물 안전관리인증기준(식품의약품안전처 고시 제2015-363호) 및 위생 분야 종사자의 건강진단규칙(총리령 제2015호) 등에 근거한다.

1) 선행 요건 프로그램 개발

식품 제조·가공공장 및 집단급식소에서는 제조·조리 공정 및 환경 등에서 발생 가능한 위해로부터 식품이 오염되거나 변질되는 것을 방지하기 위하여 기본적인 위생관리방법, 절차 등을 규정한 선행 요건 프로그램을 개발하여야 한다.

선행 요건 프로그램은 ① 영업장관리 ② 위생관리 ③ 제조·가공·조리 시설·설비 관리

④ 냉장·냉동 시설·설비 관리 ⑤ 용수관리 ⑥ 보관·운송 관리 ⑦ 검사관리 ⑧ 회수 프로그램 관리 등 8개 분야로 구성된다.

선행 요건 프로그램은 해당 작업장에 적용되는 모든 법률적 요구사항을 충족하고 위생관리가 효과적으로 이루어질 수 있도록 작성·운영되어야 하지만 세부기준서의 종류, 문서양식, 작성방법 등은 운영자의 편리에 따라 변경될 수 있다.

2) 선행 요건 프로그램 적용

운영자는 최초 수립된 선행 요건 프로그램을 작업장에 우선 적용해 보고 그 효과성을 평가하기 위한 검증을 실시하여야 한다. 검증 결과 법률적 요구사항을 포함한 기본적인 위생 안전성을 확보할 수 있는지 확인하여야 하며, 필요할 경우 수정·보완한다.

3) 선행 요건 프로그램 유지·관리

운영자는 선행 요건 프로그램이 제조·가공 공정 및 제조환경 등에서 위해 물질에 의한 식품의 직접적인 오염 또는 변질을 효과적으로 예방할 수 있는지, 종사자들이 관리기준에 따라 적절하게 실행하고 있는지 등을 확인·평가하기 위하여 정기적으로 검증을 실시하여야 한다. 검증 결과를 근거로 관련 규정을 개정하거나 시설, 설비, 기구, 작업방법 또는 담당자를 변경하거나 종업원 교육을 실시한다.

4) 개선 조치

운영자는 선행 요건 프로그램의 유지 또는 시행이 식품 안전성을 확보할 수 없다고 판단될 경우 적절한 개선 조치를 취하여야 한다.

5) 선행 요건 프로그램의 적용 기준

(1) 영업장관리

① 영업장 주변

영업장(모든 부대시설 포함)은 침수되지 않아야 함 / 지하수 등의 취수원은 화장실, 폐기물·폐수 처리시설, 동물사육장 등 기타 지하수가 오염될 우려가 있는 장소로부터 20 m 이상 떨

어진 곳에 위치함 / 곤충이나 먼지 등의 작업장 내부 유입 방지 / 영업장 주변의 청결관리

② 작업장

독립된 건물이거나 식품 취급 외의 용도로 사용되는 시설과 분리(벽·층 등의 별도 방 또는 공간) / 청결 구역(식품의 특성에 따라 청결 구역과 준청결 구역 세분)과 일반 구역으로 나누고 구역 간 교차 오염을 방지하기 위하여 벽, 선, 줄, 칸막이·커튼 등으로 분리 / 작업장 외벽과 지붕 등의 먼지, 곤충, 설치류 등의 유입이나 누수 방지 / 작업장은 탈의실, 식당, 휴게실 등과 분리(식품 제조·가공업소에만 해당) / 제품 특성에 따라 분리 및 구획하되 공정의 자동화 또는 시설·제품의 특수성으로 인해 구분할 필요가 없을 때는 그리하지 않음(식품 제조·가공업소에만 해당) / 출입구와 창 등의 밀폐 가능한 구조 / 작업에 불편이 없는 작업 공간 확보 등

③ 건물 바닥, 벽, 천장 내수성

내수성(스테인리스스틸·알루미늄·FRP·테플론 등 사용)·내열성·내약품성·항균성·내부식성 등의 재질, 파여 있거나 갈라진 틈, 구멍이 없어야 함 / 천장은 빗물이 새거나 이물·먼지·곰팡이·응결수 등이 발생하지 않고 청소가 용이한 구조로 가능한 밝은색으로 처리

④ 배수 및 배관

배수로 배관은 퇴적물이 쌓이지 않도록 적절한 모양과 폭으로 기울기를 가지며, 청결 구역에서 일반 구역으로 흐르도록 설치 / 배수구는 곤충이나 설치류 등의 유입과 악취 및 폐수의 역류를 방지할 수 있도록 트랩(U자관) 등을 설치 / 배관 연결부위는 인체에 무해한 재질 사용 / 배관은 가능한 한 작업장 내부로 노출되거나 조리 라인을 통과하여 지나가지 않도록 설치 / 배관은 필요 시 청소가 용이하고 응결수가 발생하지 않도록 단열재 등으로 보온 처리

⑤ 출입구

작업장 외부로 연결되는 출입구에는 먼지나 곤충 등의 유입을 방지하기 위한 완충 구역이나 방충 이중문 등을 설치 / 출입문은 내수성·내부식성 재질로 청소가 용이하고 밀폐 가능한 구조 / 작업장 출입 구역에는 작업실 특성에 따라 세척 또는 건조·소독 설비 등 구비

⑥ 통로(식품 제조·가공업소에만 해당)

작업장 내부 통로는 물건을 적재하거나 다른 용도로 사용하지 않아야 하며 이동경로를 표시

⑦ 창

내수성·내부식성 재질로 청소가 용이한 구조로 밀폐 가능하도록 설치 / 유리는 파손시 비산·혼입되지 않는 재질을 사용하거나 필름 코팅 등의 처리

⑧ 채광 및 조명

내부식성 재질로 청소가 용이하고 파손이나 이물 낙하 등에 의한 오염을 방지하도록 적절한 보호장치를 하고 청결히 관리 / 작업 특성에 적합한 조도(표 10-3)를 유지하며, 색을 오인할 수 있는 조명은 가급적 사용 억제

표 10-3 구역별 필요한 조도

구역	조도
선별 및 검사 구역(육안 확인이 필요한 경우에 한함)	540럭스(lux, 50피트 촉광) 이상
일반 작업 구역	220럭스(20피트 촉광) 이상
기타 부대시설(창고, 화장실, 탈의실 등 포함)	110럭스(10피트 촉광) 이상

⑨ 부대시설(화장실, 탈의실, 휴게실 등)

- 화장실 : 정화조를 갖춘 수세식으로 설치하고 작업장 외부로 배출할 수 있는 별도의 환기시설 구비 / 벽과 바닥은 내수성·내부식성 재질로 청소가 용이하여야 하며, 손을 사용하지 않고 개폐가 가능한 뚜껑 있는 휴지통을 비치 / 가능한 한 손을 직접 접촉하지 않고 물을 사용할 수 있는 세척시설과 건조시설 설치(접촉식 세척시설의 경우 손 소독시설 구비) / 문은 가능한 한 손을 사용하지 않고 개폐가 가능한 구조로 하거나 화장실 외부에 손 소독장치를 설치
- 탈의실, 휴게실 등 : 작업장에 영향을 미치지 않는 장소에 설치 / 작업장 외부로 통하는 환기시설과 외출복장(신발 포함)과 위생복장(신발 포함) 간의 교차 오염이 발생하지 않도록 구분·보관

(2) 위생관리

① 작업환경관리

- 동선 계획 및 공정 간 오염 방지 : 작업장 전 과정에서 발생할 수 있는 교차 오염 방지를 위하여 물류 및 출입자의 이동 동선에 대한 계획을 수립·운영 / 청결 구역과 일반 구역별로 각각 출입, 복장, 세척·소독 기준 등을 포함하는 위생 수칙을 설정·관리

- 온도·습도 관리 : 작업장은 원·부자재·제품 등의 특성에 따라 부패나 변질이 일어나지 않도록 적정한 온도 및 습도를 유지 / 온·습도 관리를 위한 공조시설의 필터나 망 등은 주기적으로 세척 또는 교체하고 응결수가 발생하지 않도록 관리
- 환기시설관리 : 악취나 이취, 유해가스, 매연, 증기 등을 배출하는 데 충분한 용량으로 설치하며, 분진이 발생하는 공정의 경우 이를 제거하는 장치를 설치 / 외부로 개방된 흡·배기구 등에는 여과망이나 방충망 등을 부착하고 주기적으로 청소 또는 세척하거나 교체 / 후드는 스테인리스스틸 재질로 적정 각도를 유지하며, 열기기보다 큰 크기로 제작 설치 / 볶음이나 튀김 등에 사용되는 설비의 후드시설은 유분을 여과하는 필터를 반드시 부착하여 정기적으로 유지·관리. 닥트와 배기후드의 연결 부분에는 외부의 오염물질이 역류하지 않도록 자동 개폐시설을 설치
- 방충·방서 관리 : 작업장은 해충이나 설치류 등의 유입·번식을 방지할 수 있도록 청결히 관리하고 방제 대책을 수립하여 유입 여부를 정기적으로 확인 / 구제작업 시 적절한 보호 조치를 취한 후 실시하며, 작업 종료 후 직간접적으로 접촉한 시설 또는 식품에 대하여 충분한 세척 실시

② 개인 위생관리

종업원은 위생복·위생모·위생화 등을 항시 착용하여야 하며, 이를 위생적으로 관리(작업 특성에 따라 위생마스크와 위생장갑 등을 추가로 착용) / 작업장 내에서 작업하는 모든 종업원의 개인용 장신구 등 착용 금지 / 모든 작업장 출입자(방문객 포함)는 규정된 복장을 착용하고 정해진 개인 위생 수칙과 이동 동선에 따라 출입 / 작업장 내의 지정된 장소 이외에서 음식물 등(식수 포함)의 섭취 또는 비위생적인 행위 금지 / 작업 중 오염 가능성이 있는 물품 등과 접촉하였을 경우 세척 또는 소독 등 필요한 조치를 취한 후 작업 시행

③ 작업 위생관리(단체급식업소에만 적용)

- 교차 오염 방지 : 조리기구나 용기는 용도별로 구분하여 사용하고 수시로 세척·소독 / 식품 취급 등의 작업은 바닥으로부터 60 cm 이상의 높이에서 실시 / 앞치마, 고무장갑 등의 구분 사용 및 매 작업 종료 시 세척·소독 / 조리가 완료된 식품과 세척·소독된 배식 기구·용기 등의 위생관리
- 전처리 : 외포장 제거와 다듬기 작업 등은 전처리 구역에서 실시 / 해동은 냉장해동(10℃ 이하), 전자레인지 해동, 또는 흐르는 물(21℃ 이하)에서 실시 / 해동된 식품은 즉시 사용, 즉시 사용하지 못할 경우 조리 시까지 냉장 보관, 사용 후 잔량 재동결 금지

■ 조리 : 식품별 특성에 맞는 가열온도 및 시간 기준, 재가열 온도 및 시간 기준, 튀김기름 온도 기준(180℃ 이하)을 설정·관리 / 가열조리 후 냉각이 필요한 식품은 냉각 중 오염이 일어나지 않도록 신속히 냉각, 냉각온도 및 시간 기준 설정·관리 / 냉장식품의 절단 소분 등의 처리 시 식품 온도가 가능한 한 15℃를 넘지 않도록 한 번에 소량씩 취급

■ 완제품관리 : 조리된 음식은 배식 전까지의 보관온도 및 조리 후 섭취 완료 시까지의 소요시간 기준을 설정·관리 / 유통제품은 적정한 유통기한 및 보존 조건을 설정·관리

표 10-4 조리된 음식 보관온도 및 섭취 시까지 권장 소요시간

보관온도	섭취 시까지 소요시간
28°C 이하의 경우	조리 후 2~3시간 이내 섭취 완료
보온(60°C 이상) 유지 시	조리 후 24시간 이내 섭취 완료

■ 배식 : 냉장식품과 온장식품에 대한 배식 온도관리 기준을 설정·관리 / 식기, 수저, 컵 등은 세척·소독 후 별도의 보관함에 보관하며, 외부에 비치할 경우에는 별도 덮개를 사용하여 배식 전까지 보관 / 위생장갑 및 청결한 도구(집게, 국자 등)를 사용 / 배식 중인 음식과 조리 완료된 음식의 혼합 배식 금지

표 10-5 냉장식품과 온장식품에 대한 배식 온도관리 기준

식품 종류	온도관리 기준
냉장 보관	냉장식품 5°C 이하
온장 보관	온장식품 60°C 이상

■ 검식 : 영양사나 조리사는 조리된 식품에 대하여 배식하기 직전에 음식의 맛, 온도, 이물, 이취, 조리 상태 등을 확인하기 위한 검식을 실시

■ 보존식 : 조리한 식품을 보존식 전용 용기에 매회 1인분 분량을 각각 100 g 이상씩 보관한다. 보존식 전용 냉장고(-18℃ 이하)에 보관하여야 하며 전용 냉장고가 없는 경우 다른 음식과의 교차 오염 방지를 위하여 냉장고에 전용 공간을 마련하여 냉동 보관

④ 폐기물 보관

처리용기는 밀폐 가능한 구조로 침출수 및 냄새가 누출되지 않아야 하며, 수시로 세척 및 소독 실시 / 폐기물·폐수 처리시설은 작업장과 격리된 일정 장소에 설치·운영하고, 정기

적으로 폐기물 등을 처리·반출

⑤ 세척 및 소독

영업장에 종업원이나 기계·설비·기구·용기 등을 세척하거나 소독할 수 있는 충분한 시설이나 장비 구비 / 올바른 손 세척방법 등에 대한 지침이나 기준 제시 / 종업원 복장, 작업장, 식품 취급시설, 냉장·냉동 설비, 용수 저장시설, 보관·운반 시설, 모니터링 및 검사 장비 등에 대한 세척 또는 소독 기준 설정·관리 / 분해 청소 가능한 기구는 세척·소독 때마다 분해 청소하고, CIP(Cleaning In Place) 시스템 적용 시설 및 기구의 경우 해당 프로그램에 따라 실시 / 세제 및 소독제에 의한 식품 오염이 발생하지 않도록 필요한 보호조치 실시 / 세척 및 소독 효과의 주기적인 확인

(3) 제조 시설·설비 관리

① 제조 시설 및 기계·기구류 등 설비관리(식품 제조·가공업소에만 해당)

식품 취급설비는 제품 생산에 충분한 규모와 수량을 확보 / 제조·가공 공정 간 또는 취급 시설·설비 간 오염이 발생하지 않도록 공정의 흐름에 따라 적절히 배치 / 공업용 윤활유나 물리적 위해 요인에 의한 오염이 발생하지 않도록 위생적으로 설치·운영 / 인체에 무해한 내수성·내부식성 재질로 세척이 쉽고 열탕·증기·살균제 등으로 소독·살균이 가능하여야 하며, 청소가 용이한 구조 / 기구 및 용기류는 용도별로 구분하여 사용·보관 / 모니터링 기구 등은 사용 전후에 지속적인 세척·소독을 실시하여 교차 오염이 발생하지 않도록 위생적으로 보관·관리 / 온도를 높이거나 낮추는 처리시설에는 온도 변화를 측정·기록하는 장치를 설치·구비·관리 / 주기적으로 점검하여 유지·보수 등 개선조치 실시

② 조리장비(단체급식소에만 해당)

식품을 조리하는 데 필요한 충분한 기계·기구류 등 조리장비를 구비 / 식기류를 소독하기 위한 자외선 또는 전기 살균소독기를 설치하거나 열탕 세척 소독시설 구비 / 인체에 무해한 내수성·내부식성 재질로 세척이 쉽고 열탕·증기·살균제 등으로 소독·살균이 가능하여야 하며, 청소가 용이한 구조 / 식기세척기는 세척, 헹굼 기능이 자동적으로 이루어지며, 최종 헹굼수의 온도가 식판의 살균에 적합한 온도(식품온도 71℃ 이상)를 유지 / 온도를 높이거나 낮추는 처리시설에는 온도 변화를 측정·기록하는 장치를 설치·구비·관리

(4) 냉장·냉동 시설·설비 관리

냉장·냉동·냉각 시설은 작업 특성에 적합한 용량 및 충분한 기능을 유지하고, 냉장시설은 내부의 온도를 5℃ 이하(완제품의 유통단계를 제외), 냉동시설은 -18℃ 이하로 유지 / 냉장·냉동·냉각 시설·설비는 관리 계획에 따라 점검·정비·청소를 실시하며 그 결과를 기록·유지

(5) 용수관리

지하수 착수원의 위치(오염 우려 장소로부터 20 m 이상 떨어진 곳) / 식품 제조·가공에 사용되는 용수는 수돗물이나 먹는물 수질 기준에 적합한 지하수이어야 함(지하수의 경우 수살균 장치 설치) / 먹는물 수질 기준 전 항목검사는 연 1회 이상(음료수 등 직접 마시는 용도의 경우는 반기 1회 이상, 미생물학적 항목검사는 월 1회 이상 실시) / 용수 저장 탱크, 배관 등은 인체에 유해하지 않은 재질을 사용하며 외부로부터의 오염 물질 유입을 방지하는 잠금장치를 설치 / 용수 저장 탱크는 청소와 검사가 용이하도록 설계되어야 하고 반기별 1회 이상 청소와 소독을 실시하고 그 결과를 기록·유지 / 식품에 직접 접촉되는 시설·설비 표면, 기구, 용기, 손 세척 등에 사용되는 용수는 먹는물의 수질 기준에 적합 / 비음용수 배관은 음용수 배관과 구별되도록 표시하고 교차되거나 합류되지 않도록 관리 / 식품에 직접 접촉하거나 식품원료로 사용하는 얼음, 스팀 등은 먹는물 수질 기준에 적합한 음용수를 이용하여 위생적으로 제조·취급·보관

(6) 보관·운송 관리

① 구입 및 입고

원료 및 원·부재료 입고검사 기준 마련·실시 / 부적합한 원·부자재의 반품 또는 폐기 처분 절차 설정·실행 / 검수실 별도 구획하고 검수장비 구비(필요 시 먼지 제거시설 포함) / 원·부자재 검수는 납품 시 즉시 실시 / 검수가 늦어질 경우에는 원·자재별로 정해진 냉장·냉동 온도에서 보관

② 협력 업체관리

원·부자재 공급 업체(협력 업체) 선정·관리 / 협력 업체 신규 지정 시 위생관리 상태 등을 평가 / 정기적인 관리, 검사 체계 확인 및 그 결과의 기록·유지

③ 운송

운송차량(지게차 포함)은 세척 및 소독이 용이한 구조 / 운송차량의 적정온도 유지 및 외부 온도 기록장치 부착·확인 / 바로 먹을 수 있는 식품과 생식품의 분리 및 운반 식품의 위생적인 취급 / 운송차량, 운반도구 및 용기의 주기적인 세척·소독 실시

④ 보관

선입선출 원칙에 따른 입·출고 상황 관리 / 원·부자재 완제품의 명확한 구분 및 바닥, 벽으로부터의 이격 보관 / 날음식과 가열조리 음식의 구분 보관 / 부적합품의 별도 구분 및 반송, 폐기 등의 조치방법 설정 및 기록 유지 / 비식용 화학물질의 구분 보관·취급

(7) 검사관리

① 제품검사

원·부자재 및 완제품에 대한 정기적인 제품검사 실시 및 기록 유지 / 제품검사는 자체 실험실 또는 검사기관과의 협약에 의하여 실시 / 자체 실험실의 충분한 검사시설 및 장비 구비

② 시설·설비·기구 등 검사

온도 측정장치의 연 1회 이상 검·교정. 작업장의 청정도 유지를 위한 정기적인 공중낙하세균 등의 검사·관리 / 시설 및 기구의 청결관리 / 정기적인 검사 및 기록·유지 / 검사용 장비 및 기구에 대한 정기적인 검·교정 및 기록 유지

(8) 회수 프로그램 관리(시중에 유통·판매되는 포장제품에 한함)

당해 제품의 유통경로와 소비 대상, 판매처의 범위 파악 / 구체적인 회수 절차나 방법을 기술한 회수 프로그램 수립·운영 / 생산장소, 일시, 제조라인 등 해당 시설 내의 필요한 정보 기록·보관 / 제품 추적을 위한 코드 표시 또는 로트 관리 등의 적절한 확인방법 강구

4. HACCP

1) 구성

HACCP의 적용단계는 1993년 FAO/WHO의 합동 국제식품규격위원회(Codex)가 제시한 지침에 의해 실시되고 있는데, Codex 지침은 12단계로 되어 있다. 1단계에서 5단계까지는

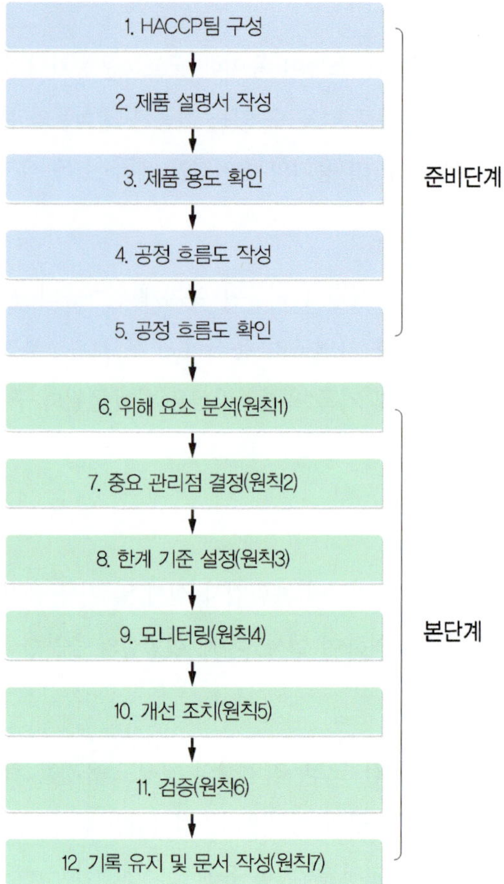

그림 10-2 HACCP 7원칙 12단계

준비 5단계이며, 6단계부터 12단계까지는 HACCP 7가지 원칙에 따라 구성되어 있다.

2) 준비 5단계

(1) HACCP팀 구성

첫 번째 준비단계는 업소 내에서 HACCP 개발을 주도적으로 담당할 HACCP팀을 구성하는 것이다. 업소의 HACCP 도입과 성공적인 운영은 최고경영자의 실행 의지가 결정적인 영향을 미치므로 HACCP팀을 구성할 때는 어떤 형태로든 최고경영자의 직접적인 참여를 포함시키는 것이 바람직하며, 또한 업소 내 핵심요원들을 팀원에 포함시킨다.

HACCP팀의 규모는 업소 규모 및 여건에 따라 다르기 때문에 일정하지 않지만 일반적으

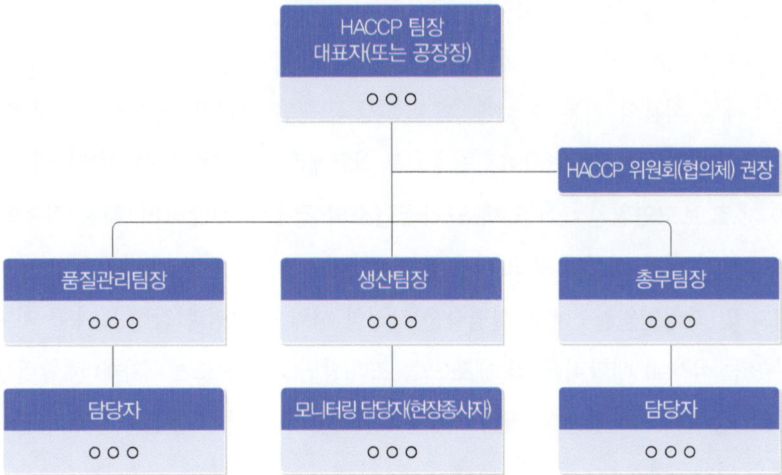

그림 10-3 HACCP팀 구성의 예

로 HACCP 팀장은 업소의 최고책임자(영업자, 매니저 또는 공장장)가 되는 것을 권장하며, 팀원은 제조·작업 책임자, 시설·설비 공무 관계 책임자, 물류관리업무 책임자, 품질관리 책임자, 보건관리 책임자 등으로 구성한다. 또한 모니터링 담당자는 해당공정의 현장종사자로 한다. 이들은 HACCP 교육을 받고 일정 수준의 전문성을 갖추어야 한다.

HACCP 계획을 개발하는 팀원은 작업공정에서 사용되는 시설·설비 및 기술, 실제 작업 상황, 위생, 품질보증, 작업공정에 대한 상세한 지식이 있어야 한다. 따라서 팀원들은 식품위생학, 식품미생물학, 공중보건학, 식품공학 분야의 기술 및 지식을 갖고 있다면 더욱 좋으며, 이런 지식이 부족한 경우 외부 전문가, 정부(식품의약품안전처)의 지침서 또는 기술적 문헌 등을 이용할 수 있다.

(2) 제품 설명서 작성

두 번째 준비단계는 제품 설명서를 작성하는 것이다. 제품 설명서에는 제품명, 제품 유형 및 성상, 품목 제조 보고연월일, 작성자 및 작성연월일, 성분(또는 식자재) 배합비율 및 제조(또는 조리)방법, 제조(포장)단위, 완제품의 규격, 보관·유통(또는 배식)상의 주의사항, 제품 용도 및 유통(또는 배식)기간, 포장방법 및 재질, 표시사항, 기타 필요한 사항이 포함되어야 한다.

제품 설명서의 각 사항 작성 시 다음 사항을 참고하면 제품 설명서 작성에 도움이 된다.

- 제품명 : 식품 제조·가공업소의 경우 해당 관청에 보고한 '품목제조(변경)보고서'에 명

시된 제품명과 일치하여야 한다.

- 제품 유형 : 제품 유형은 『식품공전』의 분류 체계에 따른 식품의 유형을 기재한다.
- 성상 : 해당 식품의 기본 특성(예 : 액상, 고상 등)뿐만 아니라 전체적인 특성(예 : 가열 후 섭취식품, 비가열 섭취식품, 냉장식품, 냉동식품, 살균제품, 멸균제품 등)을 기재한다.
- 품목 제조 보고연월일 : 식품 제조·가공업소의 경우에 해당하며, 해당 식품의 '품목제조(변경)보고서'에 명시된 보고 날짜를 기재한다.
- 작성자 및 작성연월일 : 제품 설명서를 작성한 사람의 성명과 작성 날짜를 기재한다.
- 성분(또는 식자재) 배합비율 및 제조(또는 조리)방법 : 성분(또는 식자재) 배합비율은 해당 식품의 '품목제조(변경)보고서'에 기재된 원료인 식품 및 식품첨가물의 명칭과 각각의 함량을 기재한다.
- 제조(포장)단위 : 제조(포장)단위는 판매되는 완제품의 최소단위를 중량, 용량, 개수 등으로 기재한다.
- 완제품의 규격 : 완제품의 규격은 「식품위생법」과 대상 고객, 사내 규격 등을 참고하여 안전성과 관련된 항목에 대해 성상, 생물학적, 화학적, 물리적 항목과 각각의 규격을 기재한다.
- 제품 용도 및 유통(또는 배식)기간 : 제품 용도는 소비 계층을 고려하여 일반 건강인, 영유아, 어린이, 환자, 노약자, 허약자 등으로 구분하여 기재한다. 유통(또는 배식)기간은 식품 제조·가공업소의 경우 '품목제조(변경)보고서'에 명시된 유통기한을 보관조건과 함께 기재하며, 식품 접객업소의 경우 조리 완료 후 배식까지의 시간을 기재한다. 아울러, 소비자 구매 시 섭취방법(그대로 섭취, 가열조리 후 섭취)을 함께 기재한다.
- 포장 방법 및 재질 : 특이한 포장방법이 있는 경우 그 방법을 구체적으로 기재하며, 포장재질은 내포장재와 외포장재 등으로 구분하여 기재한다.
- 표시사항 : 표시사항에는 '식품 등의 표시기준'의 법적 사항에 기초하여 소비자에게 제공해야 할 해당 식품에 관한 정보를 기재한다.
- 보관 및 유통(또는 배식)상의 주의사항 : 해당 식품의 유통·판매 또는 배식 중 특별히 관리가 요구되는 사항을 기재한다. 기본적으로 위생적인 요소(safety factors)를 우선 고려하여 기재하고, 품질적인 사항(quality factors)을 포함시켜야 하는 경우에는 위생적인 요소와 구분하여 기재한다.

(3) 제품 용도 확인

세 번째 준비단계는 해당 식품의 의도된 사용방법 및 대상 소비자를 파악하는 것이다. 그대로 섭취할 것인가, 가열조리 후 섭취할 것인가, 조리 가공방법은 무엇인가, 다른 식품의 원료로 사용되는가 등 예측 가능한 사용방법과 범위, 그리고 제품에 포함될 잠재성을 가진 위해 물질에 민감한 대상 소비자(예 : 어린이, 노인, 면역관련 환자 등)를 파악하는 것이다. 이런 자료는 위해 평가와 위해 요소의 한계 기준 결정에 중요한 자료가 된다.

(4) 공정 흐름도 작성

네 번째 준비단계로 HACCP팀은 원료 입고에서부터 완제품 출하까지 모든 공정단계를 파악하여 공정 흐름도(flow diagram)를 작성하고 각 공정별 주요 가공조건 개요를 기재한다. 또한, 작업 특성별 구획, 기계·기구 등의 배치, 제품의 흐름과정, 작업자 이동경로, 세척·소독조 위치, 출입문 및 창문, 공조시설 계통도, 용수 및 배수 처리 계통도 등을 표시한 작업장 평면도를 작성한다. 이렇게 작성된 공정 흐름도와 평면도는 원료의 입고에서부터 완제품의 출하에 이르는 모든 공정별로 위해 요소의 교차 오염 또는 2차 오염, 증식 등의 가능성을 파악하는 데 도움을 준다.

(5) 공정 흐름도 확인

다섯 번째 준비단계는 작성된 공정 흐름도 및 평면도가 현장과 일치하는지를 확인하는 것이다. 공정 흐름도 및 평면도가 실제 작업공정과 동일한지 여부를 확인하기 위하여 HACCP팀은 작업현장에서 공정별 각 단계를 직접 확인하면서 검증하여야 한다. 현장검증 결과 변경이 필요한 경우에는 해당 공정 흐름도나 평면도를 수정한다. 정확한 공정 흐름도 및 평면도가 완성되면 본격적인 HACCP을 구축할 수 있다.

3) HACCP 7원칙

(1) 위해 요소 분석(hazard analysis)-1원칙

① 위해 요소(hazard) 정의

「식품위생법」 제4조(위해 식품 등의 판매 등 금지)의 규정에서 정하고 있는 제품에 내재하여 인체의 건강을 해할 우려가 있는 생물학적, 화학적 또는 물리적 인자나 조건을 말한다.

생물학적 위해 요소는 병원성 미생물, 부패미생물, 일반세균, 대장균, 대장구균, 효모, 곰팡이, 기생충, 바이러스이며, 화학적 위해 요소는 중금속, 농약, 항생물질, 항균물질, 사용 기준 초과 또는 사용 금지된 식품첨가물 등이며, 물리적 위해 요소는 돌조각, 유리조각, 쇳조각, 플라스틱조각 등을 말한다.

② 위해 요소 분석 정의

식품 안전에 영향을 줄 수 있는 위해 요소와 이를 유발할 수 있는 조건이 존재하는지 여부를 판별하기 위하여 필요한 정보를 수집하고 평가하는 일련의 과정을 말한다(식품의약품안전처 고시).

③ 위해 요소 도출

위해 요소 분석은 위해 요소 도출, 위해도 평가 및 예방 조치 설정의 3단계로 실시될 수 있다. 위해 요소 도출은 원료별·공정별로 생물학적·화학적·물리적 위해 요소와 발생 원인을 모두 파악하여 목록화하는 것으로, 이때 위해 요소 분석을 위한 질문서(questionaire)를 이용하면 비교적 쉽게 찾을 수 있다. 위해 요소 분석을 위한 질문서에는 제조·가공 공정 흐름도의 각 단계에서의 적절한 일련의 질문으로 이루어진다. 질문서를 활용한 위해 요소

위해 요소 분석을 위한 질문서 구성 내용

1. 원재료
2. 고유 인자
3. 제조 및 가공에 사용되는 절차
4. 제품 내 미생물 수
5. 시설 설계(Facility design)
6. 장비(Equipment)
7. 포장
8. 위생
9. 종업원 건강, 위생 및 교육
10. 포장에서 소비자 단계 사이의 보관 상태
11. 의도된 사용법
12. 대상 소비자

그림 10-4 위해 요소 분석을 위한 질문서 구성 내용

도출은 실질적으로 발생하고 있는 실질적 위해보다는 향후 발생할 수 있는 잠재적 위해 요소를 도출하는 데 도움을 받을 수 있다.

④ 위해도 평가 기준

식품에 내재할 수 있는 위해 요소가 인체의 건강에 미치는 위해도를 결정하기 위한 기준을 말한다. 위해도 평가 기준은 위해 요소의 인체에 대한 심각성과 발생 가능성의 2가지 기준을 사용하여 평가한다.

a. 심각성(severity) 평가

위해 요소의 심각성은 인체의 건강장애를 일으킬 수 있는 정도에 따라 무증상 / 잠재성 건강장애는 낮음, 만성적 건강장애는 보통, 급성적 건강장애 / 사망은 높음 등으로 결정된다. 심각성은 최종 소비자의 보건과 관련해서 최악의 상황을 기준으로 결정된다. 예를 들어, 병원성 미생물은 대부분이 높음으로 분류되지만 물리적 위해 요소는 낮음이나 보통으로 분류된다. FAO(1998) 자료에 의한 위해 요소가 인체에 미치는 심각성에 따른 구분은 다음과 같다.

표 10-6 위해 종류에 따른 심각성

심각성	위해의 종류
높음	*Clostridium botulinum*, *Salmonella* Typhi, *Listeria monocytogenes*, *E.coli* O157:H7, *Vibrio cholerae*, *Vibrio vunificus*, paralytic shellfish poisoning, amnestic shellfish poisoning, 유리조각, 금속성 이물 등
보통	*Brucella* spp., *Campylobacter* spp., *Salmonella* spp., *Shigella* spp., *Streptococcus* type A., *Yersinia enterocolitica*, hepatitis A virus, mycotoxins, ciguatera toxin, 잔류 농약, 중금속 등
낮음	*Bacillus* spp., *Clostridium perfringens*, *Staphylococcus aureus*, Norwalk virus, most parasites, histamine-like substances, 식품첨가물

자료 : FAO, 1998

b. 발생 가능성(likelihood of occurrence) 평가

위해 요소의 발생 가능성은 해당 식품에서 나타날 수 있는 발생 가능성, 즉 최종 소비자가 해당 위해 요소에 노출될 수 있는 가능성이다. 각 위해 요소의 발생 가능성 정보는 국내외의 발생사례 및 문헌상의 발생 가능성 조사자료에 근거하여야 한다. 실질적인 발생 가능성 평가는 작업장에서의 위생 관리 수준, 제품 형태 및 용도, 대상 소비자 규제요건 만족도, 클레임·반품·불량 발생상황 등과 같은 기록에 의존되며, 연간 발생 건수에 따라 정량

표 10-7 발생 가능성에 대한 정의

가능성	정의
높음	HACCP 운영 시 시간당 1×10^{-5} 이상의 발생 가능성이 있는 경우
보통	HACCP 운영 시 시간당 $1 \times 10^{-7} \sim 1 \times 10^{-5}$의 발생 가능성이 있는 경우
낮음	HACCP 운영 시 시간당 $1 \times 10^{-9} \sim 1 \times 10^{-7}$의 발생 가능성이 있는 경우
극히 낮음	HACCP 운영 시 시간당 1×10^{-9} 이하의 발생 가능성이 있는 경우

자료 : wikipedia, http://en.wikipedia.org/wiki/Hazard-analysis

적인 구분이 이루어질 수 있다.

⑤ 위해도 평가

위해 요소에 대하여 위해도(risk)를 심각성과 발생 가능성의 2가지 기준을 근거로 하여 종합적으로 평가한다. 그 결과에 따라 어떤 위해 요소를 중요 관리점 결정도에 투입할 것인가에 대해 결정할 수 있다. 아래의 표를 이용하여 평가한다.

표 10-8 위해도 평가표

발생 가능성	높음	만족(Sa)	경결함(Mi)	중결함(Ma)	치명 결함(Cr)
	보통	만족(Sa)	경결함(Mi)	중결함(Ma)	중결함(Ma)
	낮음	만족(Sa)	경결함(Mi)	경결함(Mi)	경결함(Mi)
	극히 낮음	만족(Sa)	만족(Sa)	만족(Sa)	만족(Sa)
		극히 낮음	낮음	보통	높음
		결과의 심각성			

표 10-9 위해도 정의

위해도	정의
치명 결함(Cr, Critical Deficiency)	높은 보건상의 위험률을 나타내는 결함사항(오염 포함)
중결함(Ma, Major Deficiency)	보건상의 위험률이 중간 정도이거나, 오염 또는 변조의 위험률이 높게 나타나는 결함사항
경결함(Mi, Minor Deficiency)	보건상의 위험률이 낮거나, 오염 또는 변조의 위험률이 낮거나 중간 정도이게 하는 결함사항
만족(Sa, Satisfactory)	보건상의 위험이나 오염 또는 변조될 위험을 일으키게 하는 결함사항이 확인되지 않은 상태

a. 심각성의 구분

- 낮음 : 해당 식품에서 위해사실이 확인되지 않거나 낮은 것으로 알려진 위해
- 보통 : 심각성 구분이 낮음 혹은 높음에 해당되지 않는 경우 모두 포함
- 높음 : 보건상의 위험이 높은 위해. 식중독 및 급성질병 발생, 전파, 영구장애 유발, 치사율이 높은 경우

b. 발생 가능성의 구분

- 낮음 : 작업장에서 식품의 오염 또는 변질, 기준 일탈 위험을 일으킬 수 있는 결함이 발견되지 않는 상태이거나, 예상되는 식품의 오염 또는 변질 가능성이 낮은 결함사항
- 보통 : 발생 가능성 구분이 낮음 혹은 높음에 해당되지 않는 경우 모두 포함
- 높음 : 식품의 오염 또는 변질, 한계 기준 일탈 가능성이 높은 결함사항

c. CCP 확인 대상 위해 요소 선정

심각성 및 발생 가능성의 구분에 의한 평가에서 경결함 이상에 해당되는 것으로 평가되는 위해 요소는 결정도에서 CCP 여부를 확인해야 할 대상으로 선정한다.

d. 주의사항

위해도 평가 기준은 평가를 위한 접근방향을 제시하는 것이지 모든 위해 요소에 모두 적용되기는 어렵다. 이는 작업장에 따라 생산되는 제품 및 작업환경이 다르기 때문이다. 따라서 제품에 관련된 모든 위해에 대한 정보를 최대한 많이 수집하여 개별적인 작업장이나 매장에 적합한 발생 가능성과 심각성을 평가하여야 한다. 위해도 평가 시 식품 섭취 대상자가 유아, 면역결핍자 또는 해당 식품을 유일한 영양 공급원으로 하는 사람과 같은 민감한 집단에 대해 고려해야 한다. 파악된 위해 요소의 심각성과 발생 가능성을 고려할 때는 '경결함' 이상에 해당하는 위해 요소를 CCP 결정도에 적용하는 것이 좋다. 그 이유는 발생 가능성과 심각성이 너무 낮은 위해 요소는 굳이 CCP로 관리할 필요가 없기 때문이다.

⑥ 예방 조치

파악된 위해 요소에 대하여 발생을 예방하거나 위해 요소를 완전히 제거 또는 허용 가능한 수준까지 감소시킬 수 있는 예방 조치를 마련하여야 한다. 이러한 예방 조치는 한 가지 이상의 방법이 사용될 수 있으며 현재 작업장에서 시행되고 있는 것만을 기재한다.

위해 요소의 예방 조치방법에는 다음과 같은 것이 있다.

■ 생물학적 위해 요소

- 시설 개·보수
- 원료 협력 업체로부터 시험성적서 수령
- 입고되는 원료의 검사
- 보관·가열·포장 등의 가공조건(온도, 시간 등) 준수
- 시설·설비, 종업원 등에 대한 적절한 세척·소독 실시
- 공기 중에 식품 노출 최소화
- 종업원에 대한 위생교육

■ 화학적 위해 요소

- 원료 협력 업체로부터 시험성적서 수령
- 입고되는 원료의 검사
- 승인된 화학물질만 사용
- 화학물질의 적절한 식별 표시, 보관
- 화학물질의 사용기준 준수
- 화학물질을 취급하는 종업원의 적절한 훈련

■ 물리적 위해 요소

- 시설 개·보수
- 원료 협력 업체로부터 시험성적서 수령
- 입고되는 원료의 검사
- 육안 선별, 금속검출기 등 이용
- 종업원 훈련

⑦ 위해 요소 분석표

위해 요소 분석을 위한 위해 요소 분석표를 표 10-10에 나타내었다. 위해 요소 분석표에는 원부자재명 / 공정명(단계)을 서술하고 이 단계에서 발생할 수 있는 생물학·화학·물리학적 위해 요소와 발생 원인을 기술한다. 발굴된 위해 요소에 대하여 심각성, 발생 가능성을 기준으로 종합적으로 평가하여 위험도를 평가한다. 또한 발굴된 모든 위해 요소를 안전한 수준으로 예방하거나 완전히 제거, 또는 허용 가능한 수준까지 감소시킬 수 있는 예방 조치방법을 기재한다.

표 10-10 위해 요소 분석표

일련 번호	원부자재명/ 공정명	구분	위해 요소		위험도 평가			예방 조치 및 관리방법
			명칭	발생원인	심각성	발생 가능성	종합 평가	
1		B						
		C						
		P						

자료 : 식품안전정보서비스 식품나라

(2) 중요 관리점(CCP) 결정-2원칙

위해 요소 분석이 끝나면 원료나 공정에 존재하는 위해 요소를 관리하기 위한 CCP를 결

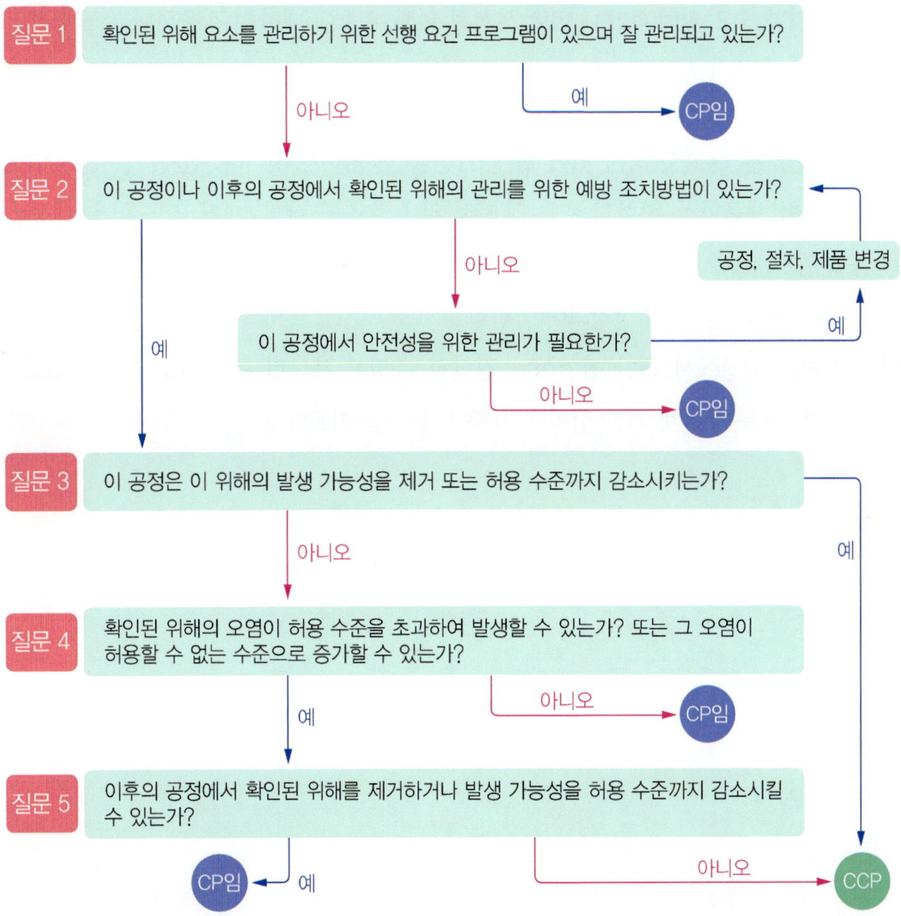

그림 10-5 CCP 결정도

정해야 한다. CCP란 1원칙에서 파악된 위해 요소를 예방, 제거 또는 허용 가능한 수준까지 감소시킬 수 있는 최종 단계 또는 공정을 말한다.

식품의 제조·가공·조리 공정에서 CCP가 될 수 있는 사례는 다음과 같으며 동일한 식품을 생산하더라도 제조·설비 등 작업장 환경이 다를 경우에는 서로 상이할 수 있다.

- 미생물 성장을 최소화할 수 있는 냉각공정
- 병원성 미생물을 사멸시키기 위하여 특정 온도에서 일정 시간 가열처리
- pH 및 수분활성도 조절
- 금속검출기에 의한 금속이물 검출공정 등

CCP를 결정하는 실용적인 방법은 CCP 결정도를 이용하는 것으로 이 결정도는 1원칙의 위해 분석 결과 중요 위해(확인 대상)로 선정된 위해 요소에 대하여 적용한다.

(3) 한계 기준(critical limit) 설정-3원칙

세 번째 원칙은 CCP 관리에 있어 한계 기준을 설정하는 것이다. 한계 기준은 CCP에서 관리되어야 할 생물학적, 화학적 또는 물리적 위해 요소를 예방, 제거 또는 허용 가능한 안전한 수준까지 감소시킬 수 있는 최대치 또는 최소치를 말하며, 식품 안전을 보장하기 위해 과학적 근거에 기초하여 설정되어야 한다.

한계 기준은 현장에서 육안 관찰이나 간단한 측정이 가능한 수치 또는 특정 지표로 설정해야 한다. 다음은 한계 기준 설정에 자주 활용되는 지표다.

- 온도
- 시간
- 수분활성도(a_w)
- pH
- 산도
- 점도
- 습도(수분)
- 염소, 염분 농도 같은 화학적 특성
- 금속 검출기 감도

한계 기준을 결정할 때에는 법적 요구사항, 연구 논문이나 식품 관련 전문서적, 전문가 조언, 생산공정 기본자료 등 여러 가지 조건을 고려해야 한다. 예로 제품 가열 시 중심부의 최저온도, 특정 온도까지 냉각시키는 데 소요되는 최소시간, 제품에서 발견될 수 있는 금속 조각(이물질)의 크기 등이 한계 기준으로 설정될 수 있다. 한계 기준은 식품 안전을 보장할 수 있어야 한다. 한계 기준은 초과되어서는 안 되는 양 또는 수준인 상한 기준과 미달되어서는 안 되는 최소량인 하한 기준으로 설정할 수 있다.

예) 상한 기준의 예 : 금속 파편 크기는 1.0 mm 이하
하한 기준의 예 : 조리 시 고기 패티를 65℃ 이상 가열

한계 기준은 다음 절차에 따라서 설정한다.

① 결정된 CCP별로 법적 기준이 있는지를 확인한다(법적인 기준 및 규격 확인).
② 법적인 한계 기준이 없을 경우, 위해 요소를 관리하기에 적합한 한계 기준을 자체적으로 설정하며, 필요 시 전문가 조언을 구한다.
③ 설정한 한계 기준에 관한 과학적 문헌 등 근거자료를 보관한다.

표 10-11 한계 기준 설정(예시)

공정명	CCP	위해 요소	위해요인	한계기준
가열	CCP-1B	리스테리아균 병원성 대장균	가열온도 및 가열시간 미준수로 병원성 미생물 잔존	65℃ 이상, 1분 이상
소독	CCP-2B	리스테리아균 병원성 대장균	소독 농도 및 소독시간 미준수로 병원성 미생물 잔존	소독농도 50~100 ppm, 소독시간 1분~1분 30초

자료 : 해썹지원사업단(www.haccphub.or.kr)

(4) 모니터링(Monitoring)-4원칙

네 번째 원칙은 CCP를 효율적으로 관리하기 위한 모니터링 체계를 수립하는 것이다. 모니터링이란 CCP에 해당되는 공정이 한계 기준을 벗어나지 않고 안정적으로 운영되고 있는지를 감시하거나 관찰하는 절차를 의미한다.

모니터링 절차는 첫째, 작업과정에서 발생되는 위해 요소 추적이 용이하며, 둘째, 작업공정 중 CCP에서 발생한 기준 이탈(deviation) 시점을 파악할 수 있으며, 셋째, 문서화된 기록을 제공하여 검증 및 식품 사고 발생 시 증빙자료로 활용할 수 있다.

모니터링 결과는 지식, 경험과 권한을 가진 사람이 평가해야 하며 필요한 경우 개선 조치를 시행해야 한다. 즉, 모니터링 결과 한계 기준을 이탈한 경우에는 신속하고 정확한 판단에 의하여 개선 조치가 취해져야 한다. 일반적으로 신속한 결과를 얻을 수 있는 물리적·화학적 모니터링이 미생물학적 모니터링 방법보다 효과적이다.

CCP를 모니터링하는 종업원은 해당 CCP에서의 모니터링 항목과 모니터링 방법을 효과적으로 수행할 수 있도록 충분히 교육·훈련되어 있어야 한다.

모니터링 체계는 다음 순서에 따라 확립한다.

① 각 원료와 공정별로 가장 적합한 모니터링 절차를 수립한다.

② 모니터링 항목을 결정한다.

③ 모니터링 위치 / 지점, 방법을 결정한다.

④ 모니터링 빈도를 결정한다.

⑤ 모니터링 결과를 기록할 서식을 결정한다.

⑥ 모니터링 담당자를 지정하고 훈련시킨다.

표 10-12 모니터링 방법(예시)

공정명	CCP	한계기준	모니터링 방법			
			대상	방법	주기	담당자
가열	CCP-1B	65℃ 이상, 1분 이상	가열시간, 온도	1. 가열기 정상 작동 여부 확인 2. 온도와 시간을 일지에 기록 3. 모니터링 일지를 HACCP 팀장에게 승인받음	매작업 시	공정 담당
소독	CCP-2B	소독 농도 50~100 ppm, 소독시간 1분~1분 30초	소독농도	1. 소독기 정상 작동 여부 확인 2. 소독 농도, 시간을 일지에 기록 3. 모니터링 일지를 HACCP 팀장에게 승인받음	매작업 시	공정 담당

자료 : 해썹지원사업단(www.haccphub.or.kr)

(5) 개선 조치(corrective action)-5원칙

HACCP은 식품으로 인한 위해 요소가 발생하기 전에 문제점을 미리 파악하고 시정하는 사전 예방체계이므로, 모니터링 결과 한계 기준을 벗어날 경우 취해야 할 개선 조치방법을 사전에 설정하여 신속한 대응 조치가 이루어지도록 하여야 한다. 일반적으로 취해야 할 개선 조치사항에는 공정 상태의 원상 복귀, 한계 기준 이탈에 의해 영향을 받은 관련 식품에 대한 조치사항, 이탈에 대한 원인 규명 및 재발 방지조치, HACCP 계획의 변경 등이 포함된다.

개선 조치 확립 순서는 다음과 같다.

① 각 CCP별로 가장 적합한 개선 조치 절차를 수립한다.

② CCP별로 위해 요소의 심각성에 따라 서로 다른 개선 조치방법을 결정한다.

③ 개선 조치 결과를 기록한 서식을 작성한다.

④ 개선 조치 담당자를 지정하고 교육·훈련시킨다.

표 10-13 개선 조치방법(예시)

공정명	CCP	개선조치 방법
가열	CCP-1B	1. 가열온도, 시간 이탈 시 • 공정담당자는 즉시 작업 중단 • 해당 제품을 즉시 재가열, CCP 모니터링 일지에 이탈사항과 개선 조치사항 기록, 생산관리팀장, HACCP 팀장에게 보고 • 해당 로트 제품을 품질관리 팀장에게 공정품검사 의뢰
소독	CCP-2B	1. 세척횟수, 시간, 가수량 이탈 시 • 작업 중단 후 소독 농도 보정 후 재소독 이외 CCP-1B와 동일 2. 기기 고장인 경우 • 수리 완료 후 재소독 외 CCP-1B와 동일

자료 : 해썹지원사업단(www.haccphub.or.kr)

(6) 검증(verification)-6원칙

여섯 번째 원칙은 HACCP이 적절하게 운영되고 있는지를 확인하기 위한 검증 절차를 설정하는 것이다. 현재 운영하고 있는 HACCP이 궁극적으로 목표하는 식품 안전 보장에 효과적인지 검증해야 한다. 또한 수립된 HACCP이 계획(HACCP plan)대로 실행되고 있는지 검증해야 한다. HACCP팀은 이러한 검증을 HACCP 계획을 수립하여 최초로 현장에 적용할 때, 해당 식품과 관련된 새로운 위해 정보가 습득되었을 때, 또한 원료·제조 공정이 변경되었을 때 실시하여야 한다. 이외에도 전반적인 재평가를 위한 검증을 연 1회 이상 실시하여야 한다.

검증은 유효성 평가와 실행성 검증으로 나뉜다.

① HACCP 계획에 대한 유효성 평가(validation)

HACCP 계획에 대한 유효성 평가는 수립된 HACCP을 통해서 궁극적으로 식품 안전을 보장할 수 있는지에 대한 과학적인 검증이다. HACCP 계획이 효율적으로 수립되어 있는지 확인하는 것으로 발생 가능한 모든 위해 요소를 확인·평가하고 있는지, CCP와 한계 기준이 적절하게 설정되어 있는지, 모니터링 방법이 올바른지 등을 과학·기술적으로 평가하고 확인하는 검증방법이다.

② HACCP 계획에 대한 실행성 검증(implementation)

HACCP 계획의 실행성 검증은 수립된 HACCP 계획에 따라 제대로 이행되고 있는지를 확인하는 것으로 작업자가 정해진 주기로 모니터링을 올바르게 수행하고 있는지, 기준 이탈 시 개선 조치를 적절하게 하고 있는지, 검사·모니터링 장비를 정해진 주기에 따라 검·교정하고 있는지 등을 확인하는 것이다.

그림 10-6 검증방법

(7) 기록 유지 및 문서 작성(record keeping)-7원칙

일곱 번째 원칙은 HACCP을 문서화하는 효율적인 기록 유지방법을 설정하는 것이다. 기록 유지가 없는 HACCP은 운영 근거를 확보할 수 없고, 제대로 된 검증이 이루어질 수 없으며 또한 식품 사고 발생시 근거자료로 활용할 수 없기 때문에 기록 유지는 HACCP의 필수적인 요소이다. HACCP 기록 유지방법 개발은 이전에 사용되고 있던 기록을 참고로 하여 작성하는 것이 효율적이다. 가장 좋은 기록 유지방법은 필요한 기록내용을 알기 쉽고 단순하게 하는 것이다. 즉, 기록 유지방법을 개발할 때에는 기록 담당자 및 검토자, 기록 시점 및 주기, 기록 보관기간 등을 고려하여 이해하기 쉬운 단순한 서식을 개발하는 것이 좋다.

HACCP 체계 운영과 관련된 필요한 기록목록의 예는 다음과 같다.

- 원료
  - 원료 공급업체 시험증명서
  - 온도에 민감하거나 유통기한이 설정된 원료에 대한 보관온도 및 기간 기록

■ 공정관리

- CCP와 관련된 모든 모니터링 기록
- 식품 취급과정이 적절하게 지속적으로 운영하는지를 검증한 기록

■ 완제품

- 식품의 안전한 생산을 보장할 수 있는 자료 및 기록
- 제품의 안전한 유통기한을 입증할 수 있는 자료 및 기록
- HACCP 계획의 적합성을 인정한 문서

■ 보관 및 유통

- 보관 및 유통온도 기록
- 유통기간이 경과된 제품이 출고되지 않음을 보여 주는 기록

■ 한계 기준 이탈 및 개선 조치

- CCP의 한계 기준 이탈 시 취해진 공정이나 제품에 대한 모든 개선 조치를 기록

■ 검증

- HACCP 계획의 설정, 변경 및 재평가 기록

■ 종업원 교육

- 식품위생 및 HACCP 수행에 관한 교육훈련 기록

5. 단체급식 또는 외식산업에서의 HACCP 실무

1) 식중독 사고 원인

단체급식 및 외식산업에서 발생하였던 식중독 사고 원인은 온도관리 부주의에 의한 식중독균 성장으로 식중독이 발생한 사례와 안전하지 못한 식재료, 교차 오염 등이 보고되고 있다. 따라서 HACCP을 적용하고자 할 때는 식중독 사고 원인에 대한 철저한 예방을 목표로 하는 것이 바람직하다.

2) CCP 설정

기존에 발생하였던 식중독 사고에 대한 원인을 분석하여 중점관리가 필요한 공정을 CCP를 설정하면 효율적인 HACCP 구축이 가능하다. 단체급식 및 외식산업에서는 조리장 구조와 작업여건이 다양하고 인적 구성도 다르므로 획일적인 HACCP 모델을 제시하기는 어렵다. 따라서 다음에 제시되는 가상의 CCP 중 우리 업장 및 식당에 적용 가능한 CCP를 선별하여 소폭 수정하여 활용하거나 전문가의 도움을 받아 CCP를 설정할 수도 있다.

(1) 식재료의 구매와 검수

식재료는 믿을 수 있는 공급자가 제공하는 제품만을 사용하여야 한다. 식재료를 받는 종업원은 모든 식품이 안전한 상태인지, 오물이 묻지 않았는지, 부패되지 않았는지 꼼꼼하게 조사하여야 한다. 가공제품은 포장 상태가 완전해야 하며 라벨이 없거나 유통기한이 지났으면 반품이나 폐기한다. 냉장 및 냉동 식품은 온도관리가 미흡할 경우 식중독균이 성장할 수 있다. 냉장식품은 10℃ 이하인지 온도계로 확인하고 냉동식품은 녹은 흔적이 없는지 육안으로 관찰하여 검수한다. 특히 냉동식품은 표면에 큰 얼음결정이, 포장 내부에 냉동 액체가 생겼다면 해동과 재냉동되었음을 의미한다. 부풀어 오른 통조림은 미생물이 성장했다는 반증이므로 사용해서는 안 되며, 찌그러졌거나 심하게 녹슨 통조림은 미세한 구멍으로 미생물이 유입될 수 있으므로 사용하지 않는다.

(2) 개인 위생과 감염관리

조리장에서의 개인 위생은 안전한 식품을 생산하기 위해 철저히 관리되어야 한다. 설사 증세가 있는 사람과 손에 화농성 질환이 있는 사람의 조리를 원칙적으로 금지하여야 한다. 영양사는 매일 종업원의 손 상태를 확인하고, 손 세척 여부, 화농성 상처 유무, 손톱 청결 여부, 반지 및 시계 착용 여부를 확인해야 한다. 몸에서 쉽게 분리될 수 있는 머리핀, 귀걸이 등의 장신구는 음식에 들어갈 수 있으므로 착용하지 않도록 한다. 영양사는 조리 종사원들의 위생교육 이수 여부와 보건증 소지 여부를 월 1회 이상 확인한다.

(3) 채소의 세척과 소독

채소에는 토양 유래의 식중독균 등 많은 미생물이 표면에 오염되어 있는데, 먼저 흐르는 깨끗한 물로 세척하면 상당수 제거할 수 있다. 이후 염소수와 같은 소독수를 이용하여 소독한다. 우리나라 『식품공전』에는 채소를 세척할 때 이물질의 완전한 제거와 염소수 100

ppm에서 10분간 침지 후 헹구어 사용하도록 규정되어 있다. 소독액 제조 시 정확한 물량을 알고 계량컵으로 소독제를 계량하여 정확한 농도로 맞춘다. 양상추나 배추처럼 잎이 겹으로 쌓인 경우 분리해야 효과적인 세척과 소독이 이루어진다.

(4) 해동

덜 녹은 식품을 조리하면 식품 내부는 얼음이 녹고 온도가 상승하는 데 시간이 오래 걸리므로 식품 내부의 조리가 불충분해져서 균이 증식할 가능성이 있다. 그러므로 냉동식품은 조리 전 완전히 해동하여야 한다. 해동과정 중 식중독균이 성장할 수 있는 온도 위험구간(temperature danger zone, 5~60℃)에 반드시 속하게 되는데 이 구간에 머무는 시간을 최소화한다. 상온 해동은 녹는 속도는 빠르지만, 중심까지 녹을 때 표면이 수 시간 상온을 유지하므로 온도 위험구간에 속하는 시간이 길어 바람직하지 않다. 해동은 냉장고에서 5℃ 이하의 온도에서 하거나 흐르는 물에 넣어 단시간 내에 한다. 전자레인지에서 해동하여 바로 조리하거나 직접 열을 가하면서 조리의 일부분으로 해동하는 것도 좋다.

그림 10-7 안전한 해동방법

(5) 조리과정

생식품, 특히 동물성 식품은 식중독균을 가진 것으로 예상하고 관리해도 효과적이다. 육류, 가금류, 생선, 해산물, 알류와 저온 살균한 우유는 생것 혹은 덜 익힌 상태로 제공되지 않아야 한다. 조리의 목적은 식품의 외관, 조직감, 향미를 바꿈으로써 식품을 더욱 맛있게 만드는 것이다. 조리는 또한 음식을 가열하고 내부와 표면에 존재하는 미생물을 파괴한다. 병원성 미생물의 파괴는 시간과 온도와 관련이 있다. 예를 들어, 덜 익힌 쇠고기는 54℃에서 112분 또는 60℃에서 12분 정도면 안전하게 조리할 수 있다. 과거의 전통적인 조리는 식품을 익힐 때 식품의 표면 상태를 보고 조리사의 경험으로 조리 완료 시점을 정하였으나

HACCP에서는 정확하게 검·교정된 탐침온도계로 내부 온도를 측정하여 정한다. 전자레인지에 식품을 요리할 때는 열의 배분이 고르지 않으므로 자주 식품을 저어주고 순환시켜야 한다.

(6) 냉각

뜨겁게 제공되지 않는 식품은 냉각과정을 거쳐야 하는데 이때 온도 위험구간인 5~60℃ 사이를 거친다. 온도 위험구간에 머무는 시간이 길어지면 포자의 발아와 식중독 세균의 증식으로 식중독이 발생할 수 있다. 따라서 온도 위험구간에 머무는 시간을 최소로 하는 것이 중요하다. 미국 FDA에서는 60℃에서 21℃까지 2시간 이내에, 21℃에서 5℃까지 4시간 이내에 냉각하도록 권고하고 있다. 얕은 팬에 식히는 식품을 넓게 펴서 냉장시키면 빠르게 냉각시킬 수 있다. 또한 식품을 저으면 식히는 시간을 많이 줄일 수 있다. 큰 용기 안에 뜨거운 음식 용기를 두고 그 주위에 얼음으로 채워 냉각하는 얼음물 수조도 식품을 냉각시키는 데 효과적이다.

(7) 냉장·냉동 보관

냉장·냉동 식품은 온도관리가 원활하지 않을 경우 식품에 존재하는 식중독균이 증식하여 식중독이 발병할 수 있으므로 이들 식품의 저장을 CCP로 관리할 수 있다. 냉장온도는 5℃ 이하, 냉동온도는 -18℃ 이하로 유지해야 한다. 식품의 저온 보관 시 냉장고가 2개일 이상인 경우에는 생식품과 조리된 식품을 서로 다른 냉장고에 보관하여 교차 오염을 원천적으로 차단하는 것이 좋다. 냉장고가 1개일 때는 공간적으로 구분하거나 조리된 식품을 상단에 놓아 생식품에서 유래하는 액체 성분에 의한 오염을 방지하며 뚜껑이나 랩으로 씌어 순환되는 공기에 의한 오염을 막아야 한다.

(8) 배송과 배식

배송과 배식 시 찬음식은 5℃ 이하로 냉각 유지되어야 하고 뜨거운 음식은 60℃ 이상 보온하여 식품이 온도 위험구간에 노출되는 시간을 최소화해야 한다. 이를 위해서는 보냉·보온 용기를 사용하거나 얼음 혹은 드라이아이스 및 열기구를 이용하여 온도를 유지할 수 있다.

배식 시 청결한 배식도구로 배식하고 손으로 취급할 때는 일회용 위생장갑을 착용한다. 배식 시에도 온도를 유지해야 하는데 이를 위해 배식대에 보온·보냉 시설이 설치되어야 한다. 급식현장에서 배식 중인 용기에 식품이 소량 남았을 때 새 용기의 식품을 가져와서 남아 있던 음식과 혼합하는 것은 배식 중 오염된 식품과 새 음식 사이의 교차 오염이 발생할 수 있으므로 금지한다.

(9) 식단 구성

영양사가 식단을 구성할 때 취식 대상의 건강 상태와 구성식품의 미생물적 상태를 고려하여야 한다. 특히, 취식 대상이 병원 입원환자, 양로원의 노인, 유치원생일 경우 위험성이 있는 식품은 식단에 포함시키지 않아야 하며 특히 여름철에는 완전히 배제하는 것이 좋다. 우리가 섭취하는 식품 중 식중독균을 포함하고 있을 가능성이 높은 식품은 배제한다. 미생물이 성장하기 수월한 식품을 잠재적 위험식품(potentially hazardous foods, PHF)이라고 한다. 잠재적 위험식품(PHF)은 단백질이나 탄수화물 함량이 높고, pH가 4.6 이상이며 수분 활성도가 0.85 이상이다. 일반적인 예로는 적색육, 가금류, 알류, 생선, 갑각류, 유제품이며 익힌 쌀이나 감자, 자른 멜론 같은 과일이다. 또한 식중독균을 포함하고 있을 가능성이 높은 식품은 열처리나 소독 처리를 하지 않고 섭취하는 식품으로 생채류 및 무순과 같은 새싹채소 등이다.

CLEANING AND DISINFECTION

CHAPTER **11**

위생관리

1. 세척과 살균소독
2. 기구 · 기기의 살균소독법
3. 화학적 살균소독제
4. 올바른 살균소독 처리법
5. 개인위생

식품을 안전하게 관리하기 위해서는 식품의 여러 가지 위해인자에 오염되지 않도록 예방하는 것이 매우 중요하며, 따라서 식품을 다루는 환경과 개인의 위생관리가 매우 중요하다고 할 수 있다. 본 장에서는 식품을 다루는 환경으로 기구·기기, 설비, 가공 환경에서의 세척과 살균소독 방법, 그리고 세척제 및 화학적 살균소독제의 종류와 특징에 대하여 살펴보기로 한다.

1. 세척과 살균소독

세척(cleaning)은 표면에서 식품과 다른 여러 형태의 오염물을 제거하는 과정 또는 급식기구 및 용기 표면을 세제를 사용하여 음식찌꺼기와 잔여물을 제거하기 위한 작업이며, 살균소독(disinfecting or sanitizing)은 급식기구, 용기 및 음식이 접촉되는 표면에 존재하는 미생물을 위생상 안전한 수준으로 감소시키는 과정이다. 현재 국내 식품산업에서 사용되는 살균, 소독 및 세척을 목적으로 사용되는 화학제제는 과일, 채소 등의 살균소독제, 기구 등 살균소독제, 세척제로 구분되며 이 중 세척제로는 ① 1종 세척제(식품첨가물) : 혼합제제(식품에 적용), ② 2종 세척제(식품첨가물) : 기구 등의 살균소독제(기구, 용기, 포장 등 식품과 접촉하는 것에 적용), ③ 3종 세척제(식품/비식품 접촉 표면 : 「공중위생관리법」에 적용, '세척, 헹굼' 필수)로 분류될 수 있다. 1종은 2종 및 3종 세척제로, 2종은 3종 세척제로 사용 가능하나, 3종으로

표 11-1 국내 식품산업에서 살균, 소독 및 세척을 목적으로 사용되는 화학제제

구 분	과일, 채소 등의 살균	기구 등 살균소독제	세척제*
대상	식품	식기류, 식품의 가공·조리기구, 식품공장의 제조기기 및 설비	- 과일이나 채소(1종) - 식기류, 자동식기세척기(2종) - 식품의 가공·조리기구, 식품공장의 제조기기 및 설비(3종)
관련법	「식품위생법」 - 식품에 직접 사용하는 식품첨가물	「식품위생법」 - 기구 등 살균소독제	「공중위생관리법」 - 세척제, 헹굼보조제
주관 부서	식품의약품안전처	식품의약품안전처	보건복지부 (단, 기준·규격 및 민원 질의 검토는 식품의약품안전처 본청, 수입 검사업무는 지방청)
비고	-	식약처장이 살균소독제를 인정함(세척제로 먼저 이물을 깨끗이 씻은 후 사용)	-

* 단, 1종은 2종 및 3종 세척제로, 2종은 3종 세척제로 사용 가능

는 2종 및 1종, 2종으로는 1종의 목적에 사용할 수 없으므로 세척하고자 하는 대상에 따라 바르게 선택하여야 한다. 또한 세척제는 용도 이외로 사용하거나 규정 사용량 이상을 사용하여서는 안 되며, 사용한 후에는 조리기구 등에 세척제가 남지 않도록 음용에 적합한 물로 반드시 씻어야 한다.

이 중 세척제로 사용되는 종류로는 일반세제, 솔벤트, 산성세제, 연마세제 등으로 구분되며 사용 용도는 표 11-2와 같다.

표 11-2 세척제(세제)의 종류와 용도

종류	용도
일반세제 (비누, 합성세제)	• 손 세척, 기물 및 식기 세척, 청소작업 등 거의 모든 세척용도에 사용
솔벤트 (용해성 세척제)	• 진한 기름때나 오븐, 가스레인지를 세척할 때 사용 • 자주 사용하지 않는 표면에 묻은 오염 물질을 세척할 때 사용
산성세제	• 세척기의 광물질(scale), 세제찌꺼기 때를 제거할 때 사용 (기구나 설비에 손상을 줄 수 있으므로 산성 내구성 확인 후 사용)
연마세제	• 바닥, 천장의 오염 물질을 제거할 때 사용(플라스틱 제품에는 부적절)

2. 기구·기기의 살균소독법

기구·기기의 살균소독 처리법으로는 열처리법(열탕소독, 건열소독), 자외선 살균소독법 등의 물리적 처리기술과 살균소독제를 사용하는 화학적 살균소독 처리법으로 구분할 수 있다. 열탕소독법은 끓는 물을 이용하여 소독하는 방법으로 식기나 행주 소독에 사용될 수 있고 미생물 살균 효과가 매우 높으나, 처리할 수 있는 품목이 제한되는 단점이 있다. 자외선 살균소독법은 자외선(UV)의 조사를 통하여 세균 등의 세포 내 핵산(DNA)을 변화시켜 신진대사에 장애와 증식 능력을 잃게 하여 세균을 사멸시키는 방법이다. 최근 자외선 살균처리가 급증하였고, 재질에 따른 처리에 제한은 없으나, 컵, 수저, 도마 등 사용하고 있는 기기는 매우 제한적이다. 이외에도 용이성과 경제적인 이유로 화학적 살균소독제가 광범위하게 사용되고 있다. 이러한 화학적 살균소독제 처리는 조리기구(도마, 칼, 가열조리기구 등), 시설(작업대, 싱크대 등), 기타 수세미 등 전반적인 부분에 가장 많이 사용되고 있다.

표 11-3 기구·기기의 살균소독방법

종류	대상	소독방법	비고
자비 소독 (열탕소독)	식기 행주	• 열탕에서는 100℃에서 5분 이상 • 증기소독기 : 100~120℃에서 10분 이상 • 재질에 따른 방법 - 금속재 : 100℃에서 5분, 80℃에서 30분 - 사기·토기 : 80℃에서 1분 - 천류 : 70℃에서 25분, 95℃에서 10분, 160~180℃에서 15~16초	그릇을 포개어 소독할 때에는 끓이는 시간을 연장
건열 소독	식기	• 160~180℃에서 30~45분간	
자외선 소독	소도구 용기류	• 살균력이 가장 강한 2,537Å의 자외선에서 30~60분 조사 • 기구 등을 포개거나 엎어서 살균하지 말고 자외선이 바로 닿도록 배치	자외선은 빛이 닿는 부분만 살균됨에 유의
화학 소독	작업대 기기 도마 생채소 과일	• 염소 용액 소독 - 생채소, 과일의 소독 : 50~75 ppm 이상의 염소 용액에 최소 5분간 침지 - 발판소독조 : 100 ppm - 식품 접촉면의 소독 : 200 ppm, 1분 이상 • 요오드 용액(기구, 용기 소독) : pH 5 이하, 24℃ 이상, 요오드 25 ppm이 함유된 용액에 최소 1분 침지 • 70% 에틸알코올 소독(손, 용기 등) : 분무하여 건조	반드시 세척 후 사용

3. 화학적 살균소독제

우리나라에서 식품 분야에 살균 또는 소독을 위하여 사용되는 화학제제는 처리 대상 분야에 따라 구분되는데, 처리 대상이 식품인 경우는 식품첨가물로 분류할 수 있으며, 주로 단체급식 등에서 채소 및 과일 등의 살균·소독에 이용되는 대부분의 제품이 여기에 포함된다. 식품에 직접 처리하지 않고 식품이 닿는 기구 및 용기·포장에 사용되는 것은 '기구 등의 살균소독제'로 분류하고 있다. 식품과 접촉하는 기구 등에 사용되는 살균소독제는 2002년 8월 26일 「식품위생법」의 제2조 식품첨가물의 정의가 "식품첨가물이란 식품을 제조 가공함에 있어서 첨가, 침윤, 기타의 방법으로 식품에 첨가하는 물질을 말한다. 다만, 식품첨가물 중 기구 및 용기·포장의 살균·소독의 목적에 사용되어 간접적으로 식품에 이행될 수 있는 물질을 포함한다."로 되어 식품첨가물의 한 분류로서 살균소독제가 신설되었다. 신설된 살균소독제로 「식품 등의 한시적 기준 및 규격 인정기준」(식품의약품안전청 고시 제2005-75호)에 의한 제품 인정제도를 운영하고 있다. 『식품첨가물공전』의 살균 및 소독

용도 물질의 종류 중 기구 등의 한시적 인정 대상은 염소(chlorine, Cl_2), 차아염소산나트륨(sodium hypochlorite, NaOCl), 이산화염소(chlorine, ClO_2), 과산화수소(hydrogen peroxide), 이염화아이소사이아뉼산나트륨(sodium dichloroisocyanurate), 자몽종자추출물(grapefruit seed extract), 주정(주세법), Acids(acetic, lactic, propionic, sorbic, benzoic acid), 산화칼슘(Calcium oxide, CaO), 오존(ozone) 등이 있다. 하지만 주로 염소, 요오드 등의 할로겐계, 4급암모늄계, 음이온계 등 계면활성제, 과산화수소, 과산화초산 등 산소계, 알코올계 등이 일반적이며, 이 중에서도 가격이 저렴하고 사용이 용이한 무기염소계인 차아염소산나트륨이 가장 널리 사용되고 있다.

살균소독제는 살균소독 대상 표면의 식품 오염 상태, 식품 침적물(soils)의 용해도 특성 등에 따라 다르게 사용해야 하는데, 이상적인 소독제는 효력 발휘 범위가 넓을 것, 신속한 사멸이 가능할 것, 수용성이며, 쉽게 조제할 수 있을 것, 안정성을 가질 것, 유기물 찌꺼기, 경수 등에 대한 내성이 있을 것, 환경 친화적이며 독성이 없을 것, 부식성이 없을 것, 경제적일 것, 사용하기에 안전할 것 등의 조건을 갖추어야 한다.

표 11-4 기구 등의 살균소독제 계통별 분류

구분	유효 성분
염소계	차아염소산나트륨, 이염화아이소사이아뉼산나트륨 등
알코올계	에탄올
4급암모늄계	염화디-n-알킬(C_8-C_{10})디메틸암모늄, 염화알킬(C_{12}-C_{18})벤질디메틸암모늄 등
과산화물계	과산화수소, 과산화초산 등
요오드계	요오드, 요오드칼륨 등
기타	구연산, 젖산 등

국내 기구 등의 살균소독제 평가를 위한 관련 연구는 2002년 8월 「식품위생법」 개정으로 기구 등의 살균소독제에 대한 법적 관리 근거가 마련된 후 식품의약품안전처를 중심으로 이루어져 왔다. 현재 『식품첨가물공전』에 III. 기구 등의 살균소독제를 신설하여 제조기준, 일반 사용기준 및 에탄올 등 9개 품목별 규격 및 기준이 신설되었으며, IV. 일반시험법에 세균현탁액시험법, 세균표면시험법 및 포자현탁액시험법이 살균소독력 시험법으로 수재되었다. 또한 국내에서 유통되는 기구 등의 살균소독제는 소비자가 제품을 올바르게 사용할 수 있도록 '식품 등의 표시기준'에 따라 다음의 ① 제품명, ② 업소명 및 소재지, ③ 제조연월일 또는 유통기한, ④ 내용량, ⑤ 유효 성분의 성분명과 함량, ⑥ '기구 등의 살

균소독제' 표시, ⑦ 사용방법(제품의 희석방법, 살균소독 대상별 사용방법 및 사용량 등) 및 주의 사항 등의 내용을 표시하여야 한다.

표 11-5 살균소독제 공정 규격화 품목

No.	성분명	정의
1	에탄올	유효 성분으로 에탄올을 함유하는 것. 다만, 희석 또는 품질 안정 등을 위하여 희석제, 안정제 및 용제 등을 첨가할 수 있음
2	염화-N-데실-N,N-디메틸-1-테칸아미늄	유효 성분으로 염화-N-데실-N,N-디메틸-1-테칸아미늄을 함유하는 것. 다만, 희석 또는 품질 안정 등을 위하여 희석제, 안정제 및 용제 등을 첨가할 수 있음
3	염화알킬(C_{12}-C_{18})벤질디메틸암모늄	유효 성분으로 염화알킬(C_{12}-C_{18})벤질디메틸암모늄, 또는 염화알킬(C_{12}-C_{18})벤질디메틸암모늄에 염화-n-알킬(C_{12}-C_{14})디메틸에틸벤질암모늄(평균분자량 377~384), 염화-n-알킬(C_{12}-C_{18})디메틸에틸벤질암모늄(평균분자량 384), 염화디-n-알킬(C_{8}-C_{10})디메틸암모늄(평균분자량 332~361) 또는 폴리(헥사메틸렌비구아니드)하이드로클로라이드를 1종 이상 함유하는 것. 다만, 희석 또는 품질 안정 등을 위하여 희석제, 안정제 및 용제 등을 첨가할 수 있음
4	이염화아이소사이아뉼산나트륨	유효 성분으로 이염화아이소사이아뉼산나트륨을 함유하는 것을 말하며, 이염화아이소사이아뉼산나트륨이수화물을 함유하는 것도 포함. 다만, 희석 또는 품질 안정 등을 위하여 희석제, 안정제 및 용제 등을 첨가할 수 있음
5	차아염소산나트륨	유효 성분으로 차아염소산나트륨을 함유하는 것을 말하며, 식염수를 전기분해의 방법으로 얻어지는 것도 포함. 다만, 희석 또는 품질 안정 등을 위하여 희석제 및 안정제 등을 첨가할 수 있음
6	차아염소산수	염산 또는 식염수를 전기분해의 방법으로 얻는 것을 말하며, 유효 성분으로 차아염소산을 함유하는 수용액. 이 품목에는 강산성차아염소산수(0.2% 이하의 염화나트륨수용액을 격막으로 분리된 양극과 음극에 의해 구성된 유격막 전해조 내에서 전해해서 양극 측으로부터 얻어지는 수용액)와 미산성차아염소산수(2~6%의 염산을 격막으로 분리되어 있지 않은 양극과 음극에 의해 구성된 무격막 전해조 내에서 전해해서 얻어지는 수용액)가 있음
7	폴리(헥사메틸렌비구아니드)하이드로클로라이드	유효 성분으로 폴리(헥사메틸렌비구아니드)하이드로클로라이드, 또는 폴리(헥사메틸렌비구아니드)하이드로클로라이드에 염화디-n-알킬(C_{8}-C_{10})디메틸암모늄(평균분자량 332~361)을 함유하는 것. 다만, 희석 또는 품질 안정 등을 위하여 희석제 및 안정제 등을 첨가할 수 있음
8	과산화수소	유효 성분으로 과산화수소를 함유하는 것을 말한다. 다만, 희석 또는 품질 안정 등을 위하여 희석제, 안정제 및 용제 등을 첨가할 수 있다.
9	과산화초산	과산화수소 및 초산을 반응하여 얻어지는 것으로 유효 성분으로 과산화초산, 과산화수소 및 초산을 함유하는 것, 또는 과산화수소, 초산 및 옥탄산을 반응하여 얻어지는 것으로 유효 성분으로 과산화초산, 과산화옥탄산, 과산화수소, 옥탄산 및 초산을 함유하는 것. 다만, 희석 또는 품질 안정 등을 위하여 (1-하이드록시에틸리덴)비스포스포닉산, 인산 또는 1-옥탄설폰산나트륨을 첨가할 수 있음

자료 : 김소희, 식품의약품안전처 연구보고서, 2009

표 11-6 국내 살균소독제 유효성 시험방법

시험방법	시험균	온도(℃)	접촉 시간(min)	간섭 물질	기준(감소율)
세균현탁액 시험법	*Staphylococcus aureus* ATCC 6538 *Escherichia coli* ATCC 10536 (*Escherichia coli* ATCC 11229)	20	5	청정조건 : 알부민 0.3 g/L 오염조건 : 알부민 3.0 g/L	99.999% 이상
추가조건	*Bacillus cereus* ATCC 21772 *Vibrio parahaemolyticus* ATCC 27969 *Salmonella* Typhimurium ATCC 13311 *Listeria monocytogenes* ATCC 19111 (*Listeria monocytogenes* ATCC 19115)	20	5	1% 우유, 10 g/L 효모, 10 g/L 서당, pH 5와 pH 9의 완충액, 5 g/L의 라우릴설페이트	99.999% 이상
세균표면 시험법	*Staphylococcus aureus* ATCC 6538 *Escherichia coli* ATCC 10536	20	5	알부민용액(0.03 g/mL) + 트립톤용액(0.01 g/mL)	99.99% 이상
포자현탁액 시험법	Spore of *Bacillus subtilis* ATCC 6633	20	60	알부민 0.3 g/L	99.9% 이상
추가조건		4 10 40 75	5 15 30	알부민 0.3 g/L	99.9% 이상

자료 : 김소희, 식품의약품안전처 연구보고서, 2009

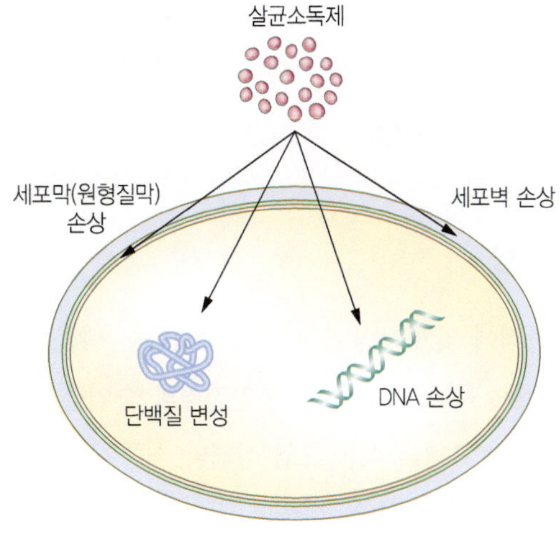

그림 11-1 살균소독제에 의한 미생물의 사멸 메커니즘

여러 살균소독제는 살균·소독제가 세포막을 통과하여 세포 내 효소를 파괴하고, 세포벽 파괴 및 산화작용으로 세균을 사멸시키거나 세포막 단백질의 산화적 변성과, 지질 산화에 의한 세포막 파괴, 세포 내 단백질 변성 등을 일으킴으로써 세균을 사멸하는 것으로 알려져 있다.

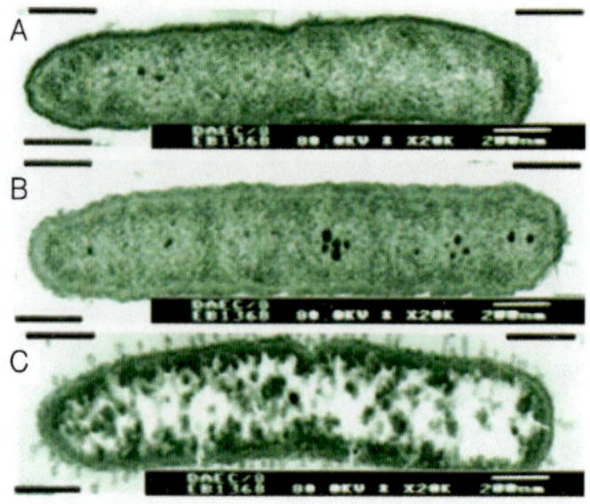

그림 11-2 대장균에 살균소독제 처리 후의 세포의 변화

(A) 처리 전, (B) 4초 처리, (C) 7초 처리

자료 : Liao et al., 2007, *J. Food Eng.*, 78. 1326-1332

4. 올바른 살균소독 처리법

1) 살균소독 처리 전 세척

표면을 세척하지 않고 살균소독제를 사용하게 되면 식품 접촉 표면에 남아 있는 유기 물질이나 지방 등의 이물질 때문에 살균소독 효과가 감소하므로 반드시 '세척하고 물로 헹군 후 살균소독(세척→헹굼→살균·소독)'하여야 한다. 또한 살균소독제 처리 후 헹굼을 하면 살균 효과가 저해되어 재오염된 미생물이 표면에 존재할 수 있으므로 살균소독제 사용 후 헹구지 않고 바로 건조 보관해야 한다.

2) 살균소독제의 사용

살균소독제는 사용 목적에 맞게 알맞은 살균소독제를 선택하여, 허용 한계를 준수하여 사용해야 한다. 또한 살균소독제는 식품의약품안전처의 승인을 받은 기구 등의 살균소독제를 사용하여야 하며, 대상 표면의 식품 오염 상태나 식품 침적물의 용해도 특성 등에 따라 다르게 사용해야 한다. 대상 장소와 식품별 권고되는 살균소독제의 종류는 표 11-8, 11-9와 같다.

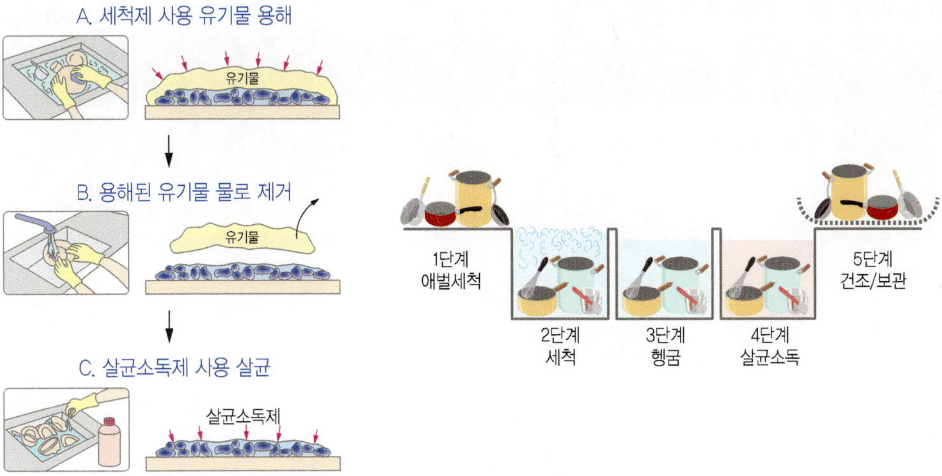

그림 11-3 올바른 세척 및 살균소독 단계

자료 : 식품의약품안전처

표 11-7 대상에 따른 살균소독제의 올바른 사용에 관한 예시

대상	살균소독제	방법
과일, 채소 등 신선 섭취 음식	염소계 소독제 100 ppm 이하	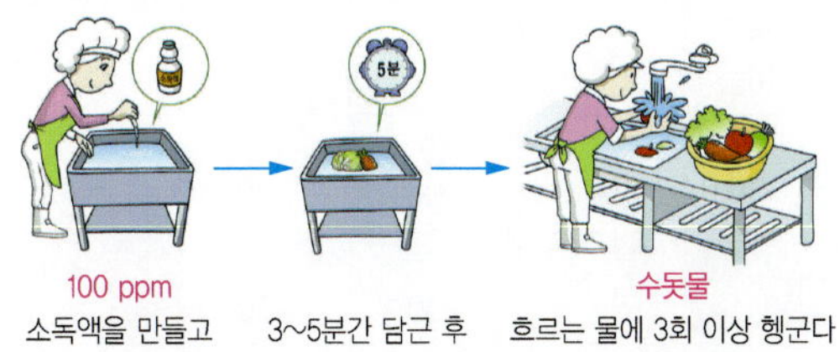
식기류 및 조리기구	염소계 소독제 200 ppm 이하	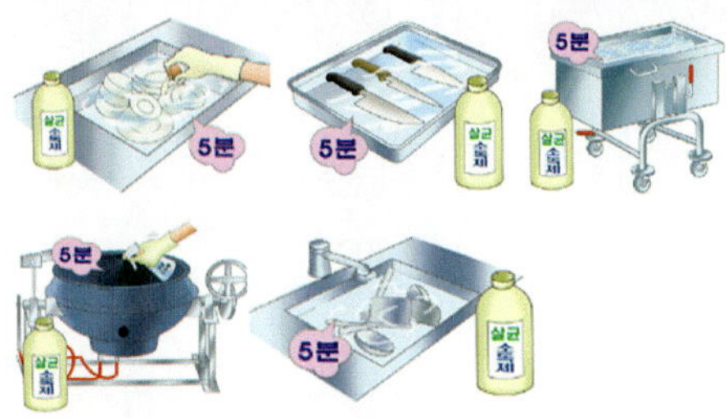
시설 및 설비	염소계 소독제 200 ppm 이하	

자료 : 식품의약품안전처

표 11-8 특정 살균소독제가 권고되는 위치

(단위 : ppm)

표면 \ 살균소독제		steam	염소계	4급 암모늄계	alcohol	요오드계	과산화물	acid계	CaO
알루미늄		○				○ 25			
CIP 세척			○	○		○	○	○ 130	
물		-	○ 20	-		-			-
공기		○	○ 800~1,000	○	○	○			-
손 소독	생산	-	-	○ 200~2,000	○	○ 25	-	-	-
	화장실	-	-	O 200~2,000	○	○ 25	-	-	-
경수						○ 25		○ 130	
비부식성				○		○	○		○
고무벨트						○ 25		-	
다공 성표면		-	○ 200	-		-	○	○	-
가공 기계	알루미늄	○	-		○	○ 25			
	스테인리스스틸	○	○ 200	○ 200	○	○ 25		○ 130	
벽		○	○ 200	○ 200	-	○			○
타일벽		○	○	○	-	○ 25			○
콘크리트 바닥			○ 1,000~2,000	○ 500~800	-	○ 125~200		-	○
나무상자		-	○ 1,000	○		-		-	-
플라스틱상자		-			○	○ 25	○		○
행주		○	○	○					-
고무장갑		-		○	○	○		-	○
작업화		-		○ 1,000	○				○
그릇		○		○	○	○			-

자료 : 김용수 외, Safe Food, 2007

표 11-9 식품 가공공장에서의 식품 종류별 추천 세척 및 살균소독제

(단위 : ppm)

<table>
<tr><th>구분
식품류</th><th colspan="2">세척</th><th colspan="2">살균</th></tr>
<tr><td rowspan="3">유제품</td><td>벽, 바닥</td><td>Foam</td><td rowspan="3">장비 내부</td><td rowspan="3">Steam
acid anionic chlorine sanitizer
(100~200)</td></tr>
<tr><td>가공기계</td><td>Chlorinated alkali
(1,500~5,000)</td></tr>
<tr><td>장비 내부</td><td>Chlorinated alkali
(산성세척제와 함께 사용)</td></tr>
<tr><td rowspan="3">육류 및 가금류</td><td rowspan="3"></td><td rowspan="3">Acid/alkali 세제
중성세제</td><td>냉각용수</td><td>Chlorine</td></tr>
<tr><td>가공공정</td><td>Chlorine</td></tr>
<tr><td>바닥, 벽</td><td>4급암모늄계, Acid계</td></tr>
<tr><td rowspan="4">어류</td><td rowspan="4"></td><td rowspan="4">Alkali 세제</td><td>세척수</td><td>Chlorine(2~10)</td></tr>
<tr><td>손</td><td>Iodine(8~12)
4급암모늄계(150)
Alcohol</td></tr>
<tr><td>기계</td><td>Chlorine(300)
Iodine(12~20)
4급암모늄계(200)
Alcohol</td></tr>
<tr><td>거친 표면</td><td>Chlorine(1,000~5,000)
Iodine(125~200)
4급암모늄계(500~800)</td></tr>
<tr><td rowspan="2">과채류</td><td>Conveyor</td><td>High pressure Spray hot water
(60℃)</td><td>Soil</td><td>Chlorine
4급암모늄계</td></tr>
<tr><td>천장, 벽,
파이프,
벨트,
저장창고</td><td>Foam</td><td>항곰팡이</td><td>Phenolic compound</td></tr>
</table>

자료 : 김용수 외, Safe Food, 2007

마스크 등 개인 보호장비 착용, 계량도구 사용, 물로만 희석

다른 소독제와 혼합 사용 금지

희석액은 즉시 사용하고 남은 액은 버림

뚜껑을 밀폐하여 서늘한 장소에 보관

그림 11-4 살균소독제 사용 및 취급의 주의사항

자료 : 식품의약품안전처

세척제 혹은 살균소독제를 임의로 섞어 쓰는 경우, 화학물질 간에 화학반응으로 가스 등 유해 물질이 발생할 수 있으므로 반드시 구분 사용해야 한다. 또한 희석 후 살균력이 감소할 수 있으므로 반드시 사용 전 물로 희석하여 사용해야 하며, 기구 등의 살균소독제는 반드시 식품과 구분하여 화기와 직사광선을 피하여 환기가 잘되는 곳에 보관하도록 한다.

3) 자외선 살균 처리

자외선 살균소독기를 이용하여 살균소독을 할 때는 자외선 램프에 조사되는 부분만 살균되므로 살균하려는 부분을 자외선 램프 쪽으로 위치하도록 하며, 물기를 제거한 건조 상태로 적정시간 이상을 살균소독 처리하여야 한다. 자외선 살균소독기에 열처리 기능이 있는 경우 자외선과 열처리를 병행 처리했을 때 미생물에 대한 사멸 효과가 더 높다는 보고가 있으므로 병행 처리를 하도록 한다. 또한 살균소독제의 처리와 마찬가지로 식품의 잔류물이 존재하는 경우 자외선 살균 처리의 효과가 현저히 낮아지며, 식품 잔류물에 의한 보관 기간에 미생물이 기구 표면에 생물막(biofilm)을 형성하여 살균소독의 효과를 저해시킬 수 있으므로 살균 전 세척하여 기구 표면에서 식품 잔류물 등 오염물을 확실히 제거한 후 자외선 처리를 하도록 한다.

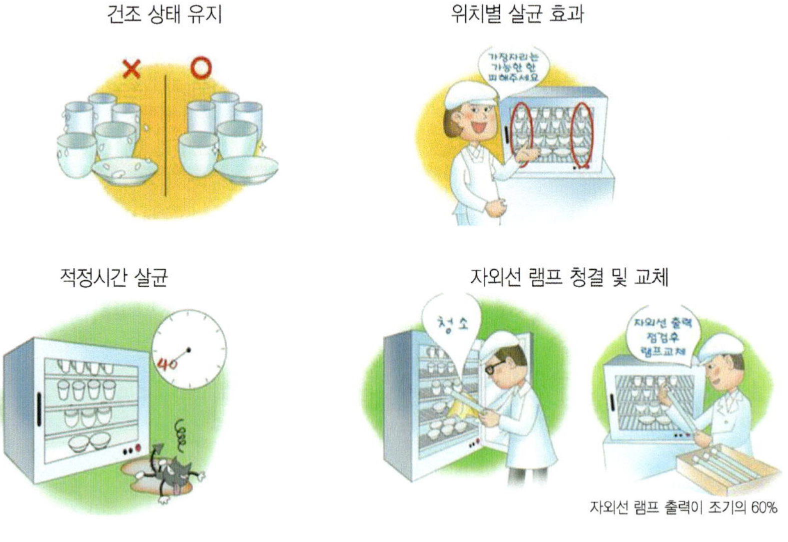

그림 11-5 자외선 살균소독기의 올바른 사용법

자료 : 식품의약품안전처

4) 노로바이러스 식중독 예방을 위한 살균소독

노로바이러스는 오염된 지하수 및 사람을 통해 빠르게 전파되기 때문에 ① 평상시, ② 발생 우려 시, ③ 사고 발생 후 등 3단계로 나누어 살균소독을 하도록 권장되고 있다(평상시 : 200 ppm, 발생 우려 시 : 1,000 ppm, 사고 발생 후 : 5,000 ppm). 특히 노로바이러스 의심 식중독 발생 시 구토물과 분비물, 오염된 부위 및 시설 등은 염소계 소독제 1,000 ppm 이상의 짙은 농도로 살균·소독하여 2차 감염을 방지하도록 권장되고 있다.

표 11-10 노로바이러스 식중독 예방을 위한 살균소독방법

<table>
<tr><th>상황</th><th>살균소독방법</th></tr>
<tr><td>평상시</td><td>• 1회용 마스크, 장갑, 눈 보호구, 가운 및 앞치마를 착용한다. ※ 1회용 신발 덮개 착용 권장
• 오염된 부위나 시설은 세척제를 사용하여 깨끗이 닦는다. ※ 음식물, 기름기, 찌꺼기 등 제거
• 살균·소독제 원액을 사용 농도로 조제하여 살균하고자 하는 표면에 분무(또는 침지)한다.
<table>
<tr><th>구분</th><th>사용 농도액(유효 염소농도)</th></tr>
<tr><td>분말 또는 태블릿 소독제</td><td>100 ppm</td></tr>
<tr><td>액상 소독제</td><td>200 ppm</td></tr>
</table>
• 5분 동안 자연건조시킨다.</td></tr>
<tr><td>발생 우려 시</td><td>• 1회용 마스크, 장갑, 눈 보호구, 가운 및 앞치마를 착용한다. ※ 1회용 신발 덮개 착용 권장
• 오염된 부위나 시설은 세척제를 사용하여 깨끗이 닦는다. ※ 구토물, 기름기, 찌꺼기 등 제거
• 살균·소독제 원액을 사용 농도로 조제하여 살균하고자 하는 표면에 분무(또는 침지)한다.
<table>
<tr><th>구분</th><th>사용 농도액(유효 염소농도)</th></tr>
<tr><td>분말 또는 태블릿 소독제</td><td>500 ppm</td></tr>
<tr><td>액상 소독제</td><td>1,000 ppm</td></tr>
</table>
• 깨끗한 물로 충분히 헹군다.
• 평상시 살균방법 3단계로 다시 소독한다.
• 5분 동안 자연건조시킨다.
※ 고농도로 사용 시 환기 및 표면부식 등에 주의 요망</td></tr>
<tr><td>사고 발생 후</td><td>• 1회용 마스크, 장갑, 눈 보호구, 가운 및 앞치마를 착용한다. ※ 1회용 신발 덮개 착용 권장
• 오염된 부위나 시설은 세척제를 사용하여 깨끗이 닦는다. ※ 구토물, 기름기, 찌꺼기 등 제거
• 살균·소독제 원액을 사용 농도로 조제하여 살균하고자 하는 표면에 분무(또는 침지)한다.
<table>
<tr><th>구분</th><th>사용 농도액(유효 염소농도)</th></tr>
<tr><td>분말 또는 태블릿 소독제</td><td>2,500 ppm</td></tr>
<tr><td>액상 소독제</td><td>5,000 ppm</td></tr>
</table>
• 깨끗한 물로 충분히 헹군다.
• 평상시 살균방법 3단계로 다시 소독한다.
• 5분 동안 자연건조시킨다.
※ 고농도로 사용 시 환기 및 표면부식 등에 주의 요망</td></tr>
</table>

자료 : 식품의약품안전처

5. 개인위생

식품을 다루는 개인의 위생 상태는 직접적으로 식품의 안전에 영향을 미칠 수 있다. 우리나라 「식품위생법」에서는 식품제조업에 종사하는 종업원의 개인위생관리를 위하여 다음의 몇 가지 조항을 명기하고 있다.

1) 건강 진단

「식품위생법」에서는 식품을 다루는 개인의 건강 진단을 의무화하고 있으며 「위생 분야 종사자 등의 건강진단규칙」에서 정하는 바에 따라 매년 1회의 건강 검진을 받도록 하고 있다. 이러한 건강 검진의 대상자로는 '식품 또는 식품첨가물을 채취·제조·가공·조리·저장·운반·판매하는 데 직접적으로 종사하는 자'로서 이들은 영업 개시 전 또는 영업에 종사하기 전에 미리 건강 검진을 받아야 한다. 또한 「식품위생법 시행규칙」에는 '식품 영업에 종사하지 못하는 질병의 종류'를 명시하고 있으며 이러한 질병은 다음을 포함한다.

① 제1군감염병(콜레라, 장티푸스, 파라티푸스, 세균성 이질, 장출혈성 대장균감염증, A형간염 등)
② 결핵(비전염성인 경우는 제외)
③ 피부병 또는 그 밖의 화농성 질환
④ 후천면역결핍증(AIDS)

그 외에도 다음과 같은 증상이 있는 경우 식품 취급 및 조리, 급식 업무에 종사하지 말아야 한다.

- 복통이나 설사가 있을 때
- 콧물이 나거나 목이 간지러울 때
- 피부가 가렵거나 발진이 있을 때
- 구토나 황달 증상이 있을 때

2) 복장관리

식품 취급자는 해당 작업장에서 항상 작업에 적합한 복장과 용모를 갖추어야 하며, 상시 청결한 상태를 유지하여야 한다. 또한 작업복을 착용한 채로 작업장 이외의 장소에 출입하지 말아야 한다. 작업자의 복장과 용모에서의 주의사항은 다음과 같다.

① 두발

사람의 머리카락은 식품의 이물질에 포함되며, 공기와 사람의 피부와 접촉하여 있으므로 해서 많은 종류의 미생물이 오염되어 있다. 따라서 식품에 머리카락이 혼입이 되는 경우 이물질뿐만 아니라 식품으로의 위해한 미생물의 오염경로로 작용할 수 있다. 따라서 식품의 취급자는 항상 두발을 청결히 유지해야 하며, 머리카락이 빠지거나 비듬이 생기지 않도록 신경을 써야 한다. 따라서 머리카락의 식품 내로의 혼입을 방지하기 위해서 머리카락을 완전히 덮을 수 있는 형태의 위생모를 착용하여야 한다.

② 용모 및 장신구

식품 취급자는 손톱을 짧게 깎고 매니큐어나 인조손톱 등을 사용해서는 안 되며, 진한 화장과 향수의 사용을 주의해야 한다. 또한 목걸이, 귀고리, 시계, 반지 등의 장신구는 식품에의 미생물 오염의 원인이 될 수 있으므로 식품 취급자는 이러한 장신구를 착용할 수 없다. 또한 손이나 몸에 상처가 있어 밴드 등을 사용하는 경우에는 장갑을 낀 후 식품을 취급해야 하며, 식품을 취급하는 동안에 손이나 식품을 취급하는 기구 등으로 머리, 코, 입, 귀 등을 긁거나 하는 등의 행동을 자제해야 한다.

③ 작업복 또는 위생복

식품을 취급하는 사람은 깨끗한 작업복(위생복)을 착용하여야 한다. 식품 취급자의 작업복은 세탁하기 쉬운 재질로 만들어져 항상 청결한 상태로 유지되어야 하며, 이러한 작업복은 작업장 내에서만 착용되어야 하고, 작업복 착용 상태로 외부 출입은 삼가야 한다. 작업복의 위생 정도를 손쉽게 확인하기 위해서 흰색 등의 밝은색을 착용하여야 하며 조리사의 경우, 조리용, 배식용, 세척용을 구분하여 앞치마 등을 사용하도록 한다. 또한 조리실에서는 전용 작업화를 신어야 하며, 외부 출입 후에는 반드시 소독판에서 작업화를 소독한 후 출입하도록 한다.

④ 화장실 사용

식품 취급자는 반드시 전용 화장실을 사용해야 하며, 화장실 전용 신발을 비치하여 이용하도록 한다. 식품 취급 중 화장실에 다녀올 경우 작업복을 벗고 용무 후 꼭 손을 깨끗이 씻고 소독한 후에 작업복을 입고 작업장으로 복귀하도록 한다.

3) 손의 위생관리

손 씻기는 개인뿐만 아니라 공중위생관리에서 매우 중요한 안전관리 사항이다. 사람의 손은 여러 물건을 만지고 사람들과의 접촉을 통하여 많은 종류의 미생물에 노출되며, 이러한 미생물에는 식중독을 야기하는 병원성 미생물이 포함될 수 있다. 따라서 식품 취급자의 손을 위생적으로 관리하는 것은 식품으로 인한 질병을 예방하는 데 가장 중요한 첫걸음이라고 할 수 있다. 식품 취급자는 자주 손 씻는 습관을 들여야 하나 다음과 같은 경우 반드시 손을 씻고 작업을 수행하도록 한다.

- 화장실 이용 후
- 귀, 입, 코, 머리 등 신체부위를 만진 후
- (애완)동물을 만지고 난 후
- 흡연 후
- 쓰레기 등의 오물을 만진 후
- 원재료를 다듬거나 세척작업 후
- 조리실에 들어가기 전
- 손을 오염시킬 수 있는 물건과 접촉 후

손을 씻을 때는 비누를 이용하여 거품을 충분히 내어 손가락 끝이나 손가락 사이 등도 유의해서 꼼꼼히 문질러 닦고 깨끗한 물로 헹구도록 한다. 수돗물에서 손을 닦는 것에도 손에 있는 세균 제거에 도움이 되며, 비누를 사용할 경우 효과를 더욱 높일 수 있다. 손을 닦은 후에는 일회용 종이타올이나 손건조기를 이용하여 물기를 제거하도록 한다.

표 11-11 손 씻는 방법에 따른 세척 효과

씻는 조건	방법	균수(마리)		제거율(%)
		씻기 전	씻은 후	
수돗물	담아 놓은 물	4,400	1,600	63.6
	흐르는 물	40,000	4,800	88.0
뜨거운 물	담아 놓은 물	5,700	750	86.8
	흐르는 물	3,500	58	98.3
비누 사용 + 수돗물	흐르는 물(간단히)	849	54	93.6
	흐르는 물(철저히)	3,500	8	99.8

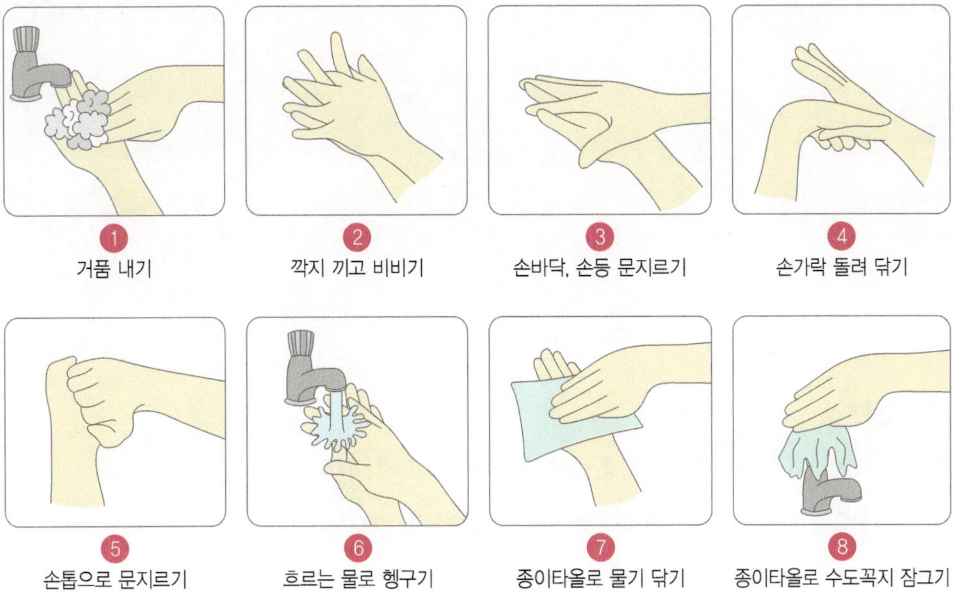

그림 11-6 올바른 손 씻기 방법

자료 : 식품의약품안전처, 올바른 손 씻기 실천

참고문헌 REFERENCE

국내 문헌

강근옥·고종호·김은주·김태열·김희섭, 증보 식품위생학, 보문각, 2009

강영재, HACCP제도를 활용한 단체급식 위생관리실무, 수학사, 1999

강일준, 방사선 조사식품의 안전성 평가, 한국식품저장유통학회지, 10: 252~260, 2003

구난숙·김완숙·이경애·김미정, 식품위생학, 파워북, 2010

권중호·강일훈·이주운·변명우, 조사식품의 안전성 평가, 식품의 안전성 평가, 한국과학기술한림원출판부, 195~212, 2009

권중호·김광수, 식품의 저장 및 품질 개선을 위한 감마선 에너지의 이용과 실용화 전망, 식품산업과 영양, 1: 37~48, 1996

권훈정·김정원·유화춘, 식품위생학, 교문사, 2007

금종화 외 13인, 알기쉬운 식품위생학, 효일, 2010

금종화·김성영·김정목·박경숙·박신인, 알기 쉬운 식품위생학, 효일, 2010

김경수·양재승·권중호, 방사선 조사식품의 검지법, 한국식품저장학회지, 10: 427~434, 2003

김덕웅·정수현·염동민·신성균·여생규·조원대, 21C 식품위생학, 수학사, 2011

김미라·김미정, 식품위생안전성학, 교문사, 2010

김옥경·박인숙·방우석·범봉수·임용숙, New 식품위생학, 지구문화사, 2011

김용수·연지혜 외 5인, 축산물가공공장의 올바른 살균소독제 활용방안, Safe food, 2(1), 38~47, 2007

김현정·박용호·구민선, 항생제 내성과 위해평가(Antimicrobial resistance and risk assessment), 식품기술 19: 14~19, 2010

김효정·김미라, 방사선조사 식품에 대한 소비자의 인지도 및 수용도에 대한 관한 연구, 한국식품생활문화학회지, 13: 275~291, 1998

김효정·김미라, 방사선조사 식품에 대한 소비자의 태도, 대한가정학회지, 41: 119~130, 2003

노연홍·진은숙 외 13인, 식품첨가물 사용기준편람, 식품의약품안전청, 2009

Mcswane·윤혜원 저, 김미정 역, 식품위생학 이론과 실무, 라이프사이언스, 2006

민홍기, 기생충학, 수문사, 1984

변명우·김동호·육홍선·안현주, 식품미생물의 방사선 살균, 식품과학과 산업, 33: 58~70, 2000

변명우·이주운, 식품의 위생안전성 확보를 위한 방사선 조사기술의 이용, 식품과학과 산업, 36: 25~41, 2003

석순자·김양섭·김완규·서장선·정미혜·임경수·손창환, 독버섯도감-실제 사례와 증례 수록, 푸른행복, 2011

송형익·김정현·박성진·배지련·배현수·이미영·이웅수·조좌형·최소례, 식품위생학, 지구문화사, 2011

신동화·오덕환·우건조·정상희·하상도, 식품위생안전성학, 한미의학, 2011

신일식·김진수·우건조, 식품의 미생물학적 안전관리를 위한 예측미생물학의 활용, 식품과학과 산업, 36: 18~24, 2003

야스다 세츠코, 먹어서는 안 되는 유전자조작 식품, 교보문고, 2000

양용석, 기생충병 진단을 위한 인체기생충학, 대학서림, 2003

우건조·이동하·박종석·강윤숙·김창민, 식중독 예방과 식품안전관리 방안, 식품산업과 영양, 7: 17~21, 2002

윤요한, 예측미생물학의 기본 개념, 식품과학과 산업, 43: 70~74, 2010

윤요한·변명우·김왕준·권중호·이주운, 축산물 검역에서 방사선 기술의 이용, 식품과학과 산업, 42: 19~26, 2009

이용욱·김종규, 식품위생관리, 한국방송대학교출판부, 1997

이종옥·이순호 외 9인, 식품 중 잔류동물의약품! 무엇이 궁금하세요?, 식품의약품안전청, 2008

이준상 외, 임상기생충학, 고려의학, 1995

장동석 외 4인, 식품위생학, 정문각, 2003

장현기·김현오·한명규·이성동, 최신 식품위생학, 신광출판사, 2002

정형욱·한상배·홍진환, 방사선 조사식품의 국가관리 체계, Food Industry, 7: 11~29, 2005

하야시 토오루 편저, 김왕근·정일윤·이주운·변명우 공역, 방사선 식품생명공학, 생각나눔, 2009

(사)한국과학기자협회, 농식품안전미디어 가이드북 '식품안전이야기,' 한국농림수산정보센터, 2010

식품의약품안전처, 식품일반의 기준 및 규격, 식품공전, 2015

식품의약품안전처, 식품의약품안전처연구보고서, 서울 등 관내지역에서 유통되는 비가열섭취식품의 식중독균오염 실태조사, 2005

식품의약품안전평가원, 위해평가지침서, 2011

한국식품과학회, 식품과학기술대사전, 광일출판사, 2008

화학물질과, 식품 중 동물용의약품 걱정하고 계십니까?, 식품의약품안전처, 2010

국외 문헌

Anonymous, *Safety evaluation of 35 kinds of irradiated human foods*, Shanghai institute of radiation medicine, School of Public Health, Shanghai Medical University, Chin, Med. 100: 715-718, 1987

Anonymous, *World Congress on Meat and Poultry Inspection*, 1993

Arun K Bhunia, *Foodborne Microbial Pathogens: Mechanisms and Pathogenesis*, First edition, Food Science text series, Springer, New York, NY, USA, 2008

Baranyi J., Roberts TA, A dynamic approach to predicting bacterial growth in good, *Int. J. Food Microbiol.*, 23: 277-294, 1994

Barnes DG., Dourson G., Reference Dose(RfD): Description and use in health risk assessment, *Reg. Toxicol. Pharm.*, 8: 471-486, 1988

Bendall RP, Lucas S, Moody A, Tovey G, Chiodini PL., Diarrhea associated with cyanobacterium like bodies-a new coccidian enteritis of human, *Lancet*, 341:590-2, 1993

Berlin OGW, Novak SM, Porschen RK, Long EG, Ste1maGN, Schaeffer FW III, Recovery of Cyclospora organisms from patients with prolonged diarrhea, *Clin Infect Dis.*,18:606-9, 1994

Bierman EL., Levy LM., Witt MF, Short-term human feeding studies of foods sterilized by gamma radiation and stored at room temperature, *US Army Med. Nutr. Lab. Report*, No. 224, 1958

Bratchell N., McClure PJ., Kelly TM., Roberts TA., Predicting microbial growth: the consequences of quantity of data. *Int. J. Food Microbiol.*, 8: 47-58, 1989

Brin M, Ostashever AS, Tai M, Effects of feeding X-irradiated pork to rats on their pyridoxine nutrition as reflected in the activity of plasma transaminases, *J. Nutrition*, 75: 35-38, 1961

Bruhn CM., Consumer attitudes and market response to irradiated food, *J. Food Prot.*, 58: 175-181, 1995

Bruhn CM., Noell J., Consumer in-store response to irradiated papayas, *Food Technol.*, 41: 83-87, 1986

Brynjolfsson A., Results of feeding trials of irradiated diets in human volunteers, Summary of the Chinese studies reported at FAO/IAEA seminar for Asia and the pacific on the practical application for food irradiation, *Food Irradiation Newsletter*, 11: 33-41, 1987

Buchanan RL., Whiting RC. Risk assessment and predictive microbiology, J. Food Prot., 59: 31-36, 1996

Byun MW., Kwon OJ., Yook HS., Kim KS., Gamma irradiation and ozone treatment for inactivation of Escherichia coli O157:H7 in culture media, *J. Food Prot.*, 61: 728-730, 1998

Cassin MH., Paoli GM., Lammerding AM., Simulation modeling for microbial risk assessment, *J. Food Prot.*, 61: 1560-1566, 1998

Chan MC, Ho WS, Sung JJ, In vitro whole-virus binding of a norovirus genogroup II genotype 4 strain to cells of the lamina propria and Brunner's glands in the human duodenum, *J. Virol.*, 85:8427-8430, 2011

Cheon DS, Jeong HS, Jeong A, Lee KB, Lee MH, Tahk H, Choi C, Seasonal prevalence of asymptomatic norovirus infection in Korean children, *Foodborne Pathogens and Disease*, 7(11):1427-30, Nov 2010

Choi C, Chae C, Localization of swine hepatitis E virus in liver and extrahepatic tissues from naturally infected pigs by in situ hybridization, *J. Hepatol.*, 38(6):827-32, Jun 2003

Codex, Codex Alimentarius Commission, *Principles and Guidelines for the Conduct of Microbiological Risk Assessment* CAC/GL-30, 1999

Colins CI., Murano EA., Wesley IV., Survival of Arcobacter butzleri and Campylobacter jejuni after irradiation treatment in vacuum packaged ground pork. *J. Food Prot.*, 59; 1165-1166, 1996

Connor BA, Shlim DR, Scholes N, et al., Pathologic changes in the small bowel in nine patients with diarrhea associated with a coccidia-like body, *Ann Intern Med.*, 119:377-82, 1993

Cuero RG., Smith JE., Lacey J., Interaction of water activity, temperature and substrate on mycotoxin production by Aspergillus flavus, Penicillium viridicatum and Fusarium graminearum in irradiated grains, *Brit. Mycol. Soc.*, 89: 221-226, 1987

Dai Y., *Safety evaluation of irradiated food in China*, In: Food Irradiation Processing, Proceedings of an International Symposium on Food Irradiation Processing jointly organized by the International Atomic Energy Agency and the Food and Agriculture Organization of the United Nations and held in Washington DC., USA, pp.4-8, 1985

Delincee H., Pool-Zobel BL., Genotoxic properties of 2-dedocylcyclobutanone, a compound formed on irradiation of food containing fat, *Radit. Phys. Chem.*, 52:39-42, 1998

Dennis SB., Bunchanan RL., Miller AJ., Microbial Risk Assessment Achievements and Future Challenges, *Food Safety Magazine*, 2001

Dickson JS., Siragusa GR., Wray Jr. JE. Predicting the growth of Salmonella typhimurium on beef by using the temperature function integration technique, *Appl. Environ. Microbiol.*, 58: 3482-3487, 1992

Edited by Dongyou Liu, *Molecular detection of foodborne pathogens*, First edition, CRC Press, Tylor & Francis Group, Boca Raton, FL, 2010

Edited by Grant Stuart Hansman, Xi Jason Jiang, and Kim Y Green, *Caliciviruses, Molecular and Cellular Virology*, First edition, Caister academic press, norfolk, UK, 2010

Edited by I. K. Mushahwar, *Viral Hepatitis: Molecular biology, diagnosis, epidemiology, and control*, First edition, Elsevier, Amsterdam, The Netherlands, 2004

Edited by Sagar M. Goyal, *Viruses in Foods, First edition, food microbiology and food safety series*, Springer, New York, NY, USA, 2006

Elliott PH., Predictive microbiology and HACCP, *J. Food Prot.*, 59: 48-53, 1996

Emerson SU, Purcell RH., Hepatitis E virus, *Rev Med Virol.*, 13(3):145-54, 2003

EN-13708:2001 Foodstuffs, *Detection of irradiated food containing crystalline sugar by ESR spectroscopy*

EN-13751:2002 Foodstuffs, *Detection of Irradiated Food Using Direct Epifluorescent Filter Technique/Aerobic Plate Count(DEET/APC)-Screening Method*

EN-13783:2001 Foodstuffs, *Detection of Irradiated Food Using Direct Epifluorescent Filter Technique/Aerobic Plate Count(DEET/APC)- Screening Method*

EN-13784:2001 Foodstuffs, *DNA Comet Assay for the Detection of Irradiated Foodstuffs-Screening Method*

EN-1784:2003 Foodstuffs, *Detection of Irradiated Food Containing Fat, Gas Chromatographic Analysis*

EN-1785:2003 Foodstuffs, *Detection of Irradiated Food Containing Fat, Gas Chromatographic/ Mass Spectroscopy*

EN-1786:1996 Foodstuffs, *Detection of Irradiated Food Containing Bone, Method by ESR Spectroscopy*

EN-1787:1996 Foodstuffs, *Detection of Irradiated Food Containing Cellulose By ESR Spectroscopy*, 2000

EN-1788:2001 Foodstuffs, *Thermoluminescence Detection of Irradiated Food From Which Silicate Mineral*

Escudero BI, Rawsthorne H, Gensel C, Jaykus LA., Persistence and transferability of noroviruses on and between common surfaces and foods, *J. Food Prot.*, 75(5):927–35, 2012

FAO/WHO, *Application of Risk Analysis Food Standards Issue*, Genova, 1995

FAO/WHO, *Updating the Principles and Methods of Risk Assessment: MRLs for Pesticides and Veterinary Drugs*, Rome, 2006

Feagins AR, Opriessnig T, Guenette DK, Halbur PG, Meng XJ, Inactivation of infectious hepatitis E virus present in commercial pig livers sold in local grocery stores in the United States, *Int. J. Food Microbiol.*, 123(1–2):32–37, 2008

Ford N., Rennie D., Consumer understanding of food irradiation, *J. Consum. Std. Home Economic*, 11: 305–320, 1987

Foster A., The impact of consumer acceptance on trade in irradiated foods, *British Food J.*, 92: 28–34, 1990

Gordy W., Purden B., Snipes W., Some radiation effects on DNA and its constituents, *Proc. Nat'l. Acad. Sci.*, USA, 53; 751, 1965

Greish S., Ismail SM,, Mosleh Y., Loutfy N., Dessouki AM., Ahmed MT., Human Risk Assessment of Profenofos: A Case Study in Ismailia, Egypt, *Poly. Arom. Comp.*, 31: 28–47, 2011

Hutchinson F., Arena J., Destruction of the activity of the activity of deoxyribonucleic acid in irradiated cells, *Radiat. Res.*, 13: 137, 1960

Ito H., Islam MS., Effect of dose rate on inactivation of microorganisms in spices by electronbeams and gamma-rays irradiation, *Radiat. Phys. Chem.*, 43: 545–550, 1994

Jason AC, A deterministic model for monophasic growth of batch cultures of bacteria, *A. van Leeuw*, 49: 513–536, 1983

JECFA, *Cyanogenic glycosides*, In: Toxicological evaluation of certain food additives and naturally occurring toxicants, Geneva, World Health Organization, 39th Meeting of the Joint FAO/WHO Expert Committee on Food Additives(WHO Food Additives Series 30), 1993

Jeffries CJ., Brian PA, Mathematical model of pollen tube penetration in apple styles, *Planta*, 160: 52–56, 1984

Jo C., Lee JI., Ahn DU., Lipid oxidation, color changes and volatiles production in irradiated pork sausage with different fat content and packaging during storage, *Meat Sci.*, 51: 355–361, 1999

Kempe LL., Complementary effects of heat and radiation in food sterilization, *Appl. Nucleonics.*, 18: 108, 1960

Knoll N., Weise A., Clsussen U., Sendt W., Marian B., Glei M., Pool-Zobel BL., 2-Dodecylcyclobutanone, a radiolytic product of palmitic acid, is genotoxic in primary human colon cells and in cells from preneoplastic lesions, *Mut. Res.*, 594: 10–19, 2006

Kumamoto H., Henley EJ., *Probabilistic Risk Assessment and Management for Engineers and Scientists*, IEEE Press, Piscataway, NJ, 1996

Kume T., Furuta M., Todoriki S., Uenoyama N., Kobayashi Y., Status of food irradiation in the world, *Rad. Phys. Chem.*, 78: 222–226, 2009

Kwon JH., Byun MW., Cho HO., Development of food irradiation technology and consumer attitude toward irradiated food in Korea, *Radioisotopes*, 41: 654–662, 1992

Loaharanu P., Irradiation as a cold pasteurization process on food, *Vet. Parasitol.*, 64: 71–98, 1996

Loaharanu P., Kava R., Ponirovskaya Y., *Irradiated Foods*, 5th ed., American Council on Science and Health, 2003

Madico et al., Epidemiology and Treatment of Cyclospora cayetanensis Infection in Peruvian Children, *Clin Infect Dis.*, 24:977–981, 1997

Malone J., Consumer willingness to purchase and to pay more for potential benefits of irradiated fresh food products, *Agribusiness*, 6: 163–165, 1990

Mansfielda LS, Gajadhar A A., Cyclospora cayetanensis, a food- and waterborne coccidian parasite, *Veterinary Parasitology*, 126:73–90, 2004

Matiella JE., Hsieh TCY., Volatile compounds in scrambled eggs, *J. Food Sci.*, 56: 387–390, 1991

McMeekin TA., Ross T., Olley J. Application of predictive microbiology to assure the quality and safety of fish and fish products, *Int. J. Food Microbiol.*, 15: 13–32, 1992

McNeal TP., Nyman PJ., Diachenko GW., Hollifield HC., Survey of benzene in foods by using headspace concentration technique and capillary gas chromatography, *J. AOAC Int.*, 76: 1213–1219, 1993

Meng XJ., Hepatitis E virus: animal reservoirs and zoonotic risk, *Vet Microbiol.*, 140(3-4):256-65, 2010

Monsen H., *Heart lesions in mice induced by feeding irradiated foods*, s.n, 19: 1031-1034, 1969

Nawar WW., Volatile from irradiation, *Food Rev. Int.*, 2: 45-78, 1986

Notermans S., Tenuis P., Quantitative risk analysis and the production of microbiologically safe food an introduction, *Int. J. Food Microbiol.*, 11: 203-212, 1996

Ortega YR, Sterling CR, Gilman RH, Cama VA, Diaz F., Cyclospora species-a new protozoan pathogen of humans, *N. Engl, J. Med.*, 328:1308-12, 1993

Park Y-C., Cho M-H, A new way in deciding NOAEL based on the findings from GLP-toxicity test, 한국독성학회지, 27: 133-135, 2011

Porter G., Festing M., A comparison between irradiated and autoclaved diets for breeding mice with observations on palatability, *Lab. Animal.*, 4: 203-213, 1970

Ramig RF, Pathogenesis of intestinal and systemic rotavirus infection, *J. Virol.*, 78:10213-10220, 2004

Ratkowsky M., Some aspects of meat fermentation, *Food Microbiol.*, 9: 55-65, 1982

Read MS., Kraybill HF., Worth W., Thompson SW., Issac GJ., Successive generation rat feeding studies with a composite diet of gamma-irradiated foods, *Toxicol. Appl. Pharmacol.*, 3: 153-173, 1961

Resurreccion AVA., Galvez FCF., Fletcher SM., Misra SK., Consumer attitudes toward irradiated foods: Results of a new study, *J. Food Prot.*, 58: 193-196, 1995

Ross T., Indices for performance evaluation of predictive models in food microbiology, *J. Appl. Bacteriol.*, 81: 501-508, 1996

Sarad R. Parekh, *The GMO Handbook Genetically modified animals, microbes, and plants in biotechnology*, Humana Press, Totowa, New Jersey, 2004

Shillinger IUI., Osipova IN., Effect of gamma-irradiated fresh fish on the organism of white rates, *Vopr Pitan.*, 29: 45-50, 1970

Shimizu A., Kobayashi E., Suwazono Y., Uetani U., Oishi M., Inaba T., Kido T., Nogawa K. Estimation of benchmark doses for urinary cadmium based on β2-microglobulin excretion in cadmium-polluted regions of the Kakehashi River basin, Japan. *Int. J. Environ. Health Res.*, 16:329-337, 2006

Simic MC., *Radiation chemistry of water-soluble food component*, In: Preservation of Food by Ionizing Radiation, Vol. II, Josephson, E.S. and Peterson, M.S. (eds.), CRC Press, Boca Raton

FL, Chap. 1, pp.1-73, 1983

Tanooka H., Hutchinson F., Modifications of the inactivation by ionizing radiations of the transforming activity of DNA in spores and dry cells, *Radiat. Res.*, 24: 43, 1965

Thayer DW., Boydm G., Foxm JB., Lakritam L., Hampton JW., Variations in radiation sensitivity of foodborne pathogens associated with the suspending meats, *J. Food Sci.*, 60: 63-67, 1994

Thompson SW., Hunt RD., Ferrell JF., Histopathology of mice fed irradiated food. Rep. 279. Rep. US Army *Med. Res. Nutr. Lab. Denver.*, 15: 1-68, 1963

Tomiyama D, Inoue E, Osawa Y, Okazaki K, Serological evidence of infection with hepatitis Evirus among wild Yezo-deer, Cervus nippon yesoensis, in Hokkaido, Japan, *J. Viral Hepat.*, 16(7):524-548, 2009

Urbain WM., *Food Irradiation*, Academic Press, Olando, FL., 1986

USFDA-CFSAN(Center for Food Safety and Applied Nutrition), *Initiation and conduct of all 'major' risk assessments within a risk analysis framework*, 2002

Whiting RC., Microbial modeling in foods, *Crit. Rev. Food Sci. Nutr.*, 35: 467-494, 1995

Whiting RC., Buchanan RL, A classification of models for predictive microbiology, *Food Microbiol.*, 10: 175-177, 1993

Whiting RC., Buchanan RL., Development of a quantitative risk assessment model for Salmonella enteritidis in pasteurised liquid eggs, *Int. J. Food Microbiol.*, 36: 111-125, 1997

Whiting RC., Buchanan RL., Microbial modeling, *Food Technol.*, 48: 113-120, 1994

WHO, *Safety and nutritional adequacy of irradiated foods*, 1994

WHO, *WHO statement on 2-Dodecylcyclobutanone and related compounds*, 2003

WHO, *Wholesomeness of irradiated food*, Report of a joint FAO/IAEA/WHO expert committee, Technical report series 659, 34, 1981

William A. Strohl, Harriet Rouse, Pamela C. Champe, Richard A. Harvey PhD., Lippincott's Illustrated Reviews: *Microbiology*, 2th Ed., Lippincott Williams & Wilkins, Chap22. Helminth, pp.227-232, 2007

Y.H. Hui, Syed A. Satter, K.D. Murrell, Wai-Kit Nip, Peggy S. Stanfield, *Foodborne Disease Handbook*, Second Edition, Vol. 2, Viruses, Parasities, and HACCP, Marcel Dekker, Inc. New York, USA, 2001

Zerial A., Gelman I., Firshein W., Glycolipids stimulate DNA polymerase activity in a DNA membrane fraction and in a partially purified polymerase system extracted from Pneumococci, *J. Bacteriol.*, 135: 78, 1978

사이트 및 기타자료

강원희망신문(www.chamhope.com/news/bbs/board.php?bo_table=news&wr_id=2204&sca=&sfl=wr_subject%7C%7Cwr_4&stx=%EC%9B%B0%EB%B9%99&sop=and)

농촌진흥청(www.rda.go.kr), 농업용어사전

법제처 국가법령정보센터(www.law.go.kr/main.html)

식중독예방대국민홍보사이트(www.kfda.go.kr/fm/index.do)

식품나라(www.foodnara.go.kr)

식품위해요소중점관리기준 고시(www.foodnara.go.kr/integ/html/hac/apply_32.html)

식품의약품안전청(www.kfda.go.kr)

위키백과(ko.wikipedia.org)

질병관리본부(www.cdc.go.kr)

한국세포형태연구소(www.bioem.com)

해썹지원사업단(www.haccphub.or.kr)

Centers for Disease Control and Prevention(www.cdc.gov/parasites/cyclosporiasis/biology.html)

Google

http://cpl.yonsei.ac.kr/micro/para/p3_4_2.htm

http://parasitol.wkhc.ac.kr/parasite/pcon.htm

www.google.co.kr/search?q=%EC%95%84%EB%8B%88%EC%82%AC%ED%82%A4%EC%8A%A4&hl=ko&newwindow=1&prmd=imvnsul&tbm=isch&tbo=u&source=univ&sa=X&ei=pSW7T_n-NaeyiQeX64CECQ&sqi=2&ved=0CJ0BEOwJ&biw=1107&bih=530

찾아보기 INDEX

ㅇ

찾아보기_영문

저자 소개

오세욱

고려대학교 유전공학과 박사

현) 국민대학교 식품영양학과 교수

　한국식품위생안전성학회 국제이사(2011~2012)

김건희

호주 The University of New South Wales 박사

현) 덕성여자대학교 식품영양학과 교수

　한국식품위생안전성학회 회장(2011~2012)

방우석

미국 Mississippi State University 박사

현) 영남대학교 식품영양학과 교수

윤요한

미국 Colorado State University 박사

현) 숙명여자대학교 식품영양학과 조교수

최창순

서울대학교 박사

현) 중앙대학교 식품공학부 교수

　한국식품위생안전성학회 정보이사(2011~2012)

이선영

미국 Washington State University 박사

현) 중앙대학교 식품공학부 교수

[개정판]

재미있는 **식품위생학**

2022년 2월 10일 개정판 8쇄 발행
2016년 2월 22일 개정판 1쇄 발행
2012년 8월 30일 초 판 발행

지은이 오세욱 · 김건희 · 방우석 · 윤요한 · 최창순 · 이선영

발행인 이 영 호
발행처 **수 학 사**
10881 경기도 파주시 회동길 56 기한재 1층
출판등록 1953년 7월 23일 제2020-000143호
전화번호 031) 946-4642(代) 팩스 031) 944-1457
http://www.soohaksa.co.kr
디자인 북큐브

값 23,000원

ISBN 978-89-7140-399-0 93510